C. MATHIEU

PARA RUBBER CULTIVATION | CULTURE DU CAOUTCHOUC DE PARA

HEVEA BRASILIENSIS

PARIS

Augustin **CHALLAMEL**, Éditeur

Rue Jacob, 17

LIBRAIRIE MARITIME ET COLONIALE

1909

PARA RUBBER CULTIVATION

CULTURE DU CAOUTCHOUC PARA

TYPOGRAPHIE FIRMIN-DIDOT ET Cie. — MESNIL (EURE).

C. MATHIEU

PARA RUBBER CULTIVATION | CULTURE DU CAOUTCHOUC DE PARA

HEVEA BRASILIENSIS

PARIS

Augustin **CHALLAMEL**, Éditeur

Rue Jacob, 17

LIBRAIRIE MARITIME ET COLONIALE

1909

PREFACE

The reader of this « Manual » will perhaps ask himself why it is that, having taken up the task of writing the work in two languages, English and French, I did not strive to give two identical texts. This is the explanation. I had originally written the book in English and the idea of putting it into French only occurred to me sometime afterwards, when the English text had already left my hands; so that the French part had to be re-written almost from begining to end from notes and rough copies, more or less incomplete. The French text is therefore, in no wise a translation, but almost entirely a new one, with additions, amplifications, a few suppressions or omissions, and even, in one or two instances, differences in figures. These differences, however, are trifling, and of no consequence.

If the subject of the work should prove of sufficient interest to the public, I shall be only too pleased to adjust the two texts more fully, in a subsequent edition.

On one more point do I ask the indulgence of the reader. Although the cultivation of rubber has long passed the experimental stage, new ideas, and improved methods are constantly enlarging the experience already gained, and it is not to be wondered at, if this work, which was written close on two years ago, is behind certain progresses already realised or in process of realisation.

After all, we can only be of our time and

PRÉFACE

Le lecteur de ce « Manuel » pourra se demander comment il se fait que m'étant imposé la tâche d'écrire l'ouvrage dans les deux langues anglaise et française, je ne me sois pas attaché à produire deux textes identiques. En voici l'explication. J'avais d'abord écrit l'ouvrage en anglais et l'idée de l'écrire en français ne m'est venue qu'après coup, lorsque je n'avais déjà plus en mains le texte anglais, de sorte que j'ai dû, pour ainsi dire, refaire en entier le texte français d'après des notes et brouillons plus ou moins incomplets. La partie française n'est donc pas une traduction, mais bien un texte presque entièrement nouveau, avec additions, amplifications, parfois des suppressions ou omissions, et même, dans certains endroits, avec des différences dans deux ou trois chiffres : différences, il est vrai très peu importantes et qui ne portent pas à conséquence.

Si l'intérêt du sujet veut que ce petit travail soit bien accueilli du public, je ne serai que trop heureux de faire la concordance des deux textes dans une nouvelle édition.

Il y a aussi un deuxième point sur lequel je demanderai l'indulgence du lecteur. Bien que la culture du Caoutchouc soit maintenant sortie du domaine de l'expérimentation, des idées nouvelles, des méthodes améliorées viennent constamment accroître l'expérience déjà gagnée et il ne faut pas s'étonner si cet ouvrage, écrit il y aura bientôt deux ans, est en retard sur certains progrès déjà réalisés ou en voie

unless we are gifted with second sight, we must be content to lag behind the man of tomorrow.

Before leaving this book let to its fate, I should mention the sources whence I have drawn for many facts and figures given in its pages.

The work of Mr. Ridley, the distinguished Director of the Botanic Gardens of Singapore and his co-worker, Mr. Derry, is known to all who are interested in tropical cultivation. The very complete work of Mr. H. Wright has also been frequently drawn upon, more especially for statistics referring to Ceylon. To M. Gabriel Cazeau of Saïgon, I owe the lopping of strange locutions which here and there disfigured the French text and to Mr. H. Overbeck I am indebted for nearly all the photos which illustrate the book. And last, but not least, I gratefully acknowledge the great pains taken by my Editor to put the work in a presentable form, a task by no means light, when dealing with two dissimilar texts.

E. Mathieu.

Singapore, 6 september 1908.

de réalisation. Après tout, on ne peut être que de son temps, et, à moins d'avoir le don de seconde vue, il faut se résigner à être en retard sur l'homme de demain.

Avant d'abandonner cet opuscule à son sort, je dois mentionner les sources où j'ai puisé pour de nombreux faits et chiffres donnés dans le cours de l'ouvrage. Les travaux de M. Ridley, le distingué Directeur du Jardin Botanique de Singaporoe, et de son collaborateur, M. Derry, sont connus de tous ceux qui s'occupent de culture tropicale. Le livre très touffu de M. H. Wright a été également mis à contribution surtout pour les statistiques de rendement et autres s'appliquant à Ceylan. A M. G. Cazeau, je dois l'élagage de certaines locutions plus ou moins étranges qui émaillaient le texte français et à M. H. Overbeck, je suis redevable de presque toutes les photographies qui illustrent le texte.

Enfin, à mon Éditeur, je dois l'expression de ma très vive appréciation des peines très grandes qu'il s'est données pour mettre cet ouvrage sous une forme présentable, tâche peu facile avec deux textes aussi disparates.

E. Mathieu.

Singapore, 6 septembre 1908.

FIRST PART

PREMIÈRE PARTIE

FIRST PART

CHAPTER FIRST

DREAMLAND. — THE LIVE PLANTER. — TO THE YOUNG. — ACQUIREMENTS AND REQUIREMENTS. — MALAY LANGUAGE.

Dreamland. — Did you never, in your young days, dream of a far-away Island, and see yourself under the blue sky, roaming by hill and dale, in the midst of evergreen fields of coffee-trees, or sugar cane, maybe of coconut palms. All that is yours, and, round about you, your people, your very own, natives with child-like souls, come and go with loads of freshly gathered crops. Money comes in of its own accord and " honni soit qui mal y pense " you may see the girl of your youthful fancy crossing the seas, and the two of you settling down to a life of bliss for ever after.

The live planter. — That is the planter of dreamland; the planter in the flesh is less favoured. His life is a hard one, often one of privations, and the end of it is not always wealth; very far from it. For the sky is not always blue; hurricanes, floods have soon done to wreck a plantation; monkeys, squirrels, termites and all the vermin of creation are working against you. Aye! and even those simple-souled natives that surround you, they have also their dream, which is to give you as little as they possibly can for your money; and if you are not wideawake, they will shear you so close, that one fine morning your capital will have vanished altogether. The

PREMIERE PARTIE

CHAPITRE PREMIER

EN RÊVE. — AUX JEUNES. — CONNAISSANCES REQUISES. — LA LANGUE MALAISE.

En rêve. — Ne vous est-il jamais arrivé, entre vos 16 et 18 ans, de rêver à une île lointaine, et de vous y voir, sous le ciel bleu, chevauchant par monts et vallées, au milieu de larges plantations de caféiers, de cocotiers, et, voire même, de canne à sucre? Tout cela est à vous; et autour de vous, vos gens, des indigènes aux âmes d'enfants, obéissant au doigt et à l'œil, vont et viennent, chargés de récoltes qu'il ne reste qu'à mettre en sacs.

L'argent vient tout seul; et, « honni soit qui mal y pense », voici venir, traversant les mers, l'amour de votre première jeunesse, et le bonheur sans mélange pour le restant de vos jours. Voilà le planteur du rêve.

La réalité. — Le planteur de chair et d'os est moins bien partagé; sa vie est dure et souvent faite de privations, et, au bout, il n'y a pas toujours la fortune; il s'en faut de beaucoup. Car, le ciel n'est pas toujours bleu; un typhon, une inondation ont vite fait de ruiner une récolte; les singes, les écureuils, les fourmis blanches et toute la vermine de la création, travaillent à votre perte; et puis, vos coolies, ces gens au cœur si simple, eux aussi, ont leur rêve, qui est de vous en donner tout juste pour votre argent, et même beaucoup moins; et, si vous n'y prenez garde, ils vous mangeront si bien la laine sur le dos, que votre capital, un beau matin, se trouvera englouti.

dream is then quite ended and the naked truth remains, i. e. that planters' work is exacting, often tedious and, like the common lot of mortals, his life is full of worries. But, for all that, his part is a fine one; the open air existence freed from the pettiness and shams of cities, is stimulating and wholesome; and if you know how to accept its limitations, you will not regret having chosen a planter's career.

To the young. — The young man, who adopts this calling, will do well, if he has capital, to keep it by, and to resign himself to serve an apprenticeship of a couple of years on an estate already opened, to learn the work. Experience must be paid for, in work or in money, and to launch forth into the cultivation of rubber, or of anything else, without previous knowledge, is to court disaster and to risk the loss of one's capital to the last cent before crop times have come. The money will have gone in drains, roads, buildings and there it remains for good. Inexpert management, even with money at its back, spells ruin in cultivation, like in every other undertaking.

Acquirements and requirements. — With or without money, the young planter must have robust health and be from 20 to 25 years of age. A sufficiently varied education he must also have. In cultivation, as in every branch of activity, nowadays, when education is diffused throughout all classes, the planter needs to be a man of many parts, uniting theoretical knowledge and the resourcefulness born of practical every day work. With increased responsibilities thrown on managers, with more stringent regulations in respect to the handling of coolie labour, regulations which are bound to tend more and more to the enfranchissement of the coolies, there is less and less room for incompetents at the head of large estates. As a good grounding for his profession, the embryo planter should be a good hand at calculation and possess a fair knowledge of geometry in order to be able, when wanted, to do survey work and draw up plans. Botany will also be serviceable. Foreign languages will be useful in a profession where many nationalities elbow each other.

Le rêve est alors bien fini, et la réalité reste : un travail dur, par fois rebutant, et une vie, comme celle de tout le monde, pleine de soucis. Mais n'importe, la part du planteur est encore belle; cette existence, toute au grand air, et affranchie des exigences et des mesquineries de la vie urbaine, est stimulante et saine. Aussi vous dis-je, si vous savez vous adapter à votre milieu, vous ne regretterez pas de l'avoir choisie.

Aux jeunes. — Le jeune homme qui se destine au métier de planteur, fera bien, s'il a du capital, de le garder en réserve, et de se résigner à faire un apprentissage d'un an ou deux, comme employé sur une plantation déjà en marche, pour s'initier au travail. A se lancer dans une entreprise de culture de caoutchouc, ou autre, sans expérience préalable, il risquerait presque certainement d'engloutir son capital, et de se voir, un jour ou l'autre, sans un sou, obligé d'abandonner l'entreprise avant d'avoir atteint la période des récoltes ou d'emprunter, ce qui, souvent, ne vaut guère mieux. L'argent sera passé en travaux de drainage, de routes, en bâtiments et autres frais, et il y reste pour tout de bon. Une entreprise de culture, comme toute autre, si elle est mal conduite, ne peut mener qu'à la ruine.

Connaissances requises. — Il faut au jeune planteur, de 20 à 25 ans d'âge, une santé robuste et une instruction théorique suffisamment variée, jointe à l'esprit de ressource qui s'acquiert par la pratique journalière du travail de culture. Grâce aux lois et ordonnances plus sévères, qui règlent les rapports d'Européens avec les coolies, ordonnances qui tendent de plus en plus à l'affranchissement du coolie, les responsabilités des Administrateurs d'estates (plantations) sont considérablement accrues, et il y a de moins en moins de place pour les incompétents, à la tête de grandes exploitations. L'ancien temps était aux braillards et aux coups de bâton; l'ère nouvelle est aux hommes de savoir-faire, et aux bons procédés.

Une certaine aptitude aux calculs est nécessaire au jeune planteur, et, aussi, assez de géométrie pour pouvoir faire de l'arpentage et lever des plans. La botanique peut lui rendre des services. Les langues étrangères sont utiles, dans une profession où toutes les nationalités se coudoient.

Malay language. — Above all, he must learn to speak Malay, the " lingua franca " of the middle East, the indispensable link between the European and the natives of all races, Chinese, Javanese, Tamils etc. whom he will have to deal with. The Malay tongue is a very much improved substitute for those horrible jargons, such as pidgin English, or the nigger gibberish which flourishes in Annam. Moreover, it is a simple language and in 3 months, enough of it may be learnt to pull one through, somehow; after one year, the planter should know all that is necessary of Malay for all the requirements of his work. A smattering of Chinese and Tamil, caught in contact with the coolies, will also prove a useful acquisition.

La langue malaise. — Mais il doit, par-dessus tout, apprendre à parler le malais, la « lingua franca » de l'Extrême-Orient qui est le trait d'union indispensable entre l'Européen et les coolies de toute origine, chinois, hindous, javanais, etc. qu'il emploie. La langue malaise remplace avantageusement ces horribles jargons, tels, le pidgin english qui se parle en Chine, ou ce charabia nègre, qui fleurit en Annam; de plus, elle est très simple et, avec un peu de bonne volonté, on peut, en trois mois, en acquérir une connaissance suffisante pour se tirer d'affaire, tant bien que mal. Au bout d'une année, le planteur doit posséder tout ce qu'il faut de malais pour toutes les exigences de son travail.

Quelques bribes de langue chinoise ou tamil qui s'attrapent au contact des coolies seront, à l'occasion, très utiles.

<table>
<tr><td>

CHAPTER II

Life in the Jungle. — It is a very solitary life. The newly-landed European assistant may find himself suddenly dumped down on a far distant estate with no other intercourse, for days together, than with his coolies during the hours of work. The sense of loneliness is heavy to bear; it will overwhelm him unless he can find, in himself, the necessary activity of mind or of body that will help him to pass the 60 minutes of every hour of leisure, which he will have in plenty. The hours of night are especially hard to get through when one is unoccupied.

As a protection against " ennui ", my advice to the young planter is to devise a hobby and ride it hard during the idle hours. Reading, music, photography, stamp-collecting, carpentry, gardening, drawing etc., all are good, very good. But the hobby that will carry him furthest is love for his work, a flower that grows in all true planters' soul, i. e. a soul open to the wholesome influences of the work of the soil. Then, truly, does the planters' calling become one of the most absorbing, and, I will add, one of the most satisfying. On the other hand, I do not know of one more inept and empty when the " feu sacré " is lacking.

Treatment of coolies. — Since your work brings you in constant daily contact with coolies, it behoves you to be on good terms with them if you would live in peace. No misplaced familiarity is needed for that; it is enough that you exert your legitimate authority without abuse, and that, in all your dealings with them, your labourers put their trust in your sense of justice : " to each man his due " should be your motto. Firmness and even severity make themselves accepted; injustice and fraud, never. They are paid back by a mute hostility which is detrimental to efficient work and may, some day, break out, with a flash, in the

</td><td>

CHAPITRE II

La vie dans la Jungle. — C'est une existence solitaire que celle du planteur, et il peut arriver que le jeune homme tout frais émoulu d'Europe, se trouve brusquement isolé sur une plantation lointaine, livré à lui-même pendant des jours entiers, sans autre contact que celui des coolies, dont il a charge aux heures du travail. Aussi faut-il, sous peine d'être écrasé sous le poids de l'ennui, qu'il trouve en lui-même des ressources d'activité de l'esprit ou du corps, qui l'aident à passer les soixante minutes dont se composent les heures de loisir qui ne lui manqueront pas. Les soirées surtout, sont dures à passer, si on ne s'occupe pas.

Aussi conseillerais-je à tout jeune planteur de s'adonner à une marotte qui le sorte de lui-même et qui maintienne son esprit dans une saine activité. La lecture, la musique, la photographie, la menuiserie, le jardinage, le dessin, les jeux, le cheval, tout cela est bon, très bon. Mais la meilleure de toutes les marottes est encore l'amour du métier, qui vient à toute âme de vrai planteur, une âme ouverte aux saines influences du travail de la terre. Alors le métier de planteur devient l'un des plus absorbants qu'il y ait, et un des plus enviables. Par contre, je n'en connais pas de plus vide et de plus inepte, lorsque le feu sacré n'y est pas.

Traitement des coolies. — Puisque votre métier vous appelle à vivre en contact journalier avec des coolies, il importe, pour la paix de votre existence, que vous fassiez bon ménage avec eux. Point n'est besoin pour cela, de familiarité déplacée; il suffit simplement d'exercer votre autorité légitime avec mesure, et sans abus, et que, dans vos rapports avec eux, vos travailleurs aient confiance en votre sens de justice. La fermeté et la sévérité se font accepter; l'injustice et la fraude, jamais; elles se paient d'une hostilité sourde, qui nuit au bon fonctionnement du travail et se traduit, un jour ou l'autre, par un éclat tel que l'incendie

</td></tr>
</table>

shape of the burning of your house, or maybe a blow of a parang. Do not forget that, although compelled by famine or poverty to the most painful life imaginable (I speak of indentured coolies) these people are men like yourself, men endowed with an intelligence equal to your own, nay, superior to your own, if we measure intelligence by the aptitude to turn to account the natural means at hand to support existence and supply our wants. Any one, who has long observed the natives' ways and more especially the Chinese, in their work, cannot but admire their inborn resource to economise material and labour, their ingenuity in turning difficulties and in accomplishing by the most primitive means, works which, with us, necessitate complicated and costly contrivances.

Common humanity. — Be humane with your coolies. Among such agglomerations of men, occupied with the murderous work of clearing and draining virgin forest-land, malaria, dysentry, beri-beri unavoidably claim many victims. It is the elementary duty, as well as the interest of the planter, at such times, to watch with care the health of his men, to see to the cleanliness of their houses, to the soundness of their foodstuffs. Sickness and suffering should make us all kin. But does it? It has always puzzled me to see some planters, otherwise intelligent men, give all their care to their cattle, lodge them cleanly and feed them abundantly while their coolies are left to wallow in the foulness of filthy houses, uncared for in sickness, abandoned in death. Under such conditions, disease, fed by despair, spreads like a miasma over an estate and the men die like flies, which is one way of getting even with a stupid master. For a coolie costs money and when he is dead he is not even worth as much as a dead bullock. It has been the misfortune of the writer to work, in his younger days, on such an estate, where coolies died at the rate of 100 per month, and he has known a good few such charnels under the name of estates. The same aberration is now showing itself in Upper Tonkin on the railway line to Yunnan now in construction. The lot of the coolies engaged on the work is so miserable, that out of a first batch of 10000 imported from China, 3000 died in 3 months. On the other hand, we are assured that the mules are well-cared for and that they are doing well. I hold no brief for the coloured work-

de votre maison, voire même par un coup de parang (coutelas malais).

Rappelez-vous que, bien que contraints par la misère et la famine, au travail le plus pénible qui soit, vos coolies sont des hommes comme vous, doués d'une intelligence égale à la vôtre, souvent même, supérieure à la vôtre, si l'intelligence se mesure à l'aptitude de tirer parti des moyens naturels à notre portée, pour subvenir à nos besoins. Tout homme qui a suivi longtemps l'indigène et surtout le Chinois dans leurs travaux, ne peut s'empêcher d'admirer leurs ressources pour économiser les matériaux et le labeur; leur dextérité de main; leur ingéniosité à tourner les difficultés, et à accomplir par les moyens les plus simples, des travaux qui exigent, parfois, chez nous, des engins compliqués et coûteux.

Simple humanité. — Donc soyez humain avec vos coolies. Dans ces agglomérations d'hommes, livrés au travail meurtrier des défrichements en forêt vierge, la malaria, la dysenterie, et le beriberi font forcément des victimes. C'est le devoir, et l'intérêt bien entendu du planteur, à cette période, de veiller avec soin à la santé de ses coolies, d'assurer la propreté de leurs logements, et la bonne qualité de leurs vivres.

La maladie et la souffrance rapprochent les cœurs, dit-on. Mais en est-il bien ainsi? Ça a toujours été une énigme, pour moi, de voir des planteurs, d'ailleurs intelligents, donner tous leurs soins à leur bétail, le loger sainement et le nourrir abondamment, tandis que leurs coolies sont laissés à croupir dans l'air empesté de bouges infects, privés de soins dans la maladie, abandonnés dans la mort. Sous un tel régime d'abandon, l'épidémie, nourrie par le désespoir, s'abat comme un miasme sur une plantation, et les coolies meurent comme des mouches, ce qui est une façon, comme une autre, de se venger d'un maître stupide. Car un coolie coûte cher à importer, souvent plus cher qu'un bœuf, et, quand il est mort, il vaut même moins qu'un bœuf mort. L'écrivain a eu l'infortune, dans ses jeunes années, d'être attaché à une de ces plantations où les coolies mouraient à raison de cent par mois, et il a connu pas mal de ces charniers déguisés sous le nom de plantations.

Les mêmes aberrations se produisent au Tonkin, sur la ligne du chemin de fer du Yunnan, actuellement en construction; la condition des travailleurs y est si misérable que, sur 10.000 coolies, il

man, yellow or brown, but I recognise no heaven-born right to make his life a hell.

Model Estates. — Happily, there are many estates in the Malay States and in Sumatra, where the coolies are cleanly housed and decently treated, and where, in case of sickness, they can take refuge in well appointed estate-hospitals, under charge of competent attendants. Some Companies, like the Amsterdam Deli Co. have even erected women's hospitals under the management of certificated nurses. And some have gone so far as to open schools for the children of coolies, and also evening schools for the coolies themselves, and books are given to those who are inclined to read to their fellow-labourers. Those are the examples to follow[1]. It is only right to say also, that, notably, in the Federated Malay States, government is doing all it can, by stringent restrictions, to protect the coolies against unfairness and neglect.

[1]. *Author's note.* — Coolie education is also sedulously fostered in India and Ceylon (see Appendix A).

en est mort 3.000 en trois mois. Par contre, on assure que les mulets sont bien soignés et en bonne condition.

Je n'ai aucun mandat pour parler au nom du travailleur de couleur, jaune ou brun, mais je ne reconnais à personne le droit d'ajouter à ses misères.

Plantations modèles. — Fort heureusement, il y a bon nombre de plantations dans les États Malais, à Sumatra et, peut-être, ailleurs, où les coolies sont proprement logés, et décemment traités, et, où, en cas de maladie, ils trouvent un refuge dans les hôpitaux très bien appointés. Certaines sociétés, comme la « Amsterdam-Deli Cᵒ » ont même ouvert des hôpitaux de femmes sous la direction de femmes-médecins diplomées. D'autres sont même allés jusqu'à établir des écoles pour les enfants des coolies, et des écoles du soir pour les coolies eux-mêmes, en plus de distributions de livres à ceux qui sont disposés à lire à leurs camarades de travail.

Voilà les exemples à suivre[1].

Il est juste d'ajouter aussi, que, notamment, dans les États Fédérés malais, le gouvernement fait tout ce qu'il peut, par de sévères restrictions, pour protéger le coolie contre la négligence et l'injustice.

[1]. *Note de l'Auteur.* — L'éducation du coolie est aussi encouragée aux Indes et à Ceylan (voir Appendice A).

CHAPTER III

In quest of a Concession of Land. — In a country of virgin forest it is not always easy to find a suitable concession for the cultivation in view. It takes time, at any rate, as many points have to be considered; means of communication, the distance from a centre of supply, the salubrity of the locality, nature of soil, its drainability, the quality of the water etc.

If the country is already opened up by roads and railways, as the Federated Malay States are, for instance, the task is easy. But precisely because land, in such countries, is easily accessible, it is also dearer. The premium on government forest land in Selangor, having road frontage is $ 3 per acre and without road frontage $ 2 per acre. The annual rent being not less than $ 1 per acre, and rising, after the 6th year, to $ 4 per acre. To these disbursements must be added the survey fee. The chances are that the best lands are already appropriated, and you must bear in mind that good land, before anything else, is the main factor in the future success of your estate. Apart from this, it is sometimes an advantage to be away from the beaten tracks; a road, a railway at your gates loosens your hold on your workers as it makes desertion easy when they are so minded. If, however, you decide for such a concession there remains only to put in your application to the Resident, and possess your soul in patience, because the government of the Federated Malay States takes time in these matters.

Travelling in a new country. — Supposing, now, that you are in an unopened country,

CHAPITRE III

A la recherche d'une concession de terre. — Dans un pays de forêt vierge, il n'est pas toujours facile de trouver une concession favorable à la culture qu'on a en vue. Il y a maintes choses à considérer : les moyens de communication, le plus ou moins d'éloignement d'un centre d'approvisionnement, la salubrité de la localité, la nature du terrain, la facilité du drainage, la qualité de l'eau, etc.

Lorsque le pays est pourvu de routes et de chemins de fer, comme les États malais, la tâche est aisée. Mais précisément, parce que, dans ces pays, les concessions de terrains sont facilement accessibles, le prix en est aussi plus élevé. Dans l'état de Selangor, le gouvernement impose le paiement d'une première mise de $ 3 par acre (22 fr. 50 par hectare) pour toute concession en bordure sur une route, et de $ 2 par acre (15 fr. par hectare) pour les terres en arrière. Le loyer de la terre se paie de $ 1 par acre (7 fr. 50 par hectare) à $ 4 (30 fr. par hectare) à partir de la sixième année.

A ces débours, viennent encore s'ajouter les frais de délimitation qui s'élèvent de $ 0.75 par acre à $ 1 (de fr. 6.62 à fr. 7.50 par hectare). Une concession dans les États-Ouest de la Péninsule malaise peut ainsi arriver à coûter, comme premier débours, 5 dollars par acre, soit 37 fr. 56 par hectare, et cela (étant donné que les meilleures terres sont déjà aliénées) pour des terrains souvent médiocres. Or, il ne faut pas perdre de vue que la qualité de la terre, est le premier facteur du succès à venir. Si néanmoins vous vous décidez pour une concession de cette nature, il ne vous reste qu'à adresser votre demande au Résident général, et à prendre patience car le gouvernement des États Fédérés n'est généralement pas pressé.

Voyage en pays neufs. — En supposant que vous soyez dans un pays dépourvu de routes, où

unprovided with roads, a block of jungle yet untouched such as the Eastern States of the Malay Peninsula, the greater part of Borneo and Sumatra, the work before you is quite of a different kind. In this case the rivers are your roads, and you cannot penetrate the country, except by them. Your plan, then, is to engage 3 or 4 native prahus (boats)

la forêt forme un immense bloc intact, comme dans les États orientaux de la Péninsule malaise, comme la plus grande partie de Bornéo ou de Sumatra, votre besogne sera beaucoup moins aisée. Dans ce cas, les rivières sont vos routes, et vous ne pouvez pénétrer dans le pays que par elles. Il vous faut, alors, louer 3 ou 4 prahus (bateaux indigènes), et

Among mangroves at the entrance of river.
Entrée en rivière au milieu des palétuviers.

and a dozen coolies to take up with you. A steam-launch, if one is to be had, will make matters somewhat easier. You supply yourself with provisions, rice and salt fish for your men, mineral waters, sleeping kit and kadjangs to erect a hut. You will do well to engage a conductor as assistant as the work may be too much for one alone. Now, all being ready, you ascend the river. The coast is generally skirted by a belt of mangrove swamps which soon makes place for a semi-saline vegetation where, generally, grow in abundance

emmener, avec vous, une dizaine de coolies; si on peut louer une chaloupe à vapeur, cela simplifie les choses. Vous vous munissez de provisions; de riz et de poisson sec, pour vos hommes; d'eaux minérales, d'effets de campement, et de kadjangs (feuilles de pandanus cousues ensemble) pour ériger une hutte. Vous ferez bien d'engager les services d'un employé, car il est probable que vous ne pourrez suffire seul à la besogne. Tout étant paré, vous remontez la rivière. La côte est généralement bordée d'une ceinture de palétuviers, qui fait bien-

the " nipa " and the " nibong ". These 2 palms may be a great resource to you by and by when you start house-building.

You ascend the river up to the limit of the influence of the tides, where the water ceases to be brackish; vegetation is again quite transformed; on each bank a thick curtain of undergrowth stops the view, but, here and there, emerge the gigantic trunks of the tualla-trees; now and again, a gully, or an indentation of the bank may give you some indication of the nature of the soil, its depth, its colour; it is well also to look out for signs of past floods, which tell of their height by the sediments they leave. Moreover, you must try all you can to draw information from the natives about their country, a thing not quite easy of accomplishment, for they are shy of the stranger.

Their great word, like Montaigne, is " perhaps " " barang-kali " or again, " ta-tuntu ", " not sure ".

A Ladang. — By and by, quite suddenly you may come upon an opening in the jungle, a " ladang " or clearing made by the natives to plant their paddy or their maize or sugar-cane; it is an indication that the soil thereabout is good : you are now in the cultivable region and there is no need for you to go much further as soon as you can find a suitable place to make a landing. If by chance, the river has an affluent near by, you make for it, for the position of an estate astride on 2 rivers offers great advantages, notably for the draining of the land, and communications on the Estate.

Prospecting. — Here then, you decide to stop and proceed to examine the land. Let us imagine the following sketch (fig. 1) to represent the outline of the land at the confluence of 2 rivers.

" Rintising ". — Your first trace with the compass a straight line AB, following, in a general direction, the bank of the river. At every 250 yards a stake is put in the ground, and, from

tôt place à une végétation mi-saline où croît en abondance, le palmier « nipah » et, plus haut encore, le « nibong ». Ces deux palmiers peuvent vous être une très précieuse ressource, plus tard, pour les bâtiments que vous aurez à construire.

Vous remontez le fleuve jusqu'à la limite des marées, où l'eau n'est plus saumâtre; la végétation se transforme de nouveau; sur chaque rive, un rideau touffu de sous-bois arrête la vue; mais, ici et là, émergent les troncs gigantesques des « tualangs ». Par endroits, les échancrures des rives vous permettent de voir la nature du sol et la profondeur du sous-sol; parfois aussi, vous pourrez voir les marques révélatrices d'inondations précédentes, par les sediments laissés sur les troncs d'arbres. D'ailleurs, vous vous efforcerez de tirer des indigènes tout ce que vous pourrez de renseignements sur leur pays, ce qui n'est pas chose toujours facile, car l'indigène ne se livre pas facilement à l'étranger; son grand mot, tout comme Montaigne, est, « peut-être » « barang-kali », ou encore « tatintu » « pas certain », ce qui n'est pas compromettant.

Un « Ladang ». — Présentement, et tout à coup, vous arrivez à une clairière dans la forêt, un « ladang », ou défrichement fait par les indigènes pour planter leur paddy, leur maïs, leur tapioca, et peut-être un lopin de canne à sucre. C'est une indication que le terrain environnant est bon; vous êtes, maintenant, dans la zone cultivable, et il n'est pas nécessaire que vous remontiez beaucoup plus haut, dès que vous arriverez à un endroit favorable pour accoster.

Si la chance veut que le fleuve ait un affluent dans ces parages, vous prenez position au confluent des deux cours d'eau, car c'est là une situation qui offre de grands avantages, notamment au point de vue du drainage des terres et des facilités de communications sur la concession.

Prospection. — Donc, vous débarquez et vous procédez à l'examen du terrain.

Prenons, par exemple, comme contour imaginaire, la disposition de terrain indiquée sur l'esquisse suivante (figure 1), c'est-à-dire une langue de terre, au confluent de deux cours d'eau.

« Rintis ». — Vous commencez par établir, comme base, la ligne droite A B, suivant la direction de la rive du fleuve; cette ligne est faite à la boussole. Tous les 200 mètres, le long de cette

each stake a line is struck into the jungle at right angle to the base AB. With the compass, from behind, you guide your coolies who, armed with their parangs, cut the underwood ahead of them, just enough of it to be able to pass and to see your course, which is marked at every chain with a stick. This is called cutting a " rintis " in Malay. Twelve " rintis " are cut 250 yards apart, each

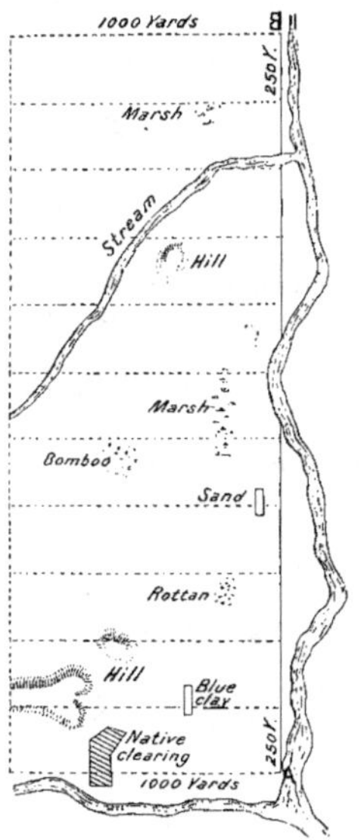

Preliminary survey : 12 " rintis " are cut. 250 yards apart, 1000 yards long making 11 strips of 51 acres, 65/100 and altogether 568 acres.

1000 yards long, the distance being measured and staked as you go along. You jot down all useful information on your way through the rintis; here a stream, further along a hillock, a native clearing etc.

ligne, vous enfoncez un jalon en terre, et de chaque jalon vous prenez une visée, en forêt, à peu près perpendiculaire à votre base A B.

Vos coolies s'enfoncent dans la jungle, abattant le sous-bois devant eux, à coups de parang. Placé derrière eux, vous dirigez leur marche d'après la boussole, avançant au fur et à mesure qu'ils éclaircissent le sous-bois.

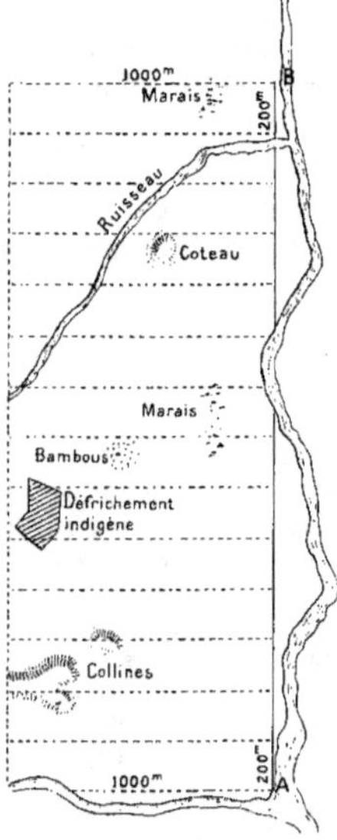

Relevé sommaire du terrain. Tracé de 15 « rintis » parallèles, à distance de 200 mètres et 1000 mètres de longueur donnant une superficie de 300 hectares.

Ces éclaircies s'appellent en Malais des « Rintis » : elles sont faites juste assez larges pour permettre de passer et de voir devant soi. Tous les 50 mètres, vous enfoncez un piquet et vous faites ainsi un kilomètre en forêt; puis vous revenez sur vos pas. Voilà donc une première rintis de faite. Deux cents mètres plus loin, au jalon suivant, vous pratiquez une deuxième « rintis » parallèle à la première, puis une troisième, puis une autre et une autre encore, jusqu'à ce que vous ayez, mettons, une quinzaine de « rintis ». Au fur et à mesure de votre avance en forêt, vous marquez,

Examining the Soil. — At different points you get a coolie to dig a trench in the ground with a changkol (a native hoe) in order to judge of the nature of the soil, its richness in humus, the quality more or less adhesive of the clay, its colour etc. You may take some for further analysis. Thus you go through rintis after rintis and, after

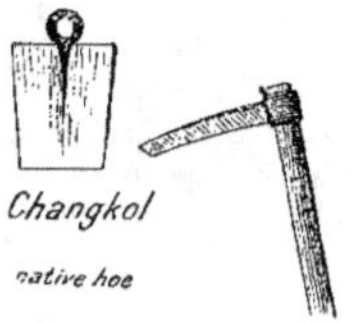

Changkol

native hoe

a couple of weeks' work, you will have covered a length of ground of 250 × 11 × 1,000 yards representing an area of about 568 acres, which is more than enough for one year's working, and you should have gathered a sufficiently definite idea of the configuration of the ground and its value as agricultural land.

Selecting sites for houses, nurseries etc. — During this time, if there is no native hut about, to give you shelter, you improvise one with a few sticks, and the kadjangs brought with you. If you are not pressed for time, you may spend a few days more in spying the land for a site for your future house, for coolie houses, for the establishment of your nurseries and, when your choice is made, you leave the coolies in charge of your assistant to fell the forest on those sites and prepare the ground for your return. Remains now for you to put in your application for the land, and get your title which will establish your ownership. This need not entail prolonged delay if government is satisfied of the bona-fide of your application and your capability financial or otherwise to carry out the conditions on which the land is to be alienated.

sur votre carnet, tout ce qui sert à établir la configuration générale du terrain, ici, un ruisseau, plus loin une élévation du terrain, un marais, un défrichement indigène abandonné, un bouquet de bambous etc., etc.

Examen de la terre. — A différents endroits, un de vos coolies, muni d'un « changkol », houe indigène, fera une tranchée en terre, de façon à pouvoir juger de la nature du sol, de sa richesse en humus, de la qualité plus ou moins compacte de l'argile, de sa couleur etc. Ceci ne peut être qu'un examen sommaire; mais vous pourrez em-

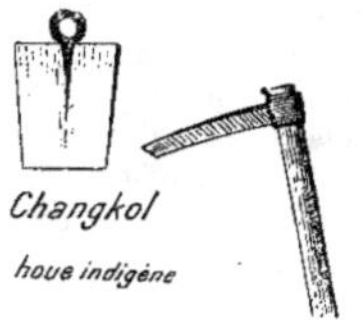

Changkol

houe indigène

porter de la terre pour analyse, plus tard. Vous aurez parcouru 15 « rintis » de 1.000 mètres chacune, en notant bien tous les accidents de terrain, et englobé ainsi une superficie de 300 hectares, ce qui suffira et au delà, pour les travaux des deux premières années; vous aurez, en même temps, acquis une idée très suffisante de la configuration du terrain, et de sa valeur au point de vue de la culture en vue, le Caoutchouc Para.

Choix d'emplacements pour pépinières, pour maisons, etc. — Ce travail vous aura pris une bonne semaine. Pendant ce temps, si vous ne trouvez pas de hutte indigène pour vous abriter vous en improvisez une avec quelques pieux et les kadjangs que vous avez apportés avec vous. Si le temps ne presse pas, vous pouvez passer quelques jours à examiner le terrain de plus près, et rechercher les meilleurs emplacements pour vos pépinières, pour les maisons de coolies, et pour votre propre maison, et, quand votre choix est fixé, vous faites commencer le défrichement de ces quelques emplacements, et préparer le terrain pour votre retour; et, laissant le travail aux mains de votre aide, vous redescendez seul la rivière. Il ne vous reste qu'à présenter votre demande de concession, et à obtenir votre titre de propriété en règle, ce qui, dans les pays neufs qui nous oc-

Price of Land. — Such forest land as we have just been over, in a new country, is cheap. We have given, above, the prices for land in the Malay States.

In Sarawak. — The Rajah has recently passed an ordinance to the effect, that, from May 1906, land concessions can be obtained without payment in the district of Lawas for the cultivation of rubber or other products; the applicant has to show that he can dispose of sufficient capital to defray the cost of cultivation; 5 0/0 are charged as duty on the exported product.

In Java. — An advertisement in the papers of 23rd July 1906 offers 9,500 acres of forest land in one block for 2 florins per acre.

In Borneo. — The British North Borneo government grants free concessions of land and guarantees to rubber planters settled along the railway line, now in construction, a dividend of 4 0/0 on the working capital spent up to the 7th year.

In Sumatra, which, much more than the Malay Peninsula, promises to become the classical land of rubber, concessions can be obtained from the different Sultans for 2 florins per bouw i. e. one shilling per acre. Unlike the Malay States, no survey fee is charged.

cupent en ce moment, se fait sans délai, dès que le gouvernement est satisfait de votre bonne foi et de votre capacité, au point de vue financier, de remplir les conditions qui sont attachées au contrat de concession.

Prix d'une concession en pays neuf. — J'ai donné plus haut le prix d'une concession dans les États malais de l'ouest de la Péninsule, mais en pays neuf, tel que celui que nous venons de parcourir, une terre de forêt vierge, n'a que peu de prix.

A Sarawak. — Le Rajah de Sarawak vient de passer une ordonnance, par laquelle, à partir de mai 1906, des concessions gratuites sont accordées, dans le Lawas, pour la culture du caoutchouc ou de tout autre produit, à tous ceux qui peuvent justifier d'un capital suffisant pour défrayer le coût de la culture.

A Java. — Une annonce dans les journaux de juillet 1906 offrait 9.500 acres de forêt en un seul bloc pour 2 florins l'acre (2 1/2 acres = 1 hectare).

A Bornéo. — Le gouvernement de British North Borneo offre des concessions gratuites et garantit aux planteurs, qui s'établissent le long de la ligne de chemin de fer, un intérêt de 4 0/0 sur le capital de travail dépensé jusqu'à la septième année.

A Sumatra, qui, bien plus que la Péninsule malaise, promet de devenir le pays classique de la culture du caoutchouc Para, les différents sultans accordent des concessions à 2 florins par acre, soit 10 fr. par hectare. Il n'y a pas de frais de délimitation à payer comme dans les États malais.

CHAPTER VI

FIRST INSTALLATION. — GENERAL REMARKS ON CHOICE
OF SITES FOR HOUSES. — WELLS. — FILTERS.

First installation. — When your concession is in order, the time has come to start the work of first installation; houses must be built, and the felling of the few acres for the sites previously selected, which has been proceeding during your absence, should first be completed.

General remarks on the choice of a site for a house. — Two essential considerations should guide you in your choice i. e. the salubrity of the spot and the supply of wholesome water. Generally the vicinity of a river is desirable. A river, especially, with a swift current, causes a beneficent rush of air between the two walls of forest which bound it. But, if too low, such localities are apt to be malarious, and a rising ground is then preferable. If the bottom is shingly and the water clear you may draw your supply from it, but it more often happens than not, that the river water is polluted by organic or mineral matter which render it unfit for drinking. If the bottom is mud, the water is, in times of flood so thick that often it cannot be filtered on account of the excessive amount of sediment which it contains, it can however serve for the bath, an imperious want in the tropics.

Wells. — To obtain drinking water, recourse, in such cases, must be had to a well. Deep wells, drawing water from the earth low down, give the best water, but for want of materials and appropriate labour, at the start, a deep well is not an easy thing to make on an isolated estate. Mostly, we shall have to be content with shallow wells, yet of a sufficient depth to insure the filtration of the surface water which feeds it. The area round the well should be concreted and all polluted matter excluded from that area. The well tube should be made to project 2 or 3 feet above ground and covered over to protect it against vermin, rats,

CHAPITRE IV

PREMIÈRE INSTALLATION. — CONSIDÉRATIONS GÉNÉ-
RALES. — PUITS. — FILTRES.

Première installation. — Dès que notre concession est bien en ordre, le moment est venu de procéder aux travaux de première installation : il faut d'abord bâtir des maisons, et, pour cela, le défrichement des emplacements précédemment choisis, qui a dû se faire, en partie, pendant votre absence, doit d'abord être achevé.

Observations générales sur le choix d'un site pour maisons. — Deux points essentiels doivent vous guider, la salubrité de l'endroit, et un approvisionnement suffisant d'eau saine. En général, le voisinage d'une rivière est désirable. Un cours d'eau, surtout s'il a un fort courant, cause un mouvement d'air bienfaisant entre les deux murailles de forêt qui l'enserrent; mais, s'ils sont bas, ces endroits sont souvent sujets à la malaria et il vaut mieux, prendre un terrain un peu éloigné et élevé. De plus, il arrive souvent que l'eau des rivières est contaminée par des matières organiques et minérales qui la rendent impropre comme boisson, surtout si le fond est un fond de boue, ce qui rend, parfois, l'eau si épaisse qu'elle ne peut pas être filtrée à cause des sédiments qu'elle dépose. Dans ce cas, elle ne peut servir qu'aux bains journaliers, qui sont un besoin impérieux sous les tropiques.

Puits. — La plupart du temps, il faudra donc recourir à des puits pour se pourvoir d'eau potable. Les puits profonds, qui reçoivent l'eau des couches basses, sont ceux qui donnent la meilleure eau, mais, faute de matériaux et d'ouvriers spéciaux, aux débuts, un puits profond n'est pas aisé à établir sur une plantation isolée. Force sera donc de se contenter de puits, tout juste assez profonds pour effectuer d'une façon partielle la filtration des eaux de surface qui les alimentent. On devra bétonner une certaine étendue tout autour du puits et en exclure toute matière polluée. La margelle devra être élevée de 2 ou 3 pieds au-dessus de

frogs. The cover should be movable so as to admit, from time to time, the midday-sun, which is a great germ killer.

Filters. — As further precautions, filters should always be used. For household use, and for cooking purposes, the filters called « Javanese Dripstones », so much in use in these parts, answer sufficiently well; and all houses of coolies as well as of Europeans should be provided with one or two such dripstones. If, however, the water is specifically tainted from some unavoidable contamination, filtering is of no use; it must be boiled, or else mineral water must be used. A simple, but efficient, test for the purity of drinking water is found in the action of permanganate of potassium on it. If you make a saturated solution of the permanganate (1 to 20 of water) and dilute this solution in the proportion of one tablespoonful to a tumblerful of water, a pale pink solution is obtained. One or two drops of this solution dropped in a glass of the water to be examined, should tinge the latter pink; but if the pink colour disappear, it indicates the presence of dangerous organic matter.

terre, et recouverte d'un couvercle afin d'en exclure les rats, les grenouilles et tout autre vermine. De temps à autre, on enlève le couvercle en plein midi, pour y admettre le grand soleil, qui est le plus sûr des purificateurs.

Filtres. — Pour plus de précautions, l'eau doit toujours être filtrée. Pour les besoins du ménage et pour la cuisson, les filtres appelés « Dripstones » qui viennent de Java, et sont d'un emploi général dans ces pays-ci, remplissent suffisamment bien l'office, et toutes les maisons de Coolies aussi bien que d'Européens doivent en être pourvues. Si, cependant, l'eau est gâtée par une infection irrémédiable, il ne sert de rien de la filtrer; il faut se servir alors d'eaux minérales ou de soda-water qui coûte peu. Un moyen simple, mais efficace de s'assurer de la pureté de l'eau à boire, est fourni par l'action du permanganate de potasse. Si vous faites une solution saturée de permanganate (1 pour 20 parties d'eau) et si vous diluez cette solution dans la proportion d'une cuillerée à bouche à un verre d'eau, vous obtenez une solution rose pâle. Si vous versez 2 gouttes de cette solution dans un verre de l'eau à examiner, celle-ci prendra une légère teinte rose pâle; la disparition de cette teinte indique la présence d'une matière organique dangereuse.

CHAPTER V

ADMINISTRATOR'S HOUSE. — TYPE OF HOUSE. — A WELL-ENCLOSED HOUSE-DISTRIBUTION. — MATERIALS FOR BUILDING. — COST OF HOUSE. — POSTS. — PUTTING UP. — ROOF. — RUBEROID. — LAYING OF RUBEROID. — FLOOR. — RANGOON OIL.

Administrator's House. — We give below the plan of a house that will answer the require-

CHAPITRE V

MAISON DU DIRECTEUR. — TYPE DE MAISON. — UNE MAISON BIEN ENCLOSE. — DISTRIBUTION INTÉ-RIEURE. — MATÉRIAUX DE CONSTRUCTION. — COÛT DE LA MAISON. — POTEAUX. — MISE EN PLACE. — ASSEMBLAGE DES PIÈCES ET FAITAGE. — RUBEROID. — POSE DU RUBEROID. — LE PLANCHER. — RANGOON OIL.

Maison du Directeur. — Ci-dessous, nous donnons le plan d'une maison qui suffira pour un

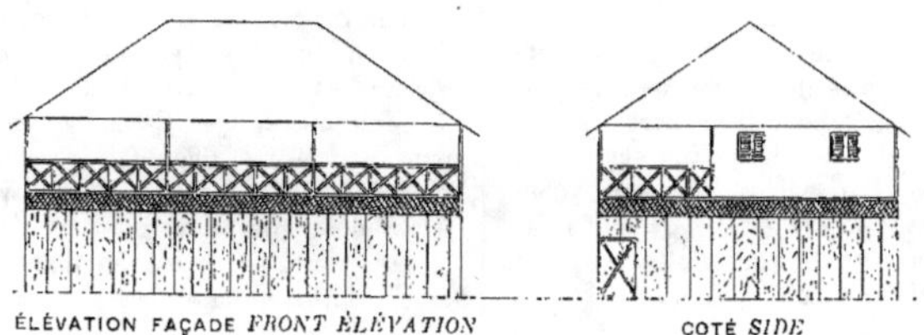

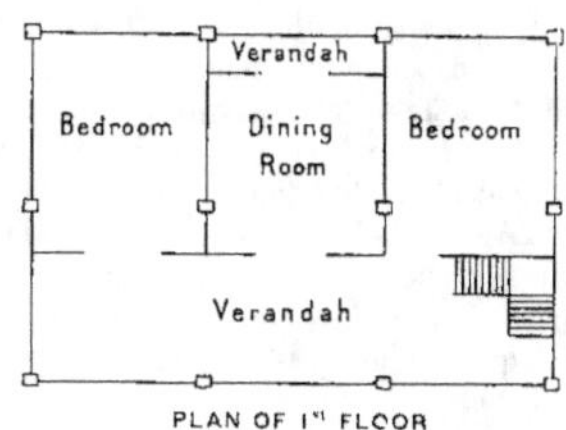

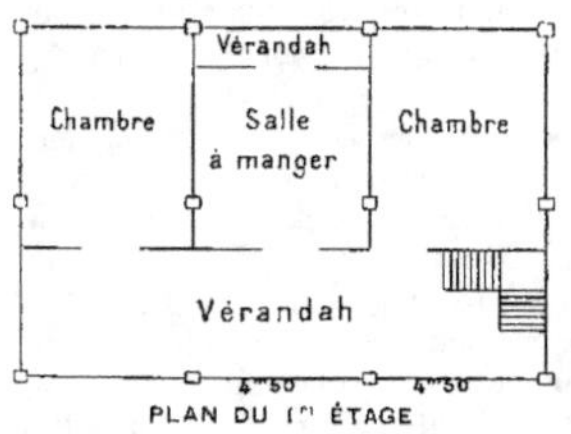

ments of a married couple, the Administrator and his wife, and the cost of which should not exceed $ 850.

couple marié, le Directeur et sa femme et dont le coût ne devra pas dépasser 850 dollars.

Type of House. — In a new country, isolated as he is, the planter's house should be effectively protected from intrusions of natives from outside, either for the purpose of stealing, or any other purpose. I have, in my mind, the very vivid recollection of a terrible outrage, committed almost under my eyes, by a Javanese run " amok " on a lady, wife of the Manager, then alone in her house; she narrowly escaped death, and was disfigured for life by a blow of a parang right across the face. The Javanese had, unperceived, ascended the verandah steps, and, finding the lady alone, had felled her with one blow and run out again. The natives are not generally given to such deeds of violence, but they dearly love stealing, and it is as well not to put temptation in their way. Were houses better protected from intrusion, it is safe to say that half the burglaries committed in our cities of the East, would not take place.

A well-enclosed house. — The prevalent type of bungalows with open staircase on the outside are too easy of access altogether, and we prefer a house better enclosed. It is perhaps less elegant, but it is much safer. For the same reason, instead of planks to enclose the store room below, we enclose the whole of the ground floor with corrugated iron, with light trellis work at the top to admit light, instead of windows.

Distribution of the house. — In the model of house sketched above, the ground floor may be used as office and store-room for tools and materials. Access to the upper floor is gained by means of a staircase, inside the house. The verandah which occupies the whole front is 45 feet long by 12 broad. Opening on it are, the dining room in the middle, and on each side, a bedroom 18 feet by 15.

Behind the dining room, a small verandah 15 feet by 4 feet serves as pantry : a small stove may be placed there for the lady of the house to try her hand at pastry or dainties, if so inclined. The sleeping room of the administrator or Manager, should have an eastern exposition and be largely open for the morning sun to penetrate and ventilate the bedding, the sun being a great hygienic agent.

Type de maison. — Dans un pays neuf, isolé comme se trouve le planteur, la plupart du temps, sa maison doit être effectivement protégée des intrusions des indigènes du dehors, soit avec intention de voler, soit pour toute autre cause. J'ai encore très vif, dans l'esprit, le souvenir d'un horrible attentat, commis, presque sous mes yeux, par un Javanais, devenu « amok[1] », sur la femme de l'Administrateur, seule alors dans sa maison, qui fut mise à deux doigts de la mort, et défigurée, pour le restant de ses jours, par un coup de parang à travers le visage. Le Javanais, sans être vu, avait monté les escaliers de la vérandah, et, trouvant la dame seule, avait porté le coup et fuyait de nouveau.

Les indigènes ne sont généralement pas portés à de telles extrémités de violence, mais ils sont assez enclins à voler, et il est plutôt sage de ne pas trop les tenter. On peut affirmer hardiment que si les maisons étaient mieux protégées contre les intrusions du dehors, la moitié des crimes de vol avec effraction qui se commettent dans nos villes d'Extrême-Orient n'auraient pas lieu.

Une maison bien enclose. — Le type usuel de « bungalow », avec escalier ouvert sur l'extérieur est beaucoup trop facile d'accès, et nous lui préférons un type de maison mieux close. C'est peut-être moins élégant, mais cela est beaucoup plus sûr. Pour la même raison, au lieu d'enclore le rez-de-chaussée de planches, nous employons le fer galvanisé, avec, en place de fenêtres, un léger treillis en haut pour admettre le jour.

Distribution intérieure. — Dans ce modèle de maison, le rez-de-chaussée peut servir d'office et de magasin pour les outils et le matériel de l'Estate. Un escalier intérieur donne accès au premier étage, par la vérandah, qui occupe tout le devant de 45 pieds sur douze de largeur. Donnant sur la vérandah, la salle à manger et, de chaque côté, une chambre à coucher. Derrière la salle à manger, une petite vérandah de 15 pieds sur 4 sert de garde-manger; on peut y placer un petit poêle américain, sur lequel la maîtresse de maison pourra faire ses plats doux, si elle en a l'idée.

La chambre à coucher, à l'ouest de la maison, est pour les personnes de passage; celle de l'Administrateur devra être à l'est de façon à recevoir

1. *Amok* : Attaque subite de folie homicide qui s'empare des malais sous le coup d'un violent chagrin, et les porte à tuer tout sur leur passage.

Materials for building. — The jungle will provide nearly all the materials required for putting up this house : posts, beams, rafters, planks for flooring and for partitions, "nipah attaps" for the roof. Everything in fact, except the corrugated iron sheets to enclose the ground floor and, if attaps are dear and transport difficult, a substitute for them, in the shape of " Ruberoid " (see below). The following is the sum of all the materials which will be required :

1° 2 middle posts marked .... (in sketch) 7" square 31' 6" long
2° 10 outsid posts marked .... (in sketch) 7" square 20' 6" —
3° 8 beams......... 7" — 15' feet —
4° 60 joists supporting the flooring........ 18" apart 6" — 15' — —
5° 10 joists supporting the rafters .... 6" — 15' — —
6° 4 corner rafters (allowing 3' for eaves) 6" — 24' 3" —
7° 22 rafters (allowing 2' for eaves)....... 4" ×3' 20' 7" —
8° 1 joist forming ridge of roof............ 6" — 15' — —
9° 200 planks for flooring 15' × 8" × 1" planed, tongued and grooved
10° 420 planks for walls and partitions 8'×6"×$\frac{3}{4}$" tongued
11° 80 sheets of corrugated iron 8 feet long
12° 40 scantlings to nail the corrugated iron on 3"×3"
13° 50 laths if using " Ruberoid " for roofing.

Cost of house. — The cost of such a house which we gave above at $ 850 is established as follows :

200 planks meranti, or soft wood handsawn on contract by Chinese sawyers, according to distance of jungle 35 to 40 cents.................................... $ 80
420 planks for partitions 16 to 20 cents.......... 75.60
80 sheets corrugated iron $ 1................. 80 »
Scantlings and laths .... 25 »
" Ruberoid " 6 pieces 24 yards × 1 à $ 13... 78 »
— — transport............. 12 »
Felling, lopping, stripping the bark, squaring postsa putting up the house 200 days à $ ½. 100 »
Planing planks, grooving, making doors, windows, railings, staircase 250 days of Chinese carpenters at $ 1.25.................... 312.50
Laying the roof with " Ruberoid " 10 days at $1.25..................................... 12.50
                        $ 775.60
Transport.................. 75 »
                        $ 850.60

largement le soleil levant, ce qui permet de bien aérer l'appartement et la literie, comme le veut une hygiène bien entendue.

Matériaux de construction. — La forêt vous donnera presque tous les matériaux qu'il faut pour élever la maison : poteaux, solives, chevrons, planches pour le plancher et les séparations. Tout, en fait, excepté les feuilles de fer galvanisé, pour enclore le rez-de-chaussée, et, si les « attaps » sont chères et les transports difficiles, quelques pièces de « Ruberoïp » (voir plus loin) qui remplacent les « attaps » pour la toiture.

Voici d'ailleurs la liste des pièces et matériaux qu'il nous faudra :

1° 2 poteaux du milieu. 0^m,175^{mm} d'équarrissage 0^m,60 de long
2° 10 poteaux extérieurs.............. 0,175^{mm}. — 6,25 —
3° 8 poutres....... 0,175^{mm}. — 4.65 —
4° 60 solives supportant le plancher.... 0,150 — 4,65 —
5° 10 solives supportant les chevrons.. 0,150 — 4,65 —
6° 4 arbalétriers... 0,150 — 7,35 —
7° 22 chevrons...... 0,10 — 6,25 —
8° 1 solive pour faîte du toit............. 0,150 — 4,65 —
9° 200 planches pour plancher.......... 4^m,65×0^m,20×0,025
10° 420 planches pour partitions.......... 2^m,45×0^m,15×0,02
11° 80 feuilles de fer galvanisé........... 2,45
12° 40 voliges........ 0^m,08×0^m,08
13° 50 lattes si le toit est recouvert en « Ruberoïd ».

Coût de la maison. — Le prix de $ 850 que nous avons donné ci-dessus s'établit comme suit :

200 planches en « méranti » sciées à la main prix à forfait selon distance de la forêt 35° à 40°..................................... $ 80
420 planches pour partitions de 16° à 20° 75.60
80 feuilles de fer galvanisé.............. 80 »
Voliges et lattes........................ 25 »
« Ruberoïd » 6 pièces de 24 yards sur 1 yard de large à $ 13................. 78 »
— — transport... 24 »
Abatage, élagage, écorçage, équarrissage et montage des poteaux et poutres, 200 journées à 50 cents.................. 100 »
Rabottage, rainures et languettes, portes, fenêtres, escalier, 250 journées de charpentiers chinois $1.2 .... 312.50
Posage du « Ruberoïd » sur la toiture... 12.50
                  Transports ..... 75 »
                  $ 850.60

$ 850.60 à F^s 3,00 = F^s : 2551.80.

Posts. — The posts, needless to say, should be of the hardest wood procurable from the jungle. As stated above, they should be 7 inch square. A length of 3 feet of the ends, which is to go into the ground, should, unless it be of very hard wood, be charred and smeared over with a thick

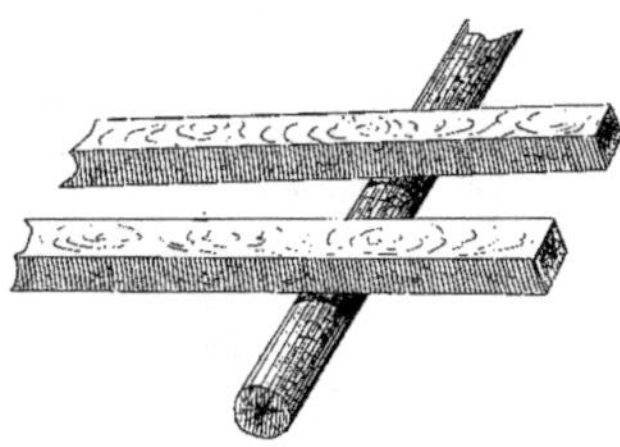

Fig. 3. —

layer of hot tar, in order to protect the posts from white ants.

With this object, the posts are placed side by side on the ground, their extremity resting on a beam placed beneath crosswise (fig. 3) 3 feet of their end protruding. A fire is lit underneath and kept up until the ends are well charred on their four sides. Hot tar is then spread over the wood.

Putting up the posts. — Now we may proceed to raise the posts and put them up in their

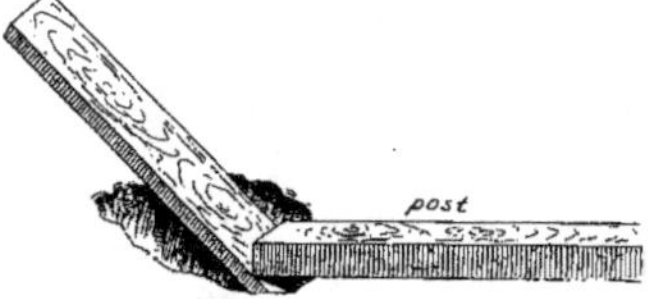

Fig. 4. —

respective holes. Most probably, no tackle is at hand, so you will have to do the lifting with men's arms. Holes, 3 feet deep, have been previously dug at their respective place marked on the

Poteaux. — Il va sans dire que les poteaux seront du bois le plus dur qu'on puisse se procurer dans la forêt. Ainsi qu'il a été dit plus haut, ils auront $0^m,175$ d'équarrissage. Les 3 pieds de l'extrémité inférieure, qui seront enfoncés en terre, devront être passés au feu et enduits d'une forte

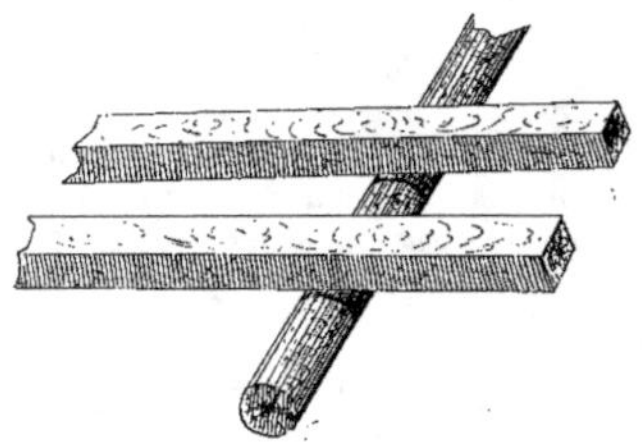

Fig. 3. —

couche de goudron bouillant, pour les protéger contre les fourmis blanches.

Pour cela, les poteaux sont posés à terre à côté les uns des autres (fig. 3), l'extrémité qui doit être passée au feu, un peu surélevée par une poutre placée en dessous et en travers. On entasse des copeaux et du bois mort en dessous, et on y met le feu, auquel on expose successivement chacune des faces des poteaux; dès que le bois commence à se carboniser on retire le feu, et on enduit de goudron très chaud les 3 pieds qui viennent d'être passés au feu.

Mise en place des poteaux. — Pour chaque poteau indiqué sur le plan, on fait un trou circu-

Fig. 4. —

laire de dimension suffisante pour recevoir l'extrémité de poteau. La profondeur des trous sera de 3 pieds. Maintenant, il s'agit de les soulever et de les mettre en place. Comme on manque le plus

sketch. These holes are made with the "pengali" a tool in the shape of an iron spoon fixed at the end of a long handle, and which scoops out the earth. The coolies then bring, or drag the posts

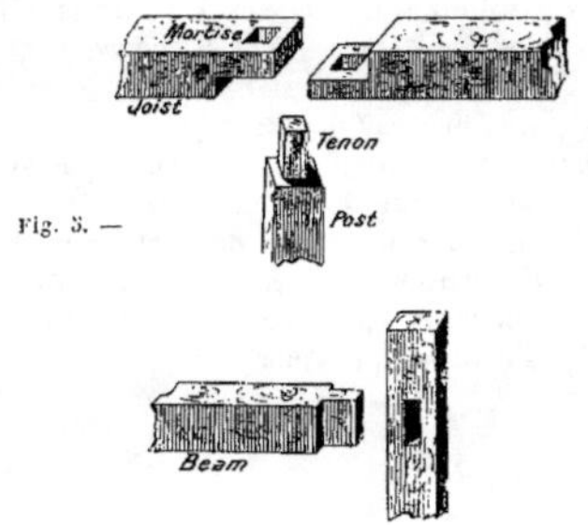

Fig. 5. —

Fig. 6. —

until the charred ends protrude over the brink of the hole which is to receive it. On the other side of the hole, a stout piece of board is held by a

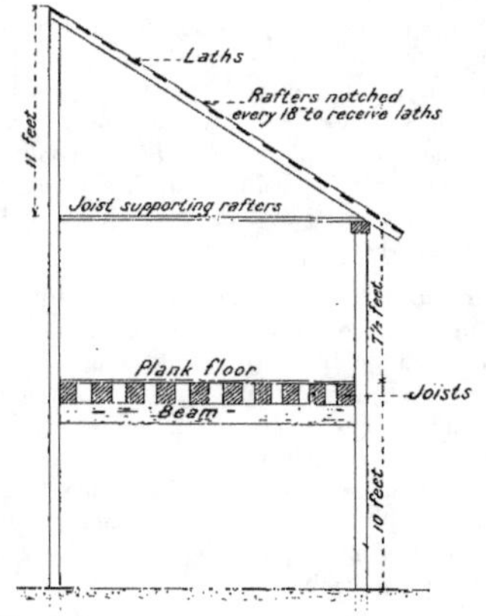

Fig. 7. —

coolie, its lower edge pressed firmly against the wall of the hole, (fig. 4). The post is then slowly raised, its end sliding down along the board, which is also slightly raised and in a moment the post

souvent de poulies et de palans, qui prendraient, du reste, plus de temps que le travail n'en demande, on fait tout à bras d'hommes. Les coolies traînent le poteau jusqu'à ce que l'extrémité gou-

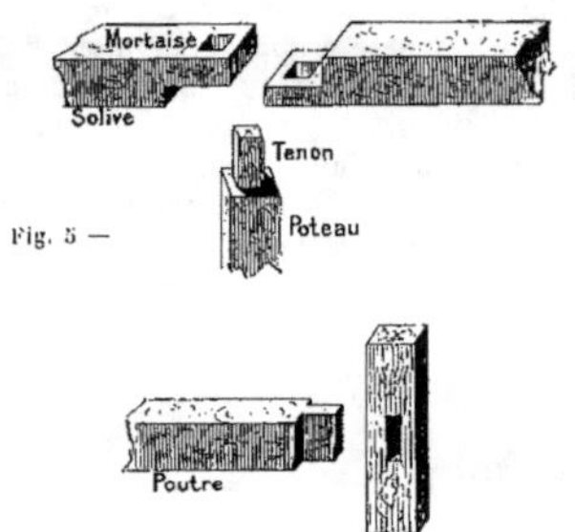

Fig. 5 —

Fig. 6. —

dronnée se trouve au-dessus du trou qui doit le recevoir; de l'autre côté du trou, et fermement appuyée contre le rebord du trou, par son extrémité,

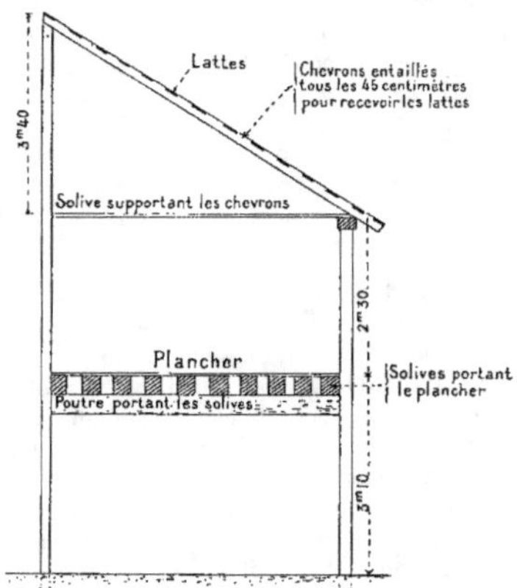

Fig. 7. —

une planche inclinée est maintenue par un coolie (fig. 4). On avance quelque peu le poteau de façon que son extrémité appuie fortement sur la planche; puis on soulève lentement le poteau, qui ne tarde

slides down of its own weight into the hole where it is held in position for a while until it is made fast vertically by pounding the earth all round.

Previously to putting up the posts, a tenon has been cut at their top to receive the mortised ends of the joists which are tos upport the rafters (fig. 5).

Besides, at a height of 13 feet, including the 3 feet sunk in the ground, a mortise 7 inches by 3 (fig. 6) is cut through each post. These mortises will receive the notched ends of the beams which are to support the joists upon which the floor is laid.

Roof. — The beam which is to constitute the ridge of the roof is also mortised at both ends to fit the tenons at the top of the middle posts. On this beam rest the upper ends of the rafters, the lower ends resting on the joists (totop tiangs) running from post to post. The rafters are laid 18 inches apart and they have notches at every 18 inches, in which are inserted the lateral laths (gulong-gulong). On the latter, the " Ruberoid " will be spread and nailed as described below. (fig. 7) shows the assemblage of the different parts of the building.

"**Ruberoid**". — For a house, which is destined to last a long time, I would advise the substitution of " Ruberoid " to the native " attap " which although a suitable enough roofing material, in other respects, has not the cleanliness nor durability of " Ruberoid ", a waterproof felt of German manufacture, the use of which is getting to be more and more popular in the East. It is sold in rolls of 24 yards long by one yard wide, a mode of packing which makes it easily transportable, which cannot be said of " attaps ", their bulk rendering their transport extremely onerous especially if they have to support break of bulk and land transport. We have paid as much as 30 dollars for the transport of a thousand attaps, which at the place of origin cost $ 8 per thousand.

Notwithstanding the greater original cost of

pas à glisser contre la planche et à s'enfoncer de lui-même dans le trou.

Avant d'élever les poteaux, leur extrémité supérieure a été préalablement taillée en tenon pour recevoir les extrémités mortaisées des solives qui supporteront les arbalétriers et les chevrons du toit (fig. 5).

De plus, à une hauteur de 3ᵐ,95 y compris les 3 pieds en terre, on aura fait, sur chaque poteau une mortaise de 17 centimètres et 1/2 sur 7 centimètres 1/2 qui perce le poteau de part en part. Ces mortaises recevront les extrémités des poutres (fig. 6), préalablement entaillées, qui serviront à supporter les solives du plancher (fig. 6).

Assemblage des pièces et faitage. — La solive, qui forme le faîte du toit est également mortaisée à ses deux bouts qui s'emboîtent sur les tenons pratiqués au haut des deux poteaux du milieu; sur ce faîte reposeront les extrémités supérieures des chevrons, les extrémités inférieures reposant sur les solives qui relient les poteaux entre eux. Les chevrons seront espacés de 45 centimètres et seront entaillés à tous les 45 centimètres pour recevoir les voliges sur lesquelles seront posées et clouées les bandes de « Ruberoïd » ainsi que nous l'expliquons plus loin.

"**Ruberoïd**". — Pour une maison destinée à durer longtemps, je conseille particulièrement de substituer l'emploi du « Ruberoïd » à celui de l' « Attap [1] » qui, bien que d'un usage avantageux sous certains rapports, n'a pas la propreté ni la durée du « Ruberoïd », une espèce de feutre de fabrication allemande, dont l'emploi tend à se généraliser de plus en plus. Il se vend par rouleaux de 21ᵐ,60 par 91 centimètres de large, ce qui le rend facilement transportable; on ne peut pas en dire autant des « Attaps », dont le volume les rend très coûteux à transporter, surtout s'il y a transbordement, et transport par terre. Il nous est arrivé d'avoir à payer $ 30 pour le transport de mille

1. Frondaisons du palmier «nipah» qui sont partout employées pour les toits de maisons. Le « nipah » croit en abondance en eau saumâtre, le long des rivières.

"Ruberoid" it may therefore happen that its actual cost on an estate, difficult of access, may be no greater than attaps. " Ruberoid " offers great advantages; it is a bad conductor of heat, a very appreciable one in a tropical country; it is perfectly watertight, light, clean and lastly, white ants. which can eat their way through most things,

attaps qui, au lieu d'origine ne coûtaient que 8 dollars. Malgré le prix plus élevé du « Ruberoïd », il peut donc se faire que, grâce au transport, le « Ruberoïd » revienne sur la plantation à un prix à peu près égal à celui des attaps. Le « Ruberoïd » offre de grands avantages : c'est un mauvais conducteur de la chaleur, avantage appréciable dans

Photo by H. Overbeek.

" Nipah " Palms, the leaves of which are used to make attaps for the roofing of houses.

Palmiers « Nipah » dont les feuilles s'emploient pour toitures de maisons.

do not touch it. It is very easy to lay, if the rafters and laths have been wel lput together at equal distances of 18 inches, as specified above.

un pays tropical ; il est absolument imperméable, léger, propre, et, enfin, les fourmis blanches qui attaquent à peu près tout, ne le touchent pas. La pose en est très facile, si les chevrons et les voliges ont été préalablement bien ajustés ensemble, à distances égales de 45 centimètres ainsi qu'il est spécifié plus haut.

Laying of " Ruberoid ". — One man, astride on the ridge of the roof, unrolls the piece of Ru-

Pose du « Ruberoïd ». — Un homme, se tenant à califourchon sur le faîte, déroule la pièce qu'il

beroid " which, as it unrolls itself, lays flat on the sides of the roof. A second man at the eaves takes hold of the end and pulls it, until the other end is flush with the eaves on the other side, and cuts off whatever length hangs beyond the eaves ; the " Ruberoid " rests on 3 rafters, one on each side and one in the middle (the rafters are 18 inches apart) to prevent sagging. The edges are then nailed on the rafters and, crosswise, on the laths, which, as described above, are made flush with the rafters by means of notches practised in the latter. The same is repeated with another length of roll which is laid alongside of the first, 2 inches of its edge overlapping the edge of the first piece. The 2 edges receive a coating of a special cement, and with a little pressure they are made quite fast together. A row of nails on the top of all completes the operation. Band after band of " Ruberoid " is thus successively glued and nailed to the preceding one until the whole roof is covered. If well laid, it will form a perfectly smooth surface, without saggings and it will then be able to stand the strongest winds besides being absolutely waterproof. Once a year the roof may receive a coat of the special varnish on the outside ; and on the inside, it can be painted to any suitable colour, light green for instance, which it takes very well. I may add that I have been using " Ruberoid " over an exposed part of my house for over 3 years and it is as good now as when newly laid.

Floor. — The floor is made of planks one inch thick, planed, grooved and tongued. A clean floor, and, easy to wash, can be made by using a varnish stain of a suitable colour, or by using one of the numerous compositions for ships, Hartmann's or Hansa. By adding to the paint in the drum a dozen bottles of Chinese varnish (25 cents a bottle) a brilliant red brown glaze is obtained.

Rangoon Oil. — All the rest of the timber,

---

a en main ; la bande en se déroulant se pose bien à plat sur le cadre formé par les chevrons et les voliges. Un second coolie, posté à terre au bord du toit, reçoit l'extrémité du rouleau qui lui arrive en se déroulant, tire dessus jusqu'à ce que l'autre extrémité du rouleau (maintenant complètement déroulé) affleure avec le bord du toit opposé, puis il coupe la partie qui pend en trop au delà de la volige inférieure. Le « Ruberoïd » repose à plat sur 3 chevrons, un au milieu, et un à chaque bord ; le chevron au milieu empêchant qu'il n'y ait fléchissement de la surface du « Ruberoïd ». Les deux bords de la pièce sont cloués légèrement aux chevrons ; transversalement la pièce est aussi clouée aux voliges, qui, ainsi que nous l'avons dit, affleurent avec les chevrons, ceux-ci étant entaillés à cet effet. On répète la même opération avec le morceau de « Ruberoïd » restant, qui est posé bord à bord à côté de la bande déjà posée, mais on réserve 3 centimètres sur le bord de la nouvelle bande qui dépasse d'autant l'ancienne ; on enduit ces 3 centimètres d'un vernis spécial, et on presse les 2 bords qui restent ainsi collés l'un sur l'autre. Cela fait, on cloue le tout aux chevrons et aux voliges. On pose successivement bande après bande, les collant l'une à l'autre et les clouant ainsi qu'il vient d'être dit, jusqu'à ce que la toiture soit finie. Posé comme il faut, cela vous donnera un toit de surface tout à fait unie, absolument imperméable et à même de résister à tous les vents.

Une fois par an, on peut donner une couche extérieure du vernis spécial dont il est question plus haut et qui est fourni avec le « Ruberoïd » ; et à l'intérieur, on peut peindre à la couleur que l'on préfère, vert tendre par exemple.

Depuis, plus de 3 ans que j'ai posé le « Ruberoïd » sur une partie de ma maison, le toit est aussi imperméable et résistant qu'au premier jour.

Le plancher. — Le plancher est fait de planches de 2 centimètres et demi d'épaisseur, rabottées et avec rainures et languettes. On peut faire un plancher propre, et facile à laver, en employant un vernis de couleur convenable, additionné d'une couche de vernis chinois qui est très bon marché ; ou bien on peut employer une des nombreuses compositions en usage pour les navires. En mélangeant bien avec quelques bouteilles de vernis chinois, on obtient un beau brillant rougebrun d'un très bon effet et durable, et bon marché.

Rangoon oil. — On appelle ainsi un pétrole

beams, joists, rafters etc., gain in toughness and resistance to insects by being stained with Rangoon oil (crude petroleum). White ants are the most destructive pests of timber imaginable; their damages may go the length of rendering a house

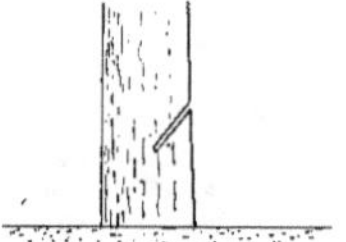

Fig. 8. —

uninhabitable after a few years; it is well to guard the posts against their intrusion. This is best done by drilling a ¼ inch hole half way through the post, just above the ground; the hole should be slanting downwards from the outside (fig. 8); once a month, Rangoon oil is poured in the hole, and the wood, getting, by and by, saturated, will resist the attacks of ants for a very long time.

brut qui provient de Birmanie; en enduisant de cette huile les pièces de la charpente, poutres, solives et chevrons, et le dessous du plancher, ces pièces gagnent en dureté et en résistance contre les fourmis blanches. Les fourmis blanches sont,

Fig. 8. —

en effet, toujours à craindre; seuls, les bois très durs résistent à leurs ravages, qui peuvent aller jusqu'à rendre une maison inhabitable au bout de quelques années. On peut en protéger les poteaux, en pratiquant, à la vrille, au bas de chaque poteau, un petit trou incliné de haut en bas, en biais, et pénétrant jusqu'au centre du poteau. Une fois par mois, on remplit le trou de rangoon oil et le bois, ainsi saturé d'huile, résistera pendant très longtemps aux attaques.

CHAPTER VI

Outhouses. — Bath Room. To the east of the house (the side of the host's bedroom) and in communication with it by a covered way, are, gathered in one building, the bath-room, the kitchen, cooks' and boys' quarters and, lastly, if a horse is used, a stable with sais' room. The outhouses should be at least 60 feet distant from the house, according to the rules of insurance companies.

Kitchen. — As a temporary installation and, until a cooking stove can be procured, an earthen cooking range can be put up. It is made in the shape of a box 6 feet long by 3 feet broad, set up on stout posts, 3 feet high which is filled with clay well beaten; 3 or 4 partitions are raised on top, for fireplaces, at one end of this platform an oven is

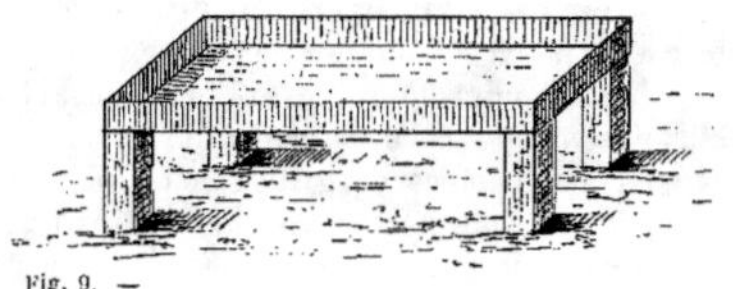

Fig. 9. —

made for baking bread. For want of other material an empty petroleum tin can be used; it is open at one end, the lid being cut out; then it is laid on its side, and, all round, it, except on the open front, a thick layer of clay is laid. A square of wood, lined with the tin from the lid, is used to close the oven when in use. Such an oven is, of course, only a makeshift, but, for the time being, it will fulfil well enough its purpose, which is to bake bread. Time will come when things get more shipshape and an American stove will answer all the requirements of the household.

CHAPITRE VI

Dépendances. — A l'est de la maison, et en communication avec elle, par un chemin couvert, se trouvent, réunies sous un même toit, mais séparées par des partitions, salle de bains, cuisine, chambre de boy, et cuisinier, puis, si on se sert de chevaux, l'écurie et le logement du saïs. Les dépendances doivent être éloignées de 60 pieds au moins de la maison, conformément aux règles des compagnies d'assurances, point important lorsqu'on veut s'assurer.

La cuisine. — Comme installation temporaire, jusqu'à ce qu'on puisse se procurer un poêle de cuisine, on peut établir un âtre, sous forme de boîte de 6 pieds de long et de 3 de large posée sur quatre pieux enfoncés en terre, et qu'on remplit de terre glaise bien battue. On y pratique 3 ou 4 foyers avec des pierres ou des briques quand on

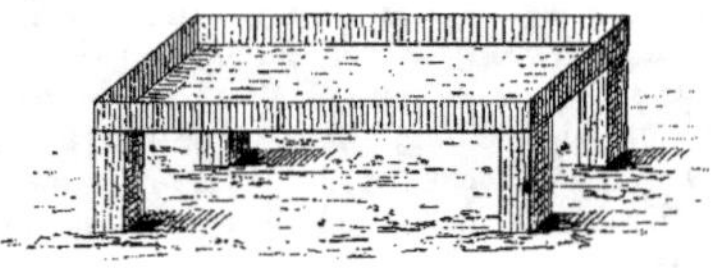

Fig. 9. —

en a. A une des extrémités de l'âtre, on établit un petit four à pain provisoire, fait d'un bidon de pétrole posé à plat sur la glaise et entouré de tous côtés, excepté sur le devant, d'une épaisse couche de glaise. Le devant qui reste ouvert se bouche avec un carré de bois garni d'un carreau de feutre isolant, que l'on couvre d'une feuille de fer blanc. Tout ceci, je le répète, n'est que provisoire; mais comme dans la jungle, il faut tout faire soi-même, il est bon de parer de suite au plus pressé, qui est de vivre, et bien vivre, si on peut.

Practical hints. — The jungle has nothing or next to nothing to offer in the way of foodstuffs. Pigeon, wild pig, a deer may now and again fall to your gun, but one soon gets enough of a regime of venison. Natives may fitfully provide you with lank fowls, with eggs of doubtful freshness, and that is about all; of fruit there is none except those growing wild. The tender shoots of the common fern (pakis) can give you an apology for a salad; of butcher's meat your larder must remain lamentably empty, unless you kill one of your own cattle, or a buffalo which may be bought of the natives. In fine you must import everything.

Larder. — Some dozens of good brands, preserved vegetables will be indispensable for some time; sardines, 2 or 3 York hams, condensed milk, jams. A bag of flour, 1 picul of potatoes, oil, vinegar, ground coffee, tea, sugar, these and the indispensable bag of rice, will compose your larder. Preserved meats of whatever origin are best left alone.

Fowl House. — **Kitchen garden**. — To cope with the poverty of your larder, you should start at once a fowl-house, with a big run enclosed with wire-netting, 8 feet high; it is, first, stocked with a dozen or two of China fowls; they are prolific layers, and eggs will come to you in plenty as well as young pullets to make your curries with. A kitchen garden is the next thing to start. Many of our European vegetables come up very well; lettuces, carrots, radishes, tomatoes, French beans, watercress, all do well if the soil is suitable and well worked up and shaded. Besides this, a hundred, or so, of young banana sprouts should be planted round about the house, and you can also raise from seed another hundred of that wholesome and quick growing fruit, the papaya. If you do all this, I answer for it that, before many months are over, you will be quite well off for food supplies, and that, at a trifling cost.

Lastly I would say : try your hardest to take to rice; of all the foods, it is the one that never

Conseils pratiques. — La jungle, comme aliments, n'a rien, ou presque rien à vous offrir. Vous pouvez abattre force pigeons sauvages, quelques sangliers, un cerf de temps à autre; votre fusil, en fait, sera, au début, le plus sûr pourvoyeur de votre garde-manger. Mais on se fatigue très vite d'un régime de venaison. Les indigènes pourront de temps à autre vous fournir des poulets étiques, des œufs de fraîcheur plus que douteuse, et c'est à peu près tout. Les sommités tendres de fougères vous donneront un semblant de salade; de fruits, pas un, si ce n'est ceux poussant à l'état sauvage. Comme viande de boucherie, votre régime sera d'une pauvreté à faire pleurer, à moins que vous n'abattiez de vos bœufs de travail. Parfois, cependant, vous pourrez acheter un buffle aux indigènes; mais cela, c'est pour les grandes occasions. En un mot, il vous faudra tout importer.

Quelques douzaines de boîtes de conserves de légumes de bonnes marques vous seront indispensables au début. Des sardines, 2 ou 3 jambons d'York, du lait de conserve, du beurre de conserve, des confitures, 1 sac de farine, 1 pikol de pommes de terre, huile, vinaigre, café moulu, sucre et thé, et par-dessus tout, l'indispensable sac de riz, constitueront un garde-manger suffisant. Les viandes de conserve en boîte, quelle que soit leur origine, sont généralement à éviter.

Poulailler. — **Jardin potager**. — Pour suppléer à la pauvreté du garde-manger, il n'y a que l'universel poulet. Aussi est-il indispensable d'établir, dès votre arrivée, un poulailler, avec une grande cour bien enclose de grillage en fil de fer galvanisé, 8 pieds de haut : vous y mettrez une ou 2 douzaines de poules de Chine, importées, comme tout le reste; ce sont de très bonnes pondeuses, et vous aurez ainsi tous les œufs dont vous aurez besoin, et, en peu de temps, de jeunes poulets pour faire vos curries.

En même temps, vous faites un jardin potager. Beaucoup de nos légumes d'Europe viennent très bien; les laitues, carottes, radis, tomates, haricots verts poussent bien si vous avez eu le soin de bien travailler votre terre, de ménager de l'ombrage, et si le sol est propice. Vous plantez en outre une centaine de pieds de bananiers à l'entour de l'habitation et vous semez un plan ou deux de graines de papayers en vue d'obtenir une autre centaine d'arbres aux fruits sains et hâtifs. En procédant

tires; it is the most digestible and with a well made curry, it makes the most appetising and satisfying of dishes. But for that, the rice must be steamed after cooking; it then dries partly, gets firm under the tooth and it separates grain by grain; quite a different affair to the gluey pap which is served as rice on board the liners.

Clean living. — The jungle does not allow of sumptuous living, but what should be sought, and, what can be attained, is clean and wholesome living. The planter's table, like his dwelling, humble though they be, should be made pleasing and attractive. His work, hard and often unhealthy, requires a satisfying regime and a serene atmosphere in the leisure hours, for the hygiene of the body and the hygiene of the mind go together.

ainsi, j'en réponds, vous serez dans quelques mois, parfaitement pourvu de bons moyens de subsistance, et cela avec un minimum de dépenses.

Enfin je vous conseillerai de faire tout votre possible pour vous habituer au riz; de toutes les nourritures, c'est celle dont on ne se fatigue jamais; c'est la plus digestive et, avec un curry bien préparé, c'est le mets le plus appétissant et le plus agréable. Mais pour cela le riz doit être exposé à l'action de la vapeur après la cuisson; il se dessèche alors en partie, il craque sous la dent et se sépare grain à grain, ce qui est une tout autre chose que la bouillie gluante servie comme riz à bord des paquebots.

Hygiène du logis. — La jungle ne comporte pas une vie luxueuse, mais ce qu'il faut chercher et ce que l'on peut obtenir, ce sont des habitudes de propreté et d'hygiène. La table du colon, comme sa demeure, si humble soit-elle, doit être riante et attrayante. Son labeur, dur et souvent malsain, nécessite un régime salutaire et une atmosphère agréable aux heures de loisir, car l'hygiène du corps et celle de l'esprit vont de pair.

CHAPTER VII

Assistant's house. — The house of European assistants, generally bachelors, is of more modest dimensions than the administrator's house. The plan below may be taken as a suitable model. It measures 34 feet frontage and 24 feet depth, allowing of a verandah 8 feet wide in front, and 2 rooms 16 feet by 15 feet with a passage between, 4 feet wide, leading to the outhouses at the back, bath-rooms etc. The house is built 6 feet off the ground on piles; the entrance is by a staircase on the side. Another staircase at the back leads to the bath-rooms etc.

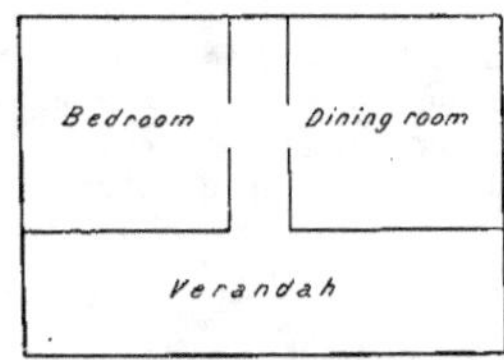

Assistant's house

Enough land, say ¹/₂ an acre, should be allowed for a kitchen and a flower garden. Except the joists which support the floor, it is not necessary that the timber should be squared. It must be observed that the assistant's house is not permanent, as, with the future extension of the estate, it may possibly be necessary for the assistant to shift further afield. After what has been said above concerning the Administrator's house, it

CHAPITRE VII

Maison d'employés. — La maison des employés européens, généralement célibataires, est de dimensions plus modestes que la maison du directeur. Le plan ci-contre peut être donné comme un modèle bien approprié.

La maison a 10^m,50 de façade sur 7^m,32 de profondeur, avec vérandah sur le devant de 2^m,40 de large, et 2 chambres, de mêmes dimensions 4^m,80 × 4^m,50, séparées par un passage qui mène aux dépendances derrière. La maison est bâtie sur pilotis, six pieds au-dessus de terre. Un escalier sur le côté de la maison y donne accès, et un, par derrière, donne sur les dépendances.

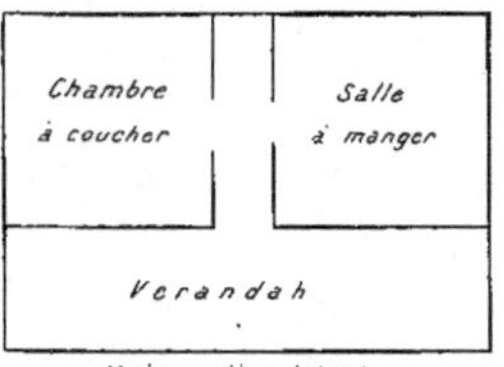

Maison d'assistant

Autour, de la maison, on réservera assez d'espace, un quart d'hectare, mettons, pour jardin à fleurs et jardin potager. Sauf les solives, qui portent le plancher, il n'est pas nécessaire que les pièces de la charpente soient équarries.

Je dois, en effet, faire observer que la maison d'un employé n'est pas permanente; au fur et à mesure de l'extension de l'estate, il est plus que probable que l'employé devra établir sa résidence plus au loin.

is not necessary to further explain the details of construction,

Materials and Cost. — The materials required will be :

2 posts 26¹/₂ feet long with mortise 6 feet from the ground
10 — 16¹/₂ feet long with mortise 6 feet from the gound
. 2 beams 15 feet long
6 — 11' 4" —
1 beam 4 feet long for ridge of roof
36 joists 12 feet long
100 planks for floor 17"×6"×1"
350 planks for partitions and walls 8'×5"×1/2"
2000 attaps with outhouses.
Such a house should not cost more than $ 350.

Chinese coolie house. — The Chinese working on a plantation often belong to different clans ; the teo-tjews, the khe's, the hai-lo-kongs. Hokiens, who come from the Fukien Province, or from South China are the principal clans. They live and work together but they prefer living each clan by itself, the khe's with khe's ; hokiens with hokiens ; when clans are mixed (which sometimes may be unavoidable, quarrels are apt to break out. When possible therefore and, especially if the Chinese coolie force is a large one, it is advisable to build a house for each kongsi (clan-association) on the estate.

The Kongsi. — They are distributed in gangs of 25 to 30 men under one headman (tandil) forming one kongsi. Each kongsi house should be spacious enough to allow each man 5 feet of space on the plank couch (baleh-baleh), which runs along the whole length of the house and on both sides of it.

A kongsi of 30 men distributed 15 on each side

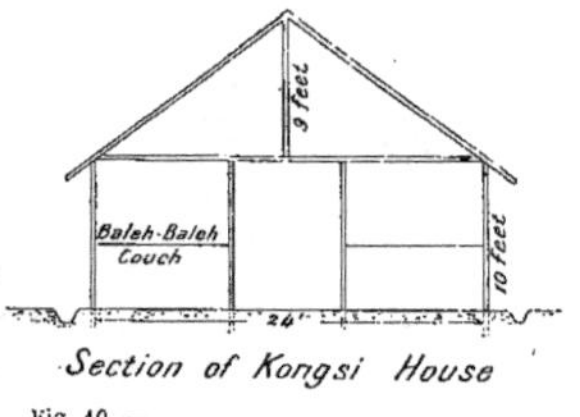

Section of Kongsi House

Fig. 10. —

should therefore be given a house 15 × 5 = 75 feet long plus, at one end, a length of 8 feet for the tandil's separate room, which will make a total

Matériel et Coût. — Les matériaux nécessaires pour la maison d'employé seront les suivants :

2 poteaux du milieu 8 mètres de long
10 — extérieurs 5 —
2 poutres 4ᵐ,50 —
6 poutres 3ᵐ,30 —
1 solive 1ᵐ,20 de long pour faîte du toit
36 solives 3ᵐ,61
100 planches 5ᵐ,25 × 0ᵐ,15 × 0ᵐ,025 pour plancher
350 — 2ᵐ,40 × 0ᵐ,125 × 0,0125 pour partitions.
2000 attaps compris la couverture des dépendances.
Le coût de cette maison ne devra pas dépasser $ 350 soit à ce change de 3 francs : 1050 francs.

Maison de coolies chinois. — Les Chinois travaillant sur une plantation, appartiennent le plus souvent à différents clans d'après leur pays d'origine : il y a ainsi les tjews-tjews ; les khés ; les haï-lo-kongs ; les hokiens. Ils vivent et travaillent ensemble, mais ils préfèrent vivre, chaque clan séparé, les hokiens avec les hokiens, les khés avec les khés ; etc. Quand les clans sont mélangés (ce qui pourtant est parfois inévitable) les querelles sont fréquentes. Quand, donc, cela sera possible, et surtout, si le nombre de travailleurs chinois est grand sur la plantation, il vaut mieux donner à chaque clan sa maison.

Le Kongsi. — On les distribue par groupes de 25 à 30 hommes, sous la surveillance d'un chef (tandil) formant un kongsi. La maison du kongsi devra être assez spacieuse pour donner à chaque homme un espace de 5 pieds sur le lit de camp, (baleh-baleh) qui occupe chaque côté de la maison, sur toute sa longueur.

Un kongsi de 30 hommes, distribués 15 de cha-

Coupe de Maison de Coolies

Fig. 10. —

que côté devra donc avoir 5 × 15 = 75 pieds = 22ᵐ, 50 de longueur, plus, à une des extrémités une longueur de 2ᵐ,50 pour le logement séparé

length of 83 feet for the building with a width of 24 feet. The sketch below shows section of the kongsi house just described. Running through the centre, rude tables and benches are put up, whereon the coolies partake of their meals. On the couch, rows of grimy mosquito nets are hung up and inside that net Quong-Yit or A-Phong has his home, with all his worldly belongings, his pipe, tea-pot and maybe a blanket, the classical red blanket of the gorgeous East. A humble home enough! yet, all sufficient for A-Phong's taste, if he can indulge his opium pipe in peace, or have his gamble undisturbed. Near by, an old Gentleman with a white flowing beard, the Toh Peh Kong (divinity) has his altar with well filled bowls of rice and rush light burning. His face is benign, but he is old enough to know the incorrigible waywardness of his children, and he smiles perpetually.

If the ground is low, the kongsi house should be built on piles and the floor planked right through.

du tandil. Ce qui donnera à la maison 25 mètres de long sur une largeur de 7^m,50.

La figure ci-dessus donne la coupe du kongsi. Au centre, des tables grossières et des bancs servent aux repas des coolies. Sur le lit de camp, pend une rangée de moustiquaires de nuance douteuse et c'est là dedans que Quong Yit ou Ah Phong fait son « home » avec tous ses biens, sa pipe, son pot à thé, et parfois une couverture, la couverture rouge classique de l'Extrême-Orient. C'est un « home » bien humble, mais Ah Phong s'en contente très bien s'il peut y fumer sa pipe d'opium en paix, et faire sa partie sans être dérangé.

Près de là, dans une niche faisant face à l'entrée, un vieux monsieur à barbe très blanche, le Toh Peh Kong, divinité, a son autel, avec bol de riz à portée de la main. Il a une figure bon enfant, mais il est assez vieux pour connaître l'incorrigible perversité de ses enfants, et il en rit éternellement.

Si le terrain est bas, le Kongsi, devra être bâti sur pilotis et planchéié sur toute sa longueur.

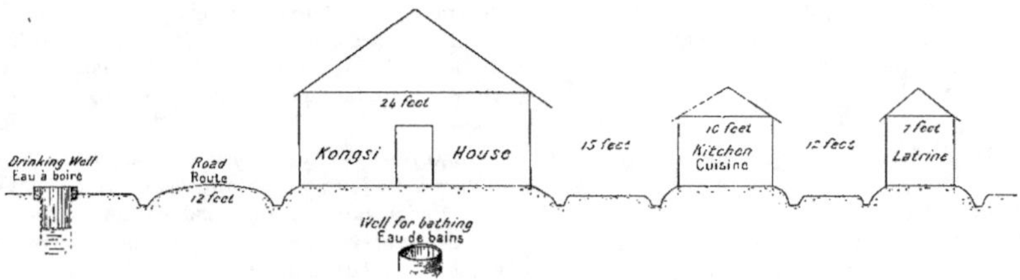

All round the house, a trench should be dug, 2 feet broad and deep, the carry off the rain waters; the earth taken up from the trench is thrown into the space occupied by the house so as to raise the ground; it is well levelled and beaten to give an even floor.

The tandil must see to it that the drains are kept clean.

Kongsi wells. — In front of the house, the well for drinking water will be dug; but in order to insure its being protected from contamination, it is well to have the house built on a road (a situation that has many advantages), the well being situated on the other side of the road.

The distribution of the kongsi (the word is im-

Tout autour de la maison, on creusera un fossé de 2 pieds de profondeur et 2 pieds de largeur, pour recevoir les eaux : la terre enlevée du fossé est rejetée sur l'emplacement même de la maison pour en élever le niveau.

Le tandil est responsable de la propreté du Kongsi et des fossés.

Puits du Kongsi. — Devant la maison des coolies, on fera creuser un puits pour eau à boire, mais, pour empêcher ou atténuer les risques de contamination de l'eau, il est bon de construire la maison sur le bord d'une route (une situation avantageuse à plusieurs points de vue) et de faire le puits de l'autre côté de la route.

plied to mean also house) and its annexes will then be as shown in the accompanying sketch :

Javanese coolie house. — The Javanese are lodged in a similar way, but provision must be made for the married men, who must be lodged separately ; or, if they are all under one roof, partitions must be made for the family, to insure privacy. Each family should also have its own cooking place and a well must be specially reserved for the women to bathe, with an enclosure round it. The mandor (headman) should have a small house for himself. For the rest the same distribution can be adopted as in the case of the Chinese

Tamil coolie house. — The Klings or Tamils, natives of the Madras Province must also have their own lines. Besides furnishing labourers for the regular field work, drainage etc. the Klings are also excellent cartmen and cattle tenders. For this reason their house should be built not far from the cattle sheds.

Cattle sheds. — The necessities of transport are not so heavy on a rubber estate as on a sugar estate or a tobacco estate, for instance ; and some estates, in particularly favoured situations, may be able to dispense altogether with cattle. Yet it is not always so, and, if only to insure the transport of supplies for the kedei, some estates, in isolated situations, may be under the necessity of keeping a certain number of cattle. A few words on the subject may therefore not be out of place. Cattle sheds should be built 20 feet wide with a plank floor on each side and a passage in the middle. The floor space should be sufficient to allow 5 feet width for each animal to lie down. So that 10 bullocks, distributed 5 on each side, will require a shed 25 feet long. The animals stand on the plank floor, which is 6 feet broad. The floor is slightly slanting, so as to allow the urine to run down into a gutter in the centre, which carries it to a concrete tank, outside the shed. The dung and soiled litter collected every morning is deposited under a shed close to the tank. The animals should be bathed frequently, hence the necessity of having a stream or piece of water near by.

La distribution du Kongsi (le mot s'emploie aussi comme signifiant « maison du Kongsi ») et ses annexes sera donc à peu près comme l'indique la figure ci-dessus.

Maison de coolies javanais. — Les Javanais sont logés d'une façon semblable, mais il faut des aménagements à part, pour les hommes mariés, quand il y en a ; ou bien, si tous vivent sous le même toit, il faut établir des séparations pour chaque famille, pour assurer leur privauté.

Chaque famille doit avoir son emplacement séparé pour sa cuisine, et un puits, avec clôture, devra être réservé spécialement aux femmes et aux enfants.

Le mandore, chef de coolies javanais, doit avoir, autant que possible, une petite maison séparée. Quant au reste, on peut adopter la même disposition que pour les Chinois.

Maison de coolies tamils. — Les Tamils ou Klings, sont natifs de la Province de Madras ; ils doivent aussi avoir leur maison à eux. En outre du travail des champs, drainage, route, etc., les Klings, sont d'excellents charretiers, et gardiens de bétail. Pour cette raison, leur maison devra être bâtie, autant que possible, près des étables de bœufs.

Étables. — Les transports par charrette ne sont pas toujours nécessaires sur une plantation de caoutchouc ; certaines plantations dans des situations particulièrement favorables, pourront se passer complètement de transport par charrette. Mais il n'en est pas toujours ainsi, et, pour les seuls besoins de l'approvisionnement du « kedei » (voir plus loin), certaines plantations dans des situation isolées, seront obligées d'avoir un certain nombre de têtes de bétail. Quelques lignes sur ce sujet peuvent n'être pas hors de propos.

Les étables à bœufs devront avoir 20 pieds de largeur, avec un plancher de bois de chaque côté et un passage au milieu.

Chaque animal devra avoir au moins 5 pieds d'espace pour pouvoir s'étendre. Une étable pour 10 bœufs, 5 de chaque côté, devra donc avoir 25 pieds de long. Les animaux reposent sur le plancher de bois, qui a 6 pieds de largeur. Le plancher est légèrement incliné pour permettre l'écoulement des urines, qui passent, par une petite rigole, au milieu de l'étable, à une fosse à purin en dehors. Le fumier, recueilli chaque matin, est déposé sous un abri près de la fosse. Les animaux

doivent être baignés fréquemment, d'où nécessité d'installer les étables, non loin d'une pièce d'eau, ou d'une rivière.

Diseases of Cattle. — The Indian breed of cattle mostly used on the estates resist disease

Maladies du bétail. — La race des bestiaux qu'on emploie le plus sur les estates vient des

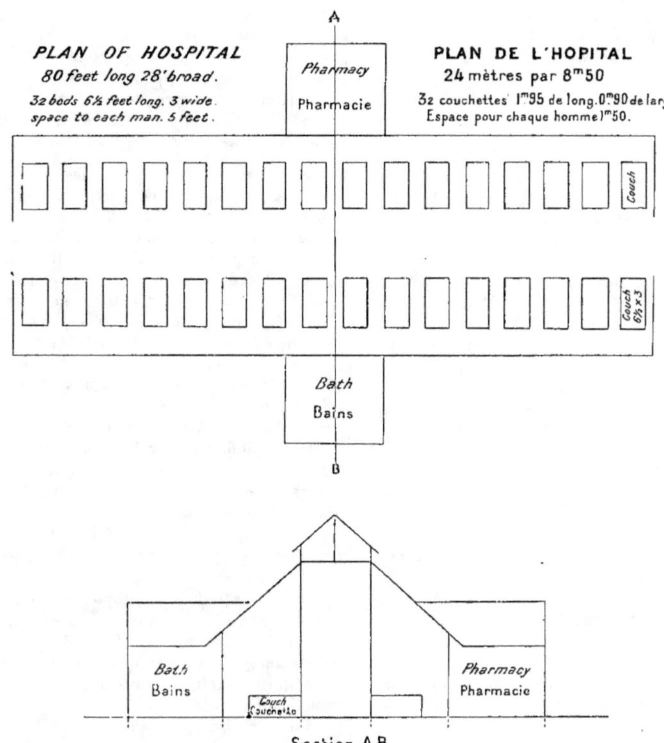

generally better than the Siamese cattle. Yet they are liable to suffer from foot-and-mouth disease, which is at times very prevalent in these parts and very infectious. It takes the form of tumours between the toes, which, by licking, also attack the mouth. A coating of tar or lotions of sulphate of copper round the feet and the washing

Indes; elle est très rustique. Les bœufs sont sujets, néanmoins assez fréquemment à une fièvre aphteuse, « mal de pied, mal de bouche », qui sévit souvent très fort, dans ces pays-ci.

Ce mal provient des tumeurs qui se forment entre les onglons et qui, en léchant, gagnent la bouche. Un badigeonnage des pieds au goudron ou

of the mouth with a boracic solution, are generally sufficient, with rest, to bring the animals round.

Meteorisation is also a disease which cattle often suffer from; it is caused by the presence of gas generated by undigested grasses in the stomach, which causes a distension of the abdomen to an enormous size, the skin becoming taut and resounding like a drum. A puncture with a surgeon's trocar on the side is the best and quickest way to relieve the animal.

Hospital. — Excepting in light cases, which can be attended to by the assistant, who has a small stock of drugs for the purpose, the sick coolie should be sent to hospital; he cannot be cared for properly in the kongsi, and half the time, he will not take the medicine given him, preferring to trust to some vile concoction of his own. The hospital must be roomy and well aired; greater ventilation is obtained by making a jack roof which allows the air in from above while keeping out the rain.

A hospital built on the above plan, 80 feet long by 28 feet broad can receive comfortably 32 patients, each accommodated with a wooden couch 2 feet apart from each other.

The couches are disposed on 2 rows on each side of the room, leaving a space of 9 feet between the 2 rows.

Shutters (tinkaps) every 10 feet on each side of the building, and also, at the ends, insure a free circulation of air at all times. As will be seen from the plan there is ample room to accommodate many more patients in case of a severe outbreak of disease.

Half way up each side of the building a recess is built, the one, used as a pharmacy, the other as a bath-room.

Pharmacy. — The following is a list of medicines and drugs which should be kept in stock :

Quinine. — Calomel. — Castor-oil. — Sulphate of soda. — Saudanum. — Chorodyne. — Iodoform. — Tincture of iodine. — Permanganaté of potash. — Ammonia. — Phenacetine, — Antipyrine. — Sublimate. — Alum. — Carbolic acid. — Vaseline. — Borax. — Nitrate of silver. — Camphor. — Rhubarb. — Ipecacuanha. — Iron. — Bicar-

au sulfate de cuivre et un lavage de la bouche avec de l'eau boriquée suffisent généralement, avec du repos, pour guérir l'animal. Cette maladie étant extrêmement infectieuse, il faut, aux premiers symptômes, isoler l'animal attaqué.

La *Météorisation* est un autre mal dont souffre souvent le bétail dans nos pays. Elle est causée par la présence de gaz produit par la fermentation d'herbes non digérées dans l'estomac. L'abdomen gonfle et devient énorme; la peau se tend et résonne comme un tambour. Une piqûre faite avec un trocart de chirurgien est le moyen le plus efficace de soulager l'animal; la gaine laissée dans l'ouverture sert à l'échappement du gaz.

Hôpital. — Excepté pour les cas peu sérieux, qui peuvent être soignés par l'employé européen, auquel on remet à cet effet, un petit stock de médecines, le coolie malade devra être immédiatement évacué sur l'hôpital de l'Estate; il est d'abord impossible de le soigner convenablement dans le Kongsi et, en second lieu, il ne prend pas les médecines qu'on lui donne, préférant s'en tenir à d'immondes décoctions de sa façon.

L'hôpital doit être spacieux et bien aéré; un toit à comble ouvert, comme le représente la section en A B ci-dessous, assure la ventilation par en haut, tout en garantissant de la pluie.

Un hôpital, bâti sur le plan ci-dessous, ayant, 24 mètres sur 8ᵐ,50 pourra recevoir à l'aise 32 malades, chacun avec couchette espacée de 2 pieds de la couchette voisine.

Les couchettes sont disposées sur 2 rangées de chaque côté de la salle laissant un espace libre de 2ᵐ,70 entre les deux rangées.

Des volets (tinkaps) pratiqués à tous les 10 pieds sur chaque côté, et aux extrémités assurent la circulation constante de l'air.

En temps d'épidémie, qu'il faut toujours prévoir, l'hôpital pourrait recevoir, sans trop de gêne, le double de malades.

Sur le milieu de chaque côté de la salle et en saillie, en porche, 2 chambres servent l'une comme pharmacie, l'autre comme salle de bains.

Pharmacie. — Voici une liste de médecines et de produits à tenir en stock.

Quinine. — Calomel. — Huile de ricin. — Sulfate de soude — Laudanum. — Idoforme. — Teinture d'Iode. — Permanganate de potasse. — Ammoniaque. — Phénacétine. — Antipyrine. — Sublimé. — Opium. — Alun. — Phénol. — Acide Phénique. — Vaseline. — Borax. — Nitrate d'argent. — Camphre. — Rhubarbe. — Ipecacuana. — Bicarbonate

bonate of soda. — Zincoxyde. — chlorate of potash. — Linseed meal. — Sulphate of iron. — Alcohol. — Plasters. — Bandages lint. — Disinfectants.

Baths. — The equipment of a hospital, should include bathing tubs for hot baths. That purpose is admirably answered by the Japanese bathing tubs, which by means of a few pieces of charcoal dropped in the flue traversing it, makes its own hot water in a few minutes. The bather sits in the bath which, when full covers his body up to the shoulders. These tubs are very strongly made of stout board and can stand rough usage for many years, if the flue is made of sufficiently thick metal. They are cheap and can be made anywhere for 10 to 12 dollars. Care must be taken to use a strong

de soude. — Oxyde de zinc. — Chlorate de potasse. — Farine de lin. — Sulfate de fer. — Alcool. — Bandages et charpie. — Ouate antiseptisée.

Bains. — Un hôpital bien outillé, ne va pas sans bains froids et chauds. Pour bains chauds, rien ne répond mieux aux besoins d'un hôpital pour indigènes, que le baquet japonais à chauffage très rapide.

Le baquet est fait de planches en bois bien ajustées; il a 2 pieds de haut sur 3 pieds de circonférence; sur l'un des côtés, un tuyau en tôle galvanisée, maintenu, en haut, par un collet en bois, et en bas, par le fond même du baquet qu'il traverse, et, muni à sa partie inférieure d'une petite grille mobile, reçoit quelques morceaux de braise ar-

Japanese bath.
Bain japonais.

lute to prevent leakage by the hole, at the bottom, through which the flue is inserted.

dente. Le baquet est préalablement rempli d'eau aux trois quarts, et au bout d'un quart d'heure, si on a soin de le recouvrir de son couvercle, l'eau arrive presque à ébullition. Lorsque l'eau est assez chauffée, au bout de 7 à 8 minutes, le baigneur entre dans le bain et s'y accroupit, l'eau lui venant aux épaules. Ces baquets qui sont très solidement faits, peuvent durer des années si le tuyau est fait de tôle assez épaisse. Ils sont très peu coûteux et peuvent se fabriquer sur la plantation même. Il faut avoir soin de bien luter le fond du bain au tuyau qui le traverse.

Kedei. — We have, thus far, described the

Kedei. — Nous avons décrit les diverses cons-

various buildings of an estate in working. There is yet the kedei, i. e. the supply shop of the coolies, run by a Chinese trader, the building of which it will be as well to leave to the kedei keeper's own idea, more especially in the distribution of the place, save as far as concerns the soundness of the building and its sanitation.

Drying sheds and Vacuum Chambers. — Later on when the tapping period is in sight, a drying house and perhaps a vacuum chamber will be required; but it is impossible to be precise in the present transitory state of the rubber industry. — We are yet too much in the dark as to the best mode of preparation of rubber and as to the type of installation that will best secure that result; most of our present contrivances are probably not destined to last long.

Future probabilities. — It is even probable that, at no very distant date we shall see rubber manufactories installed on rubber estates. This seems to be the clearest outcome of Mr. Bamber Kelway's recent experiments in Ceylon, for we now know that vulcanisation of the rubber can be obtained in the latex by mixing, before coagulation, the proper proportion of sulphur, thus producing a clean rubber quite ready to receive the last treatments and mixing of pigments, which give it its final form according to the product it is to be turned into. Mr. Bamber already succeeds in turning out from the latex certain manufactures which appear, even now, to be of industrial value, such as flooring material made of coconut coir mixed with the latex ready vulcanised.

A good equipment necessary for success. — It goes without saying, that a smaller estate of say, 200 to 300 acres, can curtail considerably the programme of buildings, which we have sketched above. A much smaller hospital will meet all requirements; a cattle shed may be dispensed with altogether. An assistant's house may not be wanted. But we live in times of combines and of larges enterprise, when a single company may acquire the control of several estates

tructions d'une plantation en marche. Il nous reste quelques mots à dire du « Kedei », qui est le magasin d'approvisionnement de vivres des coolies. C'est un Chinois, qui en a charge; un marchand qui n'appartient pas à la concession, mais qui a le monopole du service des vivres. Il est préférable de lui laisser construire son magasin à sa guise, quant à la distribution des lieux, sauf à s'assurer de sa bonne construction et des dispositions sanitaires.

Séchoirs, etc. — Plus tard, quand la période des récoltes approche, il faudra bâtir un séchoir et peut être des séchoirs en vacuum; mais il est impossible de rien préciser sur ce point dans l'état actuel de l'industrie du caoutchouc : l'expérience n'a pas encore donné de type d'installation définitive et tout ce qui s'est fait jusqu'à ce jour n'est que transitoire.

Probabilités futures. — Il est même probable que nous verrons, dans un avenir peu éloigné, des fabriques de caoutchouc s'installer sur les plantations même. C'est du moins, ce qui me paraît ressortir clairement des récentes expériences de M. Bamber Kelway, l'expert de Ceylan, qui vulcanise le latex sur place en y mélangeant la dose convenable de soufre, au moment de la coagulation; il produit un caoutchouc tout prêt à recevoir les derniers traitements et mélanges de pigments nécessaires pour les différents usages industriels auxquels il est destiné. M. Bamber a même fabriqué, de toute pièce, certains produits d'un usage courant.

Ainsi, en mélangeant de la fibre de coco avec un faible pourcentage de latex mélangé de soufre, il produit un feutre caoutchouté qui trouvera certainement un emploi comme garniture de parquets, paillassons, etc.

Un bon outillage est le premier gage du succès. — Il va sans dire qu'une plantation de petite étendue, mettons, d'une centaine d'hectares, peut abréger considérablement le programme de constructions que nous avons esquissé plus haut. Un hôpital de petites dimensions suffira aux besoins de la plantation : on pourra se passer d'étables à bœufs complètement; peut-être même n'aura-t-on pas besoin de maison d'employé. Mais nous vivons à une époque de « trusts » et de grandes entre-

representing acreages of thousands of acres and when the part of managers is considerably enlarged. They have under them enormous forces of labour and a numerous European staff whose health and well-being is in their charge, and it is necessary for them to be well equipped to discharge their office efficiently.

From the tone of happy go-lucky amateurishness perceivable in some of the Rubber Companies of recent birth, it would seem as if the management of an estate is, in their eyes, a matter of small concern. The little seed, which is put in the ground, is evidently expected to do, by itself, all the work of growing into fine fat trees, bulging with milk. We can now understand how it is that estates of 1000 acres to 1500 acres of land, in great part tappable, of land on which £150 to £180 of capital had been raised per acre, are left in the hands of an underpaid manager with one assistant.

To such, all that is here written is pure fudge. The past history of these countries is unfortunately full of the dismal failures of such ill-conceived ventures. But there are also earnest workers, and they are many, who do not trust to the sole aid of Providence and who know full well, that huge undertakings such as we hear of, are not to be brought to the paying stage by haphazard management and that a good equipment is the first necessity of success.

prises, où une seule société peut acquérir le contrôle de plusieurs plantations représentant des superficies de milliers d'hectares, ce qui accroît singulièrement le rôle des administrateurs de concessions. Ils ont sous leurs ordres d'énormes forces de main-d'œuvre et de nombreux employés européens dont le bien-être et la santé est à leur charge, et il est indispensable qu'ils soient bien outillés pour remplir efficacement leur fonction. A en juger par la tenue d'amateur que l'on peut percevoir dans la conduite, à la bonne franquette, de quelques-unes des Compagnies qui, nées d'hier, exploitent le caoutchouc, on croirait que la direction d'une entreprise de culture est une affaire de très mince importance. Pour ceux-là, tout ce qui est écrit ici est pur fatras; c'est affaire à la petite graine, que l'on met en terre, de pousser et de grandir en un gros arbre gonflé de latex. Nous pouvons ainsi comprendre comment il se fait que des plantations de 400 hectares et au delà, déjà partiellement en rapport, de terres sur lesquelles un capital de 10.000 francs et plus par hectare a été payé, sont laissées à la charge d'un seul homme avec un seul employé, parfois un jeune employé sans expérience, tous deux à appointements dérisoires.

L'histoire passée de ces pays-ci est pleine des culbutes désastreuses de ces affaires mal embouchées; et il est à prévoir que, comme elle en a coutume, l'histoire se répètera dans leur cas. Mais il y a aussi les travailleurs sérieux, et ils sont nombreux, qui ne se fient pas au seul destin, et qui savent très bien que des entreprises aussi vastes que celles dont nous entendons parler, ne peuvent arriver au succès final sous une direction de hasard. Ceux-là savent aussi qu'un bon outillage est le gage de la réussite.

CHAPTER VIII

Asiatic labourers. — The coolies employed in the work of cultivation on estates are of 3 races : 1st Chinese, 2nd Javanese, 3rd Tamils or Klings, with a sprinkle of native indigenous to the country, Sakais or Jakoons in the Malay Peninsula, Battaks in Sumatra, Bajaus or Muruts in Borneo.

Native workers. — These natives, however, are only employed on the work of felling the forest and possibly, on the erection of the minor buildings. I pass by the Malay proper, not having had any personal experience of Malay labourers, and, whether from unfitness to the humdrum work of cultivation, or from his own indifference, we do not hear much of him in that line. But the laudable efforts of the Sultan of Perak, as evinced in a recent proclamation to his people, should wake him from his lethargy, if lethargy there is. The proclamation is a curious document and as it may influence for good the question of supply of labour in the Federated Malay States, I give its text below :

" It is hereby proclaimed that in the opinion of
" the British Resident there will shortly be plenty
" of work to be had on the rubber plantations in
" Perak. This is a kind of employment familiar to
" Malays and they should exhibit both intelligence
" and industry in it. One man should be capable
" to tending 50 to 70 rubber trees. There can be
" no possible doubt that this kind of work is suited
" to Malays. It is easy work and moreover it is
" conducted in the shade and not in the heat of the
" sun. The European gentlemen who own these
" rubber plantations might find employment for
" two or three thousand Malays if they applied for

CHAPITRE VIII

Travailleurs asiatiques. — Les coolies employés aux travaux de culture sur les plantations sont de trois races : 1° Chinois, 2° Javanais, 3° Tamils ou Klings, avec un petit nombre de natifs, indigènes du pays même; les Sakais ou Jakoons dans la Péninsule malaise; les Battaks à Sumatra; les Bajaus, Muruts, Dayaks, etc. à Bornéo

Les indigènes. — On ne les emploie, toutefois que pour le travail de défrichement, l'abatage de forêt, et, parfois, pour la construction de bâtiments de moindre importance. Je ne dirai rien du Malais même, n'ayant personnellement qu'une expérience très limitée de la main-d'œuvre malaise, comme presque tout le monde du reste; car soit à cause d'incapacité innée pour les travaux de culture, soit à cause de sa propre indifférence, nous n'entendons que peu parler de lui comme ouvrier de plantation. Mais les louables efforts du sultan de Perak, que nous révèle une proclamation récente de ce roitelet à ses sujets, pourront peut-être secouer leur léthargie, si léthargie il y a.

La proclamation est un curieux document à plus d'un titre et comme elle peut influencer en bien la question de main-d'œuvre aux États Fédérés malais, j'en donne la traduction ci-jointe.

« Il est proclamé par la présente que dans l'opi-
« nion du Résident général, il y aura sous peu un
« grand besoin de travailleurs sur les Plantations de
« Caoutchouc en Perak. Ceci est un genre d'emploi
« familier aux Malais, et dans lequel ils pourront
« montrer leur intelligence et leur activité. C'est
« un travail facile qui se fait à l'ombre et non au
« soleil du jour. Les propriétaires européens de ces
« plantations pourraient trouver à employer ainsi
« de 2 à 3.000 Malais s'ils les demandaient. — Nous

,' it. We trust that when European gentlemen
" offer employment in their rubber plantations to
" persons of Malay race, they will accept it and
" earn wages. "

By Command,

Sd. ABDUL JALIL BIN IDRIS

Malay Secretary to H. H. the Sultan. Given in the State
Office at Bukit Chandan.

Chinese coolies. — The Chinese coolies are
engaged either as free labourers or as " indentured " coolies.

Free Chinese labourers are those who, under their own chief (Kapala) undertake cultivation work on contract. A price is agreed beforehand for the performance of the various works of
an estate; drainage and roads, picketing, lining
and holing, transplanting, cleaning etc. at so much
per acre. The headman generally does not work,
he is there to look after the men, measure the tasks
and distribute them among the gang. He pays
himself by deducting a certain percentage, from
$7\frac{1}{2}$ to 10 0/0, on the earnings of the gang. A
dawdler at his work, if employed on daily wages,
the Chinese labourer can work like a fiend when
employed on contract, and when he sees his gain
increase in proportion to the sum of work he gives.
There is perhaps not one workman under the
sun capable under these conditions, of giving an
equal sum of labour. He is a mule made man.
His physical strength is great, his energy and
patience are infinite, his endurance of hardships
unbounded. If there is no house to receive him he
builds one himself, and makes shift, somehow, to
live where others would starve. But he must be
taken as he is, in one block, with his virtues and
vices, his opium and his gambling, which is in the
blood.

Contract work. — The system of contract
work is the ideal one when dealing with the Chinese; but on condition that they be watched very
closely, for the Chinaman has many tricks up his
sleeve, and he is an adept at cheating on the quality
and quantity of his wares, which in this case, are
his work. Instead of a good deep tilling, he will
just scrape the ground; instead of holes 2 feet wide
and deep, he will make them 1 foot $\frac{7}{8}$ at first, then
$1\frac{3}{4}$, then $1\frac{1}{2}$ and the same with the rest if you do not
look to it. By temperament, he is a frauder.

« espérons que lorsque les propriétaires européens
« offriront de ces emplois aux personnes de races
« malaises, ceux-ci les accepteront et se mettront
« à gagner des gages. »

Signé : ABDUL JALIL BIN IDRIS.

Coolies chinois. — Les coolies chinois sont
engagés soit comme travailleurs libres, soit comme
coolies « *indentured* » c'est-à-dire contractuels,
ou liés par contrat d'une durée d'un an à trois ans.

Les travailleurs libres chinois sont ceux qui sous
leurs chefs propres « Kapalas » entreprennent tous
les divers travaux de culture, à forfait. Le prix est
débattu à l'avance et fixé pour le drainage et les
routes, le piquetage et l'alignement, les trous, la
transplantation, le sarclage, et enlèvement des
herbes, à tant par acre (2 1/2 acres = 1 hectare).
Le chef ne travaille pas ; il est là pour surveiller
les hommes, mesurer les tâches, et les répartir
entre les coolies. Il se paie en déduisant de 7 1/2 à
10 0/0 des gages gagnés par ses hommes.

Flâneur, quand il est payé à la journée, le Chinois peut abattre une besogne d'enfer quand on
l'emploie à contrat, et quand il voit ses gains augmenter en proportion de la somme de travail qu'il
donne. Il n'existe peut-être pas un travailleur au
monde qui puisse, dans ces conditions, fournir une
somme de labeur égale. C'est la mule faite homme.
Sa force physique est grande, son énergie et sa patience sont infinies, son endurance à la peine sans
limites ; s'il n'a pas de maison pour s'abriter, il en
fait une en un tour de main, et il se débrouille,
quand même, pour vivre là ou d'autres mourraient
de faim. Mais il faut le prendre comme il est, d'un
bloc, avec ses qualités et ses vices, son opium et sa
rage du jeu, qui est dans le sang.

Travail à forfait. — Le travail à forfait est le
système idéal quand on a affaire à des Chinois, mais
à condition de les surveiller de très, très près. Car
le Chinois est un maître tricheur, en ce qui touche
la qualité et la quantité de ce qu'il vend, qui est ici
son travail ; et il a plus d'un tour dans son sac. Au
lieu d'un labeur profond, il grattera seulement la
terre ; au lieu de trous de 2 pieds de largeur et de
profondeur, il les fera d'un pied 7/8, puis d'un pied
3/4, puis d'un pied 1/2 et ainsi de tout, si vous le
laissez faire.

Indentured coolies. — The men exported from China, as coolies, belong to the lowest class of the population and it is not to be wondered at, that, in a flock thus recruited, there should be a good many black sheep. Be this as it may, after having received advances and his passage paid by the exporting broker, he is landed in Singapore a " Sinkeh " (fresh immigrant) consigned to a coolie broker, registered at the Chinese Protectorate, and shut up in an immigrant depot until he is shipped

Coolies contractuels. — Les hommes exportés de Chine, comme coolies, appartiennent à la plus basse couche de la populace, et il n'y a pas lieu de s'étonner que, dans un troupeau ainsi recruté, il y ait bon nombre de brebis galeuses. Quoiqu'il en soit, après avoir reçu quelques avances et son passage payé par le courtier exporteur, il débarque à Singapore comme « Sinkeh » (nouvel arrivé) consigné à un courtier; on l'enregistre au Protectorat chinois et on l'enferme dans un dépôt

Photo by H. Overbeck.

A shipful of « Sinkehs » on arrival at Singapore.
Un chargement de « Sinkehs » à l'arrivée à Singapore.

off to his future employer in Borneo, Sumatra, or the Native Malay States. His stay at the depot is not long, as the demand for labour is very brisk and the importing broker is himself in a hurry to get back the money he has paid for the passage and keep of the " Sinkeh ". Before he is shipped, however, the sinkeh has to sign a contract in the presence of the Protector of Chinese who explains to him the terms of the contract, which he is free to refuse. If he accepts, he signs then and there an engagement binding him for one year or 3 years. On signing he receives, from the employer, a sum of $ 30 as an advance, which he will have to pay

d'immigrants, jusqu'à son ré-embarquement pour le compte de son futur patron à Bornéo, à Sumatra ou dans les États malais. Son séjour au dépôt n'est généralement pas long, attendu que la demande est toujours active et que le courtier importeur est lui-même pressé de rentrer dans ses débours pour frais de passage et entretien du « Sinkeh ». Avant son ré-embarquement, toutefois, le sinkeh doit signer un contrat en présence du Protecteur chinois qui lui explique les termes du contrat, qu'il peut refuser. S'il accepte, il signe, séance tenante, un engagement par lequel il se lie pour une durée d'un an à trois ans selon sa destination. A la signature,

back by monthly instalments. He has been previously examined by a doctor and been found sound, and he is ready to take ship. All his previous expenses are repaid to the broker. by the employer with a goodly surplus which brings the total cost of the " Sinkeh " to a round sum of 70 to 80 dollars before he is on the estate. From that moment the " Sinkeh's " pet dream is to run away and, if you do not keep a sharp eye on the lot, the chances are that several of the older hands, who have done the same trick before, will already be missing before the ship is out of Singapore harbour. The Chinaman is never short of schemes and it will take all your wits to bring him to the estate at the other end.

Such is the unpromising material you have to deal with for labour; and yet, that unloveable " Sinkeh " has in him the stuff that goes to make the sturdy, patient worker, who is the chief artisan of the wealth of Malaysia. But the transformation will not be immediate, for the coolie has to adapt himself to new surroundings, to a climate at first almost as trying to him as it is to us, to a kind of work unfamiliar to men not recruited from the agricultural class. The process of adaptation cannot therefore but be gradual and it is good policy not to overtax the strength of the men at the beginning but to put them to the lighter work until they have got into the swing of it. Then the time has come to put him on contract work and, as he gets more accustomed to the labour, and finds his gains increase you will find him the most efficient workman of the East. At the expiration of his contract, the " Sinkeh " blossoms into a " Laukeh " (veteran) and he can henceforth dispose of himself as a free labourer and work on a monthly agreement, written or on parole. The number of agricultural Chinese labourers in the Federated Malay States is yet small (only 1250 according to the returns of the United Planters' Association on 1st January 1906), which is rather a subject of wonderment for those who have used Chinese as field labourers, but the fact, is, 1 believe, that the planters in the Federated Malay States as a rule, do not understand them and they would rather do without them as long as they can. An illustration of this lack of understanding came to my notice recently on reading the following summing up of the Chinese by a planter : " Yes, the average Chinaman is distinctly wanting in intelligence. " It is re-

il reçoit de celui qui l'engage une somme de $ 30 en argent, comme avance, qu'il devra rembourser mensuellement sur ses gages. Il a été préalablement examiné par un docteur, et certifié bon pour le travail, et il ne reste qu'à le mettre à bord du steamer.

Tout ce qu'il a coûté au courtier, est remboursé, à ce dernier avec une forte majoration, ce qui porte le prix du « Sinkeh » à $ 70 et rendu, sur la plantation, à environ $ 80. Dès ce moment, le « Sinkeh » n'a qu'un rêve, c'est de se sauver, et si vous n'ouvrez pas l'œil, il peut très bien arriver que quelques-uns parmi eux, de vieux routiers, qui ont la pratique de ces tours-là, manquent à l'appel, avant que le vapeur ait quitté la rade. Ainsi que je l'ai déjà dit, le Chinois n'est jamais à court de trucs et il vous faut le guetter de près jusqu'à la plantation.

Voilà les matériaux qui vont vous fournir votre main-d'œuvre; et pourtant, ce peu ragoutant « Sinkeh » est de cette étoffe qui fait ce rude et patient travailleur, le chef artisan de la richesse de la Malaisie. Mais la transformation ne sera pas immédiate car le coolie a d'abord à s'adapter à son nouveau milieu, à un climat qui l'éprouve, presque autant que nous-mêmes, à un genre de travail nouveau pour des hommes qui ne sortent pas de la classe agricole. Il s'ensuit que le progrès de l'adaptation ne peut être que graduel, et il est de bonne politique de ne pas, au début, trop demander de la force de ces hommes, mais de les mettre aux besognes plus légères jusqu'à ce que le corps se soit assoupli.

Alors, le moment est venu de le mettre au travail à forfait et, lorsqu'il a acquis le tour de main, et qu'il voit ses gains s'accroître, votre « Sinkeh » devient l'ouvrier sans égal en Extrême-Orient.

« *Laukeh* ». — A l'expiration de son contrat, le « Sinkeh » s'épanouit en « Laukeh » (vétéran) et il peut, dès lors, disposer de lui-même, et, soit retourner en Chine avec ses économies, s'il n'a pas tout perdu au jeu, soit devenir travailleur libre, et entreprendre des travaux à forfait.

Le nombre de travailleurs chinois sur les plantations dans les États malais est encore restreint (seulement 1.250) d'après les chiffres donnés par l'Association des Planteurs, ce qui a lieu de surprendre ceux qui savent quel parti ou peut tirer d'un si excellent outil; mais le fait est dû, je crois, à ce que la grande majorité des planteurs de la Péninsule ne les comprennent pas, et, ne sachant les prendre, ils préfèrent s'en passer aussi longtemps

freshing, at this time of day, to find the Chinaman taken for a fool!

qu'ils le pourront. Je lisais dernièrement les conclusions suivantes d'un planteur qui marquent bien cette tendance à déprécier le Chinois : « Oui, la moyenne des Chinois manque certainement d'intelligence. » Voilà, au moins qui change nos idées. Le Chinois un bênet!

Javanese coolies. — The Dutch government issue permits to recruit Javanese coolies for the Federated Malay States and, as a result, some 6000 coolies have already (in May 1906) been imported through Penang, who have proved, in most cases, a success as field labourers. They are imported on a 3 years contract[1], which the Dutch government think the most efficient way to secure the welfare of their subjects. On signing their contract these " indentured " coolies receive an advance of $ 30·, which is recoverable from their wages. Other costs, brokerage passage etc., and his keep up to his arrival on the estate amount to between $ 15.to $ 20. Their contract stipulates that they shall receive a minimum wage, including food, of 35 cents, and the women, of 25 cents per day and that they shall be given a free passage back to Java at the expiration of their contract. When they have accustomed themselves to the work, which does not take long, as they nearly all belong to the agricultural class, they can be put to very good account by giving them " borong " work which is all to their advantage as it enables them to increase their earnings very materially. They are good at all manner of jobs, at road making, draining, house building and, on occasion, they can be employed as cartmen and tenders of cattle.

Female labour. — The women can give a sum of work about equal to the men and they can be very usefully employed in the nurseries, for instance, tending the young seedlings, looking after insects and larvae, sieving earth and other light

Coolies javanais. — Le gouvernement des Indes Néerlandaises accorde des permis de recruter des coolies javanais pour les États Fédérés malais, et, comme suite, il a déjà été importé cette année (en mai 1906) 6.000 coolies par voie de Penang. Ces ouvriers sont généralement très appréciés. Ils sont importés sur contrat de 3 ans[1], le gouvernement hollandais, étant, apparemment, d'avis que c'est là le moyen le plus efficace d'assurer le bonheur de ses sujets. A la signature de leur contrat d'engagement, les coolies contractuels reçoivent une avance en espèces de 30 dollars remboursable sur leurs gages. Les autres frais de courtage, passage et d'entretien jusqu'à la plantation s'élèvent de $ 15 à $ 20. Le contrat stipule qu'ils recevront un minimum de gages, y compris la nourriture, de 35 cents par jour, les femmes recevant 25 cents par jour. Il est de plus stipulé qu'à l'expiration de son contrat, il a droit à un passage de retour à Java. Quand ces coolies se sont habitués à la besogne, ce qui ne leur prend pas longtemps, parce qu'ils sortent presque tous de la classe agricole, on peut en tirer très grand parti, en leur donnant du travail en « borong » ce qui est tout à leur avantage et leur permet d'accroître sensiblement leurs gains.

Les Javanais sont bons à toutes les besognes d'une plantation, drainage, routes, maisons, voire même, à l'occasion, comme charretiers.

Travail des femmes. — Les femmes javanaises peuvent fournir une somme de travail presque égale à celle des hommes, et on peut les employer très utilement dans les pépinières, par exemple, à soigner les jeunes plants, à faire la

---

[1] *Author's note.* — The Perak labour ordinance does not recognise such contracts for more than 2 years.

[1] L'ordonnance réglementant la main-d'œuvre indigène de l'État de Pérak ne reconnaît la validité du contrat que pour deux ans.

work. On some estates they even do tapping work. In fine, docile and gentle, the Javanese is and ideal workman for the tropics. He has neither the strength nor the strenuousness of the Chinaman, but he is less turbulent and he is more easy to govern.

Tamils or Klings. — A garrulous lot, betimes given to drink, but strong withal, and capable of furnishing a good day's work. They are slow however, and contract work does not appeal to them. As far as our experience goes, the way to utilise the Tamil to best account is to give him a daily task measured beforehand and then, in order to get home earlier, he sets to with vigour. He is capable under those conditions, of digging a trench, for drains, 50 feet long by 2 feet deep and broad, which makes 200 cubic feet in a day of 7 to 8 hours.

Free Tamil labour. — As a rule the planters of the Federated Malay States give their preference to the Tamil coolies for the permanent work of the estate. This is natural enough, seeing that many of them hail from Ceylon and they understand these men better. Moreover they show a preference for the employment of free labour to that of indentured coolies. The free labourer is not bound by any formal contract, and he can, at any time, leave the service of his employer on giving a month's notice.

A prominent planter writes to the " India Rubber Journal " as follows :

" Now, we like all our coolies to be free to go " and come as they choose, subject to the discharge " of their financial obligations and to a month's " notice of their intention to leave us and go else- " where. "

This looks like the ideal solution of the coolie labour question : " Come and go as you choose " seems to herald the golden age of the coolie and of the planter himself, since he expresses himself as

chasse aux limaces et autres vermines, à cribler de la terre, et à foule d'autres besognes plus ou moins légères. Sur quelques plantations on les emploie même, au saignage des arbres, ce qui me paraît une très heureuse innovation attendu que la besogne est peu dure et que la main légère d'une femme se prête particulièrement bien à ce genre de travail qui est parfois délicat.

En somme, docile et doux, le javanais est un ouvrier agricole idéal sous les tropiques. Il n'a pas, il est vrai, la force musculaire ni l'énergie enragée du Chinois, mais il est moins turbulent et plus facile à gouverner.

Coolies Tamils ou Klings. — Une espèce bavarde, adonnée parfois à la boisson, mais néanmoins résistante, et capable de fournir une bonne journée de travail. Ils sont lents, par exemple, et le travail à forfait ne leur dit rien. Parlant de notre propre expérience, nous avons trouvé que la façon de tirer le meilleur parti du Tamil est de lui mesurer une tâche journalière et, alors, afin de s'en retourner le plus tôt possible à la maison, il enlève sa besogne avec entrain. Dans ces conditions, on peut, par exemple, lui donner une tâche de 50 pieds de fossé de drainage 2 pieds de largeur sur 2 pieds de profondeur ce qui fait 200 pieds cubiques de terre à défoncer et à enlever. Il fera cette besogne dans une journée de 8 heures.

Travail libre des Tamils. — En règle générale, les planteurs des États malais donnent leur préférence aux coolies Tamils pour le travail permanent de la concession ; entretien du drainage, et des routes, nettoyage d'herbes, etc. Ceci est assez naturel, étant donné que bon nombre d'entre les planteurs nous viennent de Ceylan, et ils comprennent mieux ces gens-là. Ils aiment mieux aussi employer des travailleurs libres que des coolies contractuels. Le travailleur libre n'est pas lié par un contrat formel, et il peut en tout temps, quitter le service de son maître, en donnant congé un mois à l'avance.

Un d'entre eux, un des planteurs les plus marquants de la Péninsule, écrivait récemment ce qui suit à l'« India-Rubber Journal ».

« Nous autres, nous aimons que nos coolies « soient libres d'aller et venir, comme il leur plaît, « à condition qu'ils aient rempli leurs obligations « financières, et qu'ils nous préviennent un mois à « l'avance de leur intention de nous quitter et de « s'en aller autre part. »

satisfied with the system : and we have come, at last, to the time when agricultural coolie labour is simply a matter of hire like any other kind of free labour or any other service. In the same way are cockneys hired for picking the hop-fields of Kent, and Belgian labourers engaged for the gathering of the beet-crops in Northern France.

But there is a tinge of reservation in the words " subject to the discharge of their financial obligations ", which rather spoils the sweetness of the whole.

What may well be the " financial obligations " of this waif without a red cent to his name; and how are they to be enforced.

Let us examine how the system of free labour works.

The coolies are introduced into the Federated Malay States under an agreement with the " British India Steam Navigation Company ", by which the Company provides a fortnightly service between Madras, Negapatam, Penang and Singapore and agrees to carry up to 20,000 coolies in the year, if called upon, the rate up to 10,000 being 11 rupees per head between Negapatam and Penang, the government guaranteeing to take 10,000 tickets, and, further paying the Company an annual subsidy of $ 50,000 (Straits Currency).

The planter applies to government for as many free tickets as he requires coolies, and sends his Kangani (headman) with the tickets and a few hundred rupees to India to recruit his coolies.

The Kangani returns from India with the men, who, on arrival at the estate are entered, each individually, on the check-roll and debited therein with the sums spent by the Kangani on account of each. Thus Supaia and Ramasami find themselves debited with $ 15 $ 20 each. That is the " financial obligation ".

Voilà qui apparaît comme une solution idéale de la question de main-d'œuvre indigène importée. Cet : « aller et venir comme il leur plaît », nous arrive comme l'annonce de la venue de l'âge d'or du coolie, comme des planteurs eux-mêmes, puisqu'ils se déclarent si satisfaits du système; et nous sommes, enfin, arrivés au bon temps où le travail agricole des coolies est tout simplement une affaire de louage librement consenti, comme tout autre genre de travail libre ou de service. C'est ainsi que chaque année se louent les faubouriens de Londres, pour aller faire la cueillette du houblon dans les houblonnières de Kent, et que les ouvriers belges viennent, dans nos départements du nord de la France, faire la récolte des betteraves.

Mais il y a un petit arrière-goût de réserve mentale dans ces mots « à condition qu'ils aient rempli leurs obligations financières », qui gâte quelque peu la saveur du reste.

Qu'est-ce que peuvent bien être ces obligations financières d'un pauvre diable qui ne possède pas un maravédis? Et comment l'obliger à les remplir? Examinons un peu comment fonctionne le système de « libre labeur ». Les coolies sont importés dans les États Fédérés malais par la compagnie la « British India Steam Navigation » en exécution d'un traité passé avec le gouvernement des États malais. Par ce traité, la compagnie s'engage à fournir un service bi-mensuel entre Madras, Nagapatam, Penang et Singapore et à transporter, annuellement, jusqu'à 20.000 coolies à la demande du gouvernement, au prix, pour les premiers 10.000, de onze roupies par tête, de Negapatam à Penang, le gouvernement s'engageant à prendre pour son compte 10.000 billets et payant en sus, à la compagnie un subside annuel de $ 50.000 (Fs 150.000). Le gouvernement distribue ces 10.000 billets de passage libre, entre les planteurs qui en font la demande. Le planteur donc, fait sa demande pour autant de tikets qu'il lui faut de coolies et envoie son Kangani (chef de coolies) avec les tikets, et quelques centaines de roupies aux Indes pour recruter les coolies.

Le Kangani revient avec les hommes, qui, à l'arrivée à la concession sont immatriculés, chaque coolie séparément, sur un registre de plantation, (check-roll) et le compte de chaque coolie est débité des sommes que le Kangani lui a avancées et qu'il a dépensées pour son entretien. C'est ainsi que Supaïa se trouve débité de $ 15 par exemple, et Ramasami de $ 20. Voilà l' « obligati on financière ».

Absconding coolies. — But Ramasami has a good deal of human nature in him and, finding that the world is much larger than what he saw of it in his native village, he is apt to lose himself in it and if an extra 5 cent piece of wages is to be picked up by so doing, he betakes himself to pastures new, leaving his financial obligations to take care of themselves.

Planters, in the old days, had a way of their own of checking the wandering propensities of their coolies and it was this.

The Kangani and conductor received, between them, 5 cents head-money for every day's work performed by their coolies. This head-money was not paid to the Kangani but credited to his account. Thus, a little nest-egg was formed which, at times, served a very useful purpose, for, if Supaïa absconded from the estate, or died, the Kangani was held responsible, and the debit of absconding Supaïa transferred to his account, and his head-money docked by so much.

Thanks to this ingenious method of compensation, the Kangani was very careful that his friend Supaïa stuck to him, and, as the monthly wage earned by Supaïa was paid into the hands, not of Supaïa, but in the hands of the Kangani, the latter had a very effective means of applying the screw on Supaïa and of squeezing him flat.

Absconding is fortunately much less prevalent now, but the evil still exists and, when it does break out, it is a hard case for the planters, because it is almost impossible to obtain convictions against absconders, the Magistrates simply cautioning the coolies, some even, going so far as to dismiss the cases on the ground that, as the men are paid at a daily rate, they are day labourers, although they receive the money monthly.

The planters' only redress appears to be to sue the absconder (which he must first catch) civilly for debt, but there is but small comfort in that. For that reason, they ask that the Labour Ordinance of 1904 should be amended so as to provide a penalty of $ 10 fine, or, in default, 6 weeks' imprisonment, and, after expiration of the sentence, that the absconders be sent back to the estate. But government has shown no inclination to take this course, as such penalties would hardly be consistent with " freedom " of labour, and they would stultify its generous intent in instituting this form of labour as against " indentured " labour.

Désertions. -- Mais Supaïa et Ramasami sont tous les deux pétris de « nature humaine » et, s'apercevant que le monde est beaucoup plus grand que ce qu'ils en ont vu dans leur village des Indes, il leur arrive parfois de s'y perdre, s'ils y trouvent leur compte. Qu'il y ait une pièce de 10 à 20 centimes de plus à gagner par jour sur la mine ou la plantation voisine, au tournant de la route, ils changent de pâturage et laissent leurs « obligations financières » se débrouiller elles-mêmes.

Les planteurs, dans les temps jadis, avaient un moyen à eux de restreindre ces humeurs vagabondes de leurs coolies ; et il se passait ceci :

Le Kangani et le surveillant recevaient, comme aujourd'hui d'ailleurs, une somme de 5 cents à se partager entre eux, pour chaque journée de travail fournie par leurs coolies. Cet argent n'était pas payé au Kangani, mais porté au crédit de son compte. Il se trouvait ainsi avoir, à un moment, amassé une petite pelote qui, à l'occasion, pouvait être mise à un emploi un peu singulier mais ingénieux. Car si Supaïa ou Ramasami se mettaient en tête de déserter, ou de mourir, le Kangani était tenu pour responsable et leur dette était transférée au Kangani, et sa pelote réduite d'autant.

Grâce à cet ingénieux système de compensations, le Kangani prenait très grand soin de s'assurer que Supaïa lui restait fidèle, et comme les gages mensuels, gagnés par Supaïa étaient payés dans les mains, non pas de Supaïa mais de l'honnête Kangani, celui-ci se trouvait avoir un moyen, facile et sûr, de serrer la vis à Supaïa et de lui apprendre à vivre.

Les désertions sont heureusement beaucoup moins fréquentes à l'époque actuelle ; le mal existe cependant, et lorsqu'il sévit, les planteurs se trouvent dans une mauvaise passe, parce qu'il est presque impossible de faire condamner un déserteur, les magistrats se bornant, dans des cas pareils, à renvoyer le coolie après avertissement ; parfois même, ils déboutent le plaignant pour la raison que, travaillant à un taux de salaire journalier, les coolies sont des travailleurs à la journée, bien qu'ils ne recoivent leur paie qu'à la fin du mois.

Le seul recours qui reste au planteur est de poursuivre le déserteur pour dette civile, ce qui, étant donné que Supaïa n'a jamais un sou, est de la viande bien creuse. Aussi les planteurs demandent-ils que l'acte de 1904 soit amendé et prévoie une sanction pénale pour désertion de 10 dol-

Scarcity of labour. — The present acreage under rubber in the Federated Malay States, according to the latest returns, appears to be somewhere near 150.000 acres, which, in the course of a few years, when tapping time comes, will require, at the rate of one coolie per acre (2 coolies will be required on closely-planted estates) from 150 to 200.000 coolies. The Sultanate of Johore, with 150.000 acres already alienated for rubber, will require a like number; so that, not counting the eastern state of Pahang, nor the neighbouring Siamese states of Tringanu and Kelantan, who are also making a strong bid to attract planters, there will be required a force little short of 400.000 imported labourers to do the work ahead of us. Be it noted, in passing, that these figures make no allowance for the heavy death-rate which must inevitably follow the opening up and the breaking-up of new forest land.

Judging from the last figures at hand (1906) there are not more than 25.000 coolies of all denominations working on the rubber plantations of the Malay Peninsula and notwithstanding the placidity with which some planters appear to view the present situation, the following words of the Chairman of the Malay Peninsula Agricultural Association at their last meeting, are daily more and more true : " The labour capacity of the Malay " Peninsula is already strained to the utmost and " cannot possibly prove equal to what must be im- " posed upon it by the large schemes now con- " templated in connection with rubber. Scarcity " of labour must result in competition with a " continuous rising rate of wages. " These words show that a great effort is to be made by the planters, if all those vast schemes are not to remain pure dreams.

lars d'amende, ou, pour défaut, de six semaines d'emprisonnement, et renvoi du déserteur à l'estate après expiration de sa peine. Mais le gouvernement ne paraît pas disposé à sanctionner de pareilles peines qui seraient peu en harmonie avec la liberté du travail et qui rendraient illusoires les généreuses intentions qui l'ont guidé en instituant cette forme de travail par opposition au travail « contractuel ».

Manque de main-d'œuvre. — La superficie actuellement consacrée à la culture du caoutchouc Para dans les États Fédérés malais, s'élève, d'après les dernières statistiques, à environ 150.000 acres (= 60.000 hectares) qui, dans très peu d'années (lorsque la période des saignages sera arrivée), exigeront, à raison de 1 coolie par acre, et, même 2 coolies par acre sur les plantations en ordre serré, de 150.000 à 200.000 coolies.

Le Sultanat de Johore, avec 150.000 acres déjà aliénés pour la même culture, demandera un chiffre de main-d'œuvre égal, en sorte que, sans compter l'État Oriental de Pahang ni les États voisins de Tringanu et Kelantan qui font aussi tous leurs efforts pour attirer les planteurs, il ne faudra pas moins de 400.000 travailleurs pour faire face à la besogne en vue. Notons, en passant, que les chiffres ne tiennent aucun compte de la très forte mortalité qui, inévitablement, accompagne les travaux de défrichement et de défoncement dans les pays de forêt vierge.

A en juger d'après les derniers chiffres officiels (1906), il n'y a probablement pas plus de 25 à 30.000 coolies de toute dénomination sur les concessions de la Péninsule, et malgré la placidité avec laquelle certains planteurs affectent de regarder la situation présente, les paroles suivantes du Président de l'Association agricole de la Péninsule malaise, au dernier meeting, deviennent de plus en plus vraies :

« La capacité de main-d'œuvre de la Péninsule « malaise est déjà tendue à l'extrême, et il n'est « pas possible qu'elle suffise aux besoins nouveaux « qui lui seront imposés par les vastes entreprises « qui se fondent pour la culture du Caoutchouc. « Le manque de main-d'œuvre va amener forcé- « ment la concurrence de plantation à plantation « avec une surélévation continue du taux des sa- « laires ».

Ces paroles montrent qu'il faudra un grand effort de la part des planteurs pour parer aux exigences

Remedies. — It is quite clear, therefore that the labour problem in the Federated Malay states is, yet, far from being solved. Some far-seeing men are tackling it manfully, and a proposal was lately submitted by a leading member of the planting Community to the Malay Peninsula Agricultural Association " that government should levy " an acreage-tax on land already under cultivation, " the proceeds of which should be appropriated " to the importation of labour on a large scale, " both Tamil and Javanese, through a government " Department appointed for that purpose. "

That seems to offer a basis on which to build a broad policy of labour importation, but does it go far enough[1] ?

1. *Author's Note*. — Government has recently passed an Ordinance called " the Tamil Immigration Fund Ordinance of 1907 " which gives practical effect to the above suggestion, but on the lines of a capitation tax (see Appendix B).

nouvelles de la situation si tous ces grands projets ne sont pas destinés à s'effondrer.

Remèdes. — Il est donc clair que le problème de la main-d'œuvre dans les États Fédérés malais est loin d'être résolu. Des hommes clairvoyants l'ont entrepris avec courage et une proposition émanant d'un des hommes les plus en vue de la communauté des planteurs a été soumise à la « Malay Peninsula Agricultural Association » invitant le gouvernement à « prélever une taxe foncière « sur toutes les terres en culture, le produit de « cette taxe devant être consacré à l'importation, « sur une grande échelle, de main-d'œuvre tamil « et javanaise, et à créer un service spécial affecté « à ce but ».

Ceci paraît offrir une base sur laquelle on pourrait échaffauder une large politique d'importation de main-d'œuvre. Mais est-ce assez[1] ?

1. *Note de l'auteur*. — Le gouvernement a récemment passé une ordonnance dite « the Tamil Immigration Fund Ordinance of 1907 » qui donne effet à la proposition ci-dessus, mais sous la forme d'un impôt de capitation (voir à l'appendice B).

CHAPTER X

The Kedei. — As I said above, the Kedei is the supply store for the coolies and, also, for the Europeans of the estate. It is run by a Chinese trader. The principal articles of consumption kept in stock are rice, salt fish, pickled Chinese vegetables, salt eggs and other Chinese dainties. The prices are fixed by a tariff, hung inside the store, and agreed to by the management, which the Kedei keeper cannot increase, except under exceptional circumstances. The Kedei keeps besides all sorts of fancy articles, fans, umbrellas, Chinese shoes, sarongs and articles of clothing.

The Administrator or Manager, as he is styled in the Malay Peninsula, must see to it that the quality of the foodstuffs is well up to the mark and the assistant, by frequent visits, sees that it is kept clean. The kedei should also rear some pigs, ducks and fowls for sale to the Chinese on pay day and other holidays. The Chinaman must have his ration of pork on such days.

Chinese New Year. — The Chinese New Year festival is observed by all Chinese the world over. Coolies on an estate keep it for 2 days, sometimes 3 days. At this time A-Phong sheds his old skin, and decks himself out in new finery; night and day are made lively by incessant firing of crackers and bombs and a pantagruelian feast is *de rigueur*, composed mostly of pork under various disguises, and ducks. It is the rule, on such occasion, to settle the coolies' accounts. If he is working as " Sinkeh " and is indebted to the estate, he yet receives an advance of one dollar to take his share of the good things going round.

Public Cooking. — On certain estates, the

CHAPITRE X

Le Kedei. — Ainsi que je l'ai déjà dit, le Kedei est le magasin d'approvisionnement des coolies et en partie aussi des Européens de la concession. Il est tenu par un négociant chinois. Les principaux articles qui s'y débitent sont le riz, le poisson sec, des légumes en saumure à la Chinoise, et autres friandises chinoises. Les prix sont fixés, par un tarif affiché à l'intérieur, après débat avec l'Administrateur et ne peuvent être augmentés que pour des causes exceptionnelles. Le Kedei tient aussi tous articles de fantaisie, éventails, parapluies, souliers chinois, sarongs et articles de vêtements.

L'administrateur doit s'assurer que la qualité des vivres est bonne; l'assistant visite fréquemment la boutique pour s'assurer de la propreté. Le Kedei doit aussi élever quelques cochons et canards pour débiter aux Chinois aux jours de paie et jours fériés.

Nouvel an chinois. — Le nouvel an chinois est fêté partout, dans le monde, où il y a des Chinois. Les coolies de plantations le font durer pendant deux et même trois jours. A cette occasion, Ah Phong fait peau neuve, et se pare de ses plus beaux atours; le crépitement incessant de pétards et bombes chinoises font de ces 48 heures-là un long cauchemar. En même temps, on fait bombance au Kongsi, autour de pantagruéliques ragougniasses de viande de porc et de canard. Il est de coutume, au nouvel an, de régler les comptes des coolies. Si, même, le coolie est encore un « Sinkeh », et par conséquent débiteur de l'Estate on lui fait une avance de 1 dollar pour qu'il puisse prendre sa part des réjouissances du jour.

Cuisine publique. — Sur certaines planta-

Kedei supplies cooked rice to the coolies at scheduled price which is deducted from the men's wages at the end of the month. This mostly applies to " sinkeh ". The rice is given out 3 times a day, at 6 o'clock just on going to the fields. 11 o'clock.

tions, le Kedei cuit le riz des coolies à un prix fixé d'avance, qui est déduit à fin de mois du salaire des hommes. Ceci s'applique surtout aux « Sinkehs ». Le riz est distribué 3 fois par jour, le matin avant d'aller aux champs, à 11 heures,

Cliché. H. Overbeck.

The Forest standing.

La Forêt debout.

at the hour of rest, and at 5 o'clock when work is over. The salt-fish, pickled vegetables and other relishes the coolie pays for himself.

Free allowance of Tea. — Some estates go further and give out, without charge, to the coolies hot tea during the hours of work in the fields, the morning at 9 o'clock, the evening at 3. This in an

au moment du repos. et à 5 heures quand le travail est fini. Le coolie achète lui-même le poisson et les condiments qu'il désire, au Kedei.

Thé gratuit. — Certaines plantations vont plus loin et allouent, sans paiement, du thé chaud aux coolies pendant les heures de travail, à 9 heures le matin et 3 heures le soir. Ceci est une excellente

excellent practice which should be followed on all estates. The coolie, in the heat of day, is apt to drink any water near by, and tea, made with boiling water may be the means of warding off many diseases. The Kedei also provides rice for the hospital.

Felling the Forest. — Now that all our people are comfortably housed, the time has come to start work. All around us, stands the big virgin forest, and that has first to be cut down. This

pratique qui devrait être plus généralement répandue. Le coolie, dans la chaleur du jour est porté à boire de l'eau n'importe où, et le thé, étant fait d'eau bouillie, le protège contre bien des maladies possibles.

Abatage de la forêt. — Maintenant que tous nos gens sont bien installés, nous pouvons attaquer la besogne. Tout autour de nous s'élève l'énorme forêt qu'il s'agit d'abord d'abattre. Ce

Cliché H. Overbeck.

The Forest felled.
La Forêt abattue.

work is generally given, on contract, to the natives of the country, Malays and Sakais in the Malay States, Muruts or Dyaks in Borneo, Battaks in Sumatra. It is paid according to the size and density of the timber, the big primeval jungle, costing as much as fifteen dollars per acre to fell, burn and stack, the smaller jungle or secondary growth from 6 to 8 dollars. The natives are, without exception, great borrowers and as soon as they have cut down a few fathoms of forest, they are prone to come up for advances. But it is good policy not to be too free with money advances, for

travail est donné à forfait aux natifs du pays, Malais ou Sakais dans la Péninsule, Muruts ou Pissayas à Bornéo, Battaks à Sumatra. On le paie d'après la densité de la forêt et la taille des arbres : la grande forêt vierge coûtant jusqu'à $ 15 dollars par acre soit (112 francs 50 par hectare) dans certaines parties de la Péninsule malaise. Cette somme comprend l'abatage, le brûlage et la mise en tas du bois non consumé pour un second brûlage. Cette somme énorme est sujette à de fortes reductions dans les pays plus neufs où la concurrence est moindre entre les plantations. La jungle secondaire

no sooner have they a few dollars in hand than a relation dies suddenly and they let go the work. Relatives have been known to die several times. They can however be given rice tickets on the Kedei.

The felling of jungle begins by the underwood, which should be all cut down first, lopped and spread on the ground. Then the larger trunks are attacked. This work the natives do with the

se paie de 6 à 8 dollars l'acre, soit de 45 francs à 60 francs l'hectare.

Les indigènes, sans exception, sont de grands emprunteurs; et, aussitôt qu'ils ont abattu quelques brasses de forêt, ils demandent une avance; il est bon de leur tenir la dragée haute, et de ne pas se trop laisser aller; sans quoi, dès qu'ils ont quelques dollars en mains, un de leurs parents meurt soudainement et ils lâchent le travail. Il

A plantation overgrown with « lallang ».
Plantation envahie par le « lallang ».

axe or with their own " bliong " a narrow hatchet fixed at the end of a long flexible handle, which they use with great dexterity.

After the forest has been felled and allowed to wither in the sun for 3 weeks or a month, a fine hot day, with a light breeze preferably, is chosen to set fire to the timber. An immense blaze rises up and a short time after, all that is left of the gigantic timber of the forest are a few smouldering logs and ashes.

y a des parents qui meurent ainsi plusieurs fois. On peut, cependant, leur donner des avances, en nature, en bons sur le Kedei.

L'abatage de la forêt commence par le sous bois que l'on coupe d'abord et qu'on élague à terre. Après cela on attaque les gros troncs d'arbres. Les natifs manient très bien la hache ou le « bliong », petite hachette indigène fixée au bout d'une tige longue et flexible, qui, entre des mains expertes, fait un travail considérable avec un minimum de fatigue.

Après que la forêt abattue a eu le temps de

Cutting up and stacking. — A few days after, Chinese coolies are told off to cut up the branches and the smaller unconsumed trunks, and stack them on the big logs, and fire is again put to the stacks until there remains only the charred logs and stumps, which are left to rot, by and by, into a fine layer of rich mould.

Alternating with the jungle, the planter will perhaps come upon patches of a rank weed called " lallang " which claims a few remarks.

Lallang. — A pernicious grass which occupies, in parts of the Malay Peninsula and on the East Coast of Sumatra enormous stretches of country, is brought on the land as a result of wasteful cultivation.

The style of cultivation practised by the Chinese in Singapore and the Malay States is about the most ideally ruinous there is for a country. After felling the forest, and burning the timber, tapioca, gambier or pineapple are put in and cropped for a number of years without any thought of renovating the land by manure, until from sheer exhaustion, the crops fail to pay their cost, when the land is abandoned, a denuded waste; and the process of depredation carried on further away.

Now, all the seeds buried in the ground during the period of forest growth which would, in the normal course of things, have grown into secondary jungle, have been killed or eradicated by the process of opening and breaking up the land and by repeated weedings, during a course of years; and the result is that the wasted land becomes the feeding ground of an extremely voracious and quick growing grass called " lallang " easily disseminated by its light plumy seeds, which takes possession of the soil down to a depth of 2 feet, and more, by its creeping stem which grows underground, spreading in all directions. All other plants are choked out of existence, by it, and once

se faner et de sécher pendant trois ou quatre semaines, on choisit un jour bien sec, avec une légère brise et on met le feu à plusieurs endroits à la fois du côté d'où vient la brise.

Une immense flambée se produit bientôt, et peu de temps après, il ne reste plus de la forêt séculaire que des troncs fumants à terre et les chicots à moitié carbonisés.

Débitage et mise en tas. — Les coolies chinois maintenant entrent en scène, deux et trois jours après pour débiter les grosses branches et les troncs moyens non consumés, et les mettre en tas sur les troncs plus gros. On met de nouveau le feu aux tas, jusqu'à ce que, enfin, il ne reste que quelques troncs isolés et les chicots qu'on laisse pourrir, et qui donneront plus tard une riche couche d'humus.

Alternant avec la forêt et ici et là, par plaques parfois étendues, le planteur pourra tomber sur une herbe pernicieuse appelée « lallang » de laquelle nous devons toucher quelques mots.

Lallang. — C'est une herbe vivace qui occupe dans la Péninsule malaise, la côte est de Sumatra et à Bornéo même, d'immenses parties de pays et qui résulte d'un système de culture destructeur.

En effet, la culture telle que la pratiquent les Chinois dans les Détroits est à peu près ce qu'on peut imaginer de plus ruineux pour un pays. Après abattage de la forêt on y plante du gambir, du tapioca, des ananas et, pendant quelques années, on enlève récolte sur récolte, sans jamais donner au sol la moindre façon, ou le moindre bout d'engrais, jusqu'à ce que, par suite de simple épuisement, la récolte soit si réduite qu'elle ne paie plus même ses frais. La terre est alors abandonnée, comme une loque dénudée; et on continue, plus loin, le même procédé de dévastation. Alors, il arrive ceci : Les graines qui restaient endormies dans le sol pendant que la forêt était encore debout, et qui, après l'abattage de la forêt, seraient sorties du sol pour recréer une forêt secondaire, ont été tuées ou dispersées par le premier défonçage de la terre et par les récoltes qu'on lui enlève et, maintenant qu'elle est épuisée, et qu'elle n'a plus rien à donner, elle devient la pâture d'une plante extrêmement vorace et de croissance très rapide appelée « lallang » qui est facilement disséminée par ses graines légères et plumeuses et, qui s'empare du sol jusqu'à 2 pieds de profondeur par ses rhizomes envahissants. Toutes les autres plantes

established on the land, it continues to occupy it for years, and it has thus come to pass that whole stretches of thousands upon thousands of acres, formerly adorned by majestic forests, lands of unbounded fertility as in Deli (Sumatra) have become dreary unproductive wastes, a standing lesson to Governments of their lack of wisdom. It is safe to say that, if such barbarous treatment of the land were to rule in the world, and couch-grass, say, allowed to take the place of corn-crops, mankind would soon be starved. The system of cultivation of tobacco planters, in Deli, is just as wasteful as the Chinaman's, and the results are the same, lallang-lallang everywhere; but in the case of quick growing crops like tobacco, lallang can be kept under by a deep changkoling and by the double earthing up which the plant receives, just enough time to take one crop off the ground; but, in the case of a permanent culture, it is the nightmare of the planters, for nothing short of extermination by complete eradication will free his soil of the pestilent weed, and that means the breaking up of the soil down to 2 feet, which speaking from our own experience, costs nothing less than 90 to 100 dollars per acre.

Extermination of Lallang. — Attempts have been made recently by Mr. Carruthers, Director of Agriculture of the Federated Malay States, to kill the weed by sprayings of sulphate of copper (I believe), but unless the land be saturated and the stuff allowed to soak in, which would be a long and costly operation and probably result in the complete poisoning of the ground itself, it appears to me doubtful if complete eradication would be obtained. I am inclined to think that the only way to effect the total destruction of lallang is deep ploughing repeated twice or 3 times as soon as the young shoots appear above ground, so as not to give them time to seed. Before ploughing, the lallang must be burnt, to locate stumps.

The expense, although serious, need not be excessive as a good team of oxen is able to turn up easily 3 to 4 acres of ground in close furrows in one day if the ground is not too stiff.

sont tuées, étouffées par le lallang; et une fois établi sur un terrain, il continue à l'occuper pendant des années; et c'est ainsi que nous voyons maintenant des blocs entiers de milliers d'hectares, jadis couverts de forêts majestueuses, des terres d'une fertilité sans égale comme celles de Deli (Sumatra) devenues des déserts désolés et improductifs, signes vivants de la sottise des hommes. Car, on peut dire que si un système aussi barbare de traiter la terre se répandait dans le monde, si par exemple, nos champs de céréales faisaient place à des champs de chiendent, nous serions vite tous morts de faim.

Le système de culture des planteurs de tabac de Deli est tout aussi dévastateur que celui des Chinois et le résultat est le même, du lallang à perte de vue. Mais, par un labour très profond on peut arriver à tenir le lallang en échec juste assez de temps pour permettre à la terre de donner une récolte rapide, comme celle du tabac; en sorte que les planteurs de Deli peuvent encore tirer parti d'un sol de lallang. Mais dans le cas d'une culture permanente, comme celle du caoutchouc-para, c'est le cauchemar du planteur, car il n'y a d'autre moyen de se défaire de cette herbe pestilentielle, que l'extermination complète, ce qui veut dire un défonçage de sol jusqu'à deux pieds de profondeur; et, de notre propre expérience, nous savons ce qu'il en coûte, si le travail est fait à la houe indigène.

Extermination du lallang. — M. Carruthers, Directeur de l'Agriculture des États malais, a récemment tenté quelques essais d'extermination du lallang en répandant du sulfate de cuivre, mais à moins que la terre n'en soit complètement saturée ce qui, sur de grandes étendues, me paraît une impossibilité, je doute qu'on obtienne le résultat cherché.

Mon opinion est que seul, le défonçage à la charrue profonde peut extirper et tuer le « lallang » d'une façon définitive, à condition de répéter l'opération aussitôt que les jeunes tiges commencent à pointer et avant qu'elles n'aient fait graine. Avant de défoncer, on devra mettre le feu au lallang pour découvrir les grosses racines et chicots qui restent dans le sol. La dépense, quoique sérieuse, ne serait pas excessive, une charrue avec une bonne paire de bœufs pouvant facilement faire deux hectares par jour si le sol n'est pas trop durci, ce que sont généralement les sols de lallang.

PART SECOND

DEUXIÈME PARTIE

CHAPTER FIRST

HISTORICAL. — FIRST INTRODUCTION OF PARA RUBBER IN ASIA. — CLIMATE. — SOIL. — ALTITUDE FOR PARA RUBBER.

First apparition of Hevea in Asia. — June 1876 is a date made memorable by the first apparition of Hevea Br. in the Old World. Mr. Wickham, under instructions of the Government of India, brought back with him from Brazil some 70,000 seeds, which were germinated in Kew Gardens. Of this number, only 4 per cent came up and, of the seedlings obtained, 1919 were sent to Ceylon in 38 Wardian cases. 90 per cent arrived to their destination in good condition and were at once planted in the Peradeniya Botanic Gardens, but shortly after the greater number were re-transplanted in the Henaratgoda Gardens.

At about the same time, in 1876, a lot of 50 plants sent from Kew were received in Singapore but died through delay; another lot, however, of 22 young plants reached the Botanic Gardens safely in 1877 and in that same year Mr. Murton wrote :

" Our Singapore climate is eminently suited to " Hevea if we judge by the growth of the plants " received. "

Some of the trees now seen growing in the Singapore Botanic Gardens are therefore close on 30 years old. Nine of the young plants were taken to Perak by Sir Hugh Low who writes in 1879 : " The Hevea trees are now 12 to 14 feet high. They take to the country immensely. " One of the trees imported by Sir Hugh Low fruited in 1884, and some 400 of its seeds were planted by

---

CHAPITRE PREMIER

HISTORIQUE. — PREMIÈRE INTRODUCTION DE L'HEVEA EN ASIE. — CLIMAT. — SOL. — ALTITUDE DE CROISSANCE DU PARA RUBBER.

Introduction de l'Hevea en Asie. — Le mois de juin 1876 est une date rendue mémorable par la première apparition de l'Hevea Braziliensis (caoutchouc de Para), dans le vieux monde.

M. Wickham, agissant pour le compte du gouvernement des Indes, rapporta avec lui du Brésil quelques 70.000 graines qui furent mises à germer dans les jardins de Kew. De ce nombre, on obtint à peu près 4 0/0 de jeunes plants, dont 1919 furent envoyés à Ceylan dans 38 caisses de Ward. 90 0/0 arrivèrent en bon état et furent de suite plantés aux jardins botaniques de Peradeniya, mais peu de temps après, la plus grande partie fut transplantée au jardin de Henaratgoda.

En cette même année, quelques mois après, un lot de 50 plants arriva à Singapore; mais par suite d'un délai dans les entrepôts, le tout mourut; un autre lot, toutefois, de 22 jeunes plants arriva en bon état, et fut planté, en 1877, aux jardins botaniques de la ville; cette même année M. Murton, Directeur du jardin, écrivait : « Notre climat de « Singapore est éminemment favorable à l'Hevea, « si on peut en juger d'après la croissance des « plants reçus. » Quelques-uns des arbres que nous voyons actuellement à Singapore ont donc 30 ans d'âge.

Neuf de ces jeunes plants furent emportés par M. Hugh Low, et plantés à Perak. M. Hugh Low écrivait à leur sujet en 1879 : « Les Heveas ont « maintenant de 12 à 14 pieds de hauteur et ils se

Sir Frank Swettenham in a plantation on the Kuala Kangsar River.

It is from these trees and from those of Singapore, that have come the hundreds of thousands of seeds which were distributed among the Planters of the Malay Peninsula. Ceylon and Singapore are therefore the two cradles of the immense industry of Hevea cultivation which now covers 38,000 acres of land in the Federated Malay States alone, with over 7 millions of trees (Sir. W. Taylor's Report on the F. M. S. 1905); an industry which places these States for many years to come at the head of Rubber producing countries. It is a great honour to have created, all of a piece, such a source of wealth, and it speaks highly for the initiative and the persevering foresight of the men at the head of affairs.

Climate. — Para, the town, is situated about latitude 1° South. The Malay States extend from Lat. 1°16 North (Singapore) to about latitude 5° North.

From official documents, the characteristics of the 2 climates are as follows :

Para	Malay States
The climate is remarkable for its uniformity of temperature usually not exceeding 87° F. at midday or seldom falling below 74° at night.	Climate very uniform ; the mean temperature between midday and 3 p. m. 89° F. and the lowest mean temperature just before sunrise 71° F.
Mean temperature of the year 80 F.	Mean temperature of the year 80 F.
The rainy season lasts from January to June. Maximum of rain in April 15 inches.	December rainfall in 1903 in Perak [1]. Taiping 17.44 ⎱ Kampar 13 86 ⎰ average Ipoh 14.59 ⎱ 15 inches. Gopeng 15.04 ⎰
Just as there are fine days during the rainy season, there are also occasional rains during the dry season.	No well-defined season. Generally speaking July is the driest month ; the period of heaviest rainfall being from October to January.

The most salient features of the 2 climates may be summed up as follows.

Latitude		Range of temperature	Maximum rainfall in one month.	General Characteristics
Para	1° S	77 to 87 F	15 inches	Moist and hot.
Malay States.	1°16 N to 5° N	72 to 89 F	15 inches	Moist and hot.

As will be seen from the above, there is not much to choose between the climates of the two regions, and the remarkable acclimatisation of Hevea B. in Malaysia need not occasion surprise.

1. *Note :* See Appendix C for rainfall in Selangor.

« font très bien au pays. » Un de ces jeunes arbres donna des fruits en 1884, et 400 de ses graines furent plantées par Sir Frank Swettenham sur la rivière de Kangsar. C'est de ces mêmes arbres, et des arbres de Singapore, que proviennent les centaines de mille graines qui ont été distribuées parmi les planteurs de la Péninsule malaise. Ceylan et Singapore sont donc les deux berceaux de l'immense industrie de la culture de l'Hevea, qui, en ce moment, couvre plus de 15.200 hectares de terre dans les États malais seuls (Rapport du Résident général pour 1905); industrie, qui place ces États, pour de nombreuses années, à la tête des pays de production de caoutchouc. C'est un grand honneur d'avoir ainsi créé, de toutes pièces, une telle source de richesse pour un pays, et on ne peut que rendre hommage à l'initiative et à la persévérance des hommes à la tête des affaires.

Climat. — La ville de Para est située sous la latitude 1° sud : la partie de la Péninsule malaise où se pratique la culture du Para-rubber s'étend de la latitude 1°16′ nord à la latitude 5° nord.

Voici, d'après des documents officiels, les traits caractéristiques des climats des deux régions :

Para	États Malais
Le climat est remarquable par l'uniformité de sa température, qui ne dépasse guère 30 à 31° centigrades à midi et ne descend que rarement au-dessous de 23° la nuit.	Climat très uniforme; la température moyenne entre midi et 3 heures de l'après-midi est de 32° centigrades et la moyenne la plus basse avant le lever du soleil est de 22°.
Température moyenne de l'année 27° centigrades.	Température moyenne de l'année 27° centigrades.
La saison pluvieuse dure de janvier en juin : Maximum du pluviomètre en avril : 375 millimètres.	Moyenne de pluie tombée dans l'État de Perak en décembre 1905 : 375 millimètres.
De même qu'il y a de beaux jours pendant la saison pluvieuse, il y a aussi des journées de pluie pendant la saison sèche.	Il n'y a pas de saison bien définie, généralement, le mois de juillet est le plus sec de l'année; la période la plus pluvieuse est d'octobre à janvier.

Le climat des deux pays est chaud et humide. Voilà le caractère général [1].

On voit qu'il n'y a guère de différence entre les climats des deux pays et la façon absolument remarquable dont le caoutchouc de Para s'est acclimaté en Malaisie n'a pas lieu de surprendre.

1 *Note :* Voir Appendice C pour le relevé des pluies à Selangor.

Neither should we be surprised, given the resourcefulness and the keen spirit of research of the planters of Malaysia, helped by efficient cultivation, that the tree should show quicker growth, and greater yield of rubber than its wild congener of the Amazone.

Soil. — The natural habitat of Hevea is the forest region of the vast Amazon valley and, owing to greater facility of access, it is chiefly exploited by the Seringueros along the banks of the river, where it is found growing in low lying ground, partially flooded in the rainy season, sometimes in alluvial mud of great fertility.

In Malaysia all natures of soils are met with, from the deep alluvium brought from the volcanic range of Sumatra, which form the extraordinarily fertile plains of Deli, to the silicious and ferruginous clays, from yellow to red, of the highlands of the Malay Peninsula, and the black wet lands of peaty formation, which bound its western coast.

Sandy soils do not suit Hevea. Nor dot he white clay bottoms, cold and compact, found in many of our low lying valleys. The tree wants a soil of sufficient depth for its tap root to penetrate freely and a clay, loose enough in texture to allow the lateral roots and their rootlets, which grow very thick, to spread at ease, yet firm enough to give the tree a strong seat more especially where the ground is wet and subject to shifting from the action of water. Old rice-fields and the vast deltas of the western coast of Borneo, where sago grow in great abundance, seem, from the results already obtained, wellt indicated for the culture of Hevea, on one condition, however, that the drainage be sufficient to prevent stagnation of the water.

We see Hevea planted and growing fairly well in soils which do not in any way answer the above description. We have seen it grow in the most unpromising soils. But then, we have also seen Coffee and Tea grow under such conditions and in the end... fail.

This much said, it is still an open question whether the cultivation of Hevea should be limited to low-lying wet ground, or whether it is not rather a cultivation of medium altitudes. Partial trials have been made to plant it in high grounds but, I am told, with only moderate success. This is perhaps owing to the fact that high grounds, as far as concerns, at least, a great part of the Malay

Il n'y a pas lieu, non plus, de s'étonner, étant donné les ressources et l'esprit de recherche des planteurs de la Malaisie, que l'Hevea y pousse plus vite, et donne de plus grandes quantités de caoutchouc, que son congénère sauvage de l'Amazone.

Nature du sol. — L'habitat naturel de l'Hevea est la région forestière du vaste bassin de l'Amazone, et, à cause de son accès plus facile, il est surtout exploité, par les seringueros, le long des rives où il croît en abondance dans les fonds bas, partiellement inondés à la saison des pluies, parfois même dans la boue d'alluvion, qui est d'une grande fertilité.

En Malaisie, nous entendons par ce terme l'archipel malais, on rencontre toutes les natures de terrain, depuis les alluvions profonds, amenés de l'arête volcanique de Sumatra, et qui forment les plaines extraordinairement fertiles de Deli, jusqu'aux argiles siliceuses et ferrugineuses, du jaune au rouge, des hautes terres de la Péninsule malaise et aux terres noires et humides, de formation tourbeuse, qui forment la côte ouest.

Les sols sableux ne conviennent pas à l'Hevea, pas plus que les fonds de glaise blanche, froide et compacte, que l'on trouve dans les bas des vallées.

L'arbre demande un sol de profondeur suffisante pour permettre à sa racine pivotante d'y pénétrer facilement, et une argile de texture assez déliée pour permettre aux racines latérales et à leurs radicelles, qui croissent très épaisses, de s'étendre à l'aise, et, cependant, assez ferme pour donner à l'arbre une forte assise, surtout dans les terrains humides, où les terres sont sujettes à entraînement. Les terrains de rizières et les vastes deltas de la côte ouest de Bornéo, où le sagoutier croît en si grande abondance, paraissent, d'après les résultats déjà obtenus, tout indiqués pour la culture de l'Hevea, à condition cependant, d'être suffisamment drainés pour empêcher la stagnation de l'eau.

Il est pourtant très vrai que l'on voit des Heveas poussant, et poussant bien dans des sols qui ne répondent, en rien, aux conditions que nous avons énumérées ci-dessus ; nous l'avons vu poussant dans ce qui nous a paru des terrains absolument rebelles, mais ces arbres sont encore jeunes, et l'avenir dira la suite. Pour moi, l'Hevea, planté dans ces conditions, est condamné d'avance.

Ceci dit, c'est encore une question pendante de savoir si l'habitat le plus propre à la culture de

Peninsula are, generally speaking, of poor quality, composed mainly of ferruginous clays resulting from laterite in various degrees of decomposition, or of sandstone rocks of white quartz and gravels. Little or no humus is found with them and the disintegration of these rocks is, of itself, infertile. It is not, therefore, to be wondered at that the planters should give the preference to the black lowlands, which are more in conformity with the Amazonian material.

Altitude for Para Rubber. — The following lines of Wickham, who originally introduced Hevea in Asia should be kept in mind, until further light is thrown on the subject :

" As all the stock of plants or seeds available for
" the cultivation of Hevea in the Eastern tropics
" are, and will be, derived from lineal descendants
" of some or other of those 70,000 odd, originally
" introduced by me, at the instance of the govern-
" ment of India in 1876-77, it may be well if it is
" recollected that their exact place of origin was
" in 3 degrees of latitude South and to remember
" their natural conditions there. This the more
" so, since a very general error seems to have
" obtained that swampy or wet lands are the fitting
" locality for the Hevea. This would seem to
" have arisen in that the " explorer " of a few years'
" experience would have some of these trees
" pointed out to him (naturally in answer to enqui-
" ries), growing scattered along the wet margins
" in going up the lower Amazon or tributaries,
" whereas the true forest of the " Para " india-
" rubber tree lies back on the highlands, and those
" commonly seen by the enquiring traveller, are
" but ill-grown trees which have sprung up from
" seeds brought down by freshets from the in-
" terior. As a matter of fact, the whole of the
" Hevea, which I procured for the government of
" India, were the produce of large grown trees in
" the forest covering the broad plateaux dividing
" the Tapajos from the Madeira rivers. The soils
" of these well-drained, wide-extending, forest
" covered table-lands, is a stiff soil, not remar-
" kably rich but deep and uniform in character.
" The Hevea found growing in these unbroken

l'Hevea est bien un terrain bas et humide, ou bien un terrain de moyenne altitude. Des essais partiels ont été faits de le cultiver sur les hauts, mais sans trop de succès jusqu'ici, paraît-il. Cela est peut-être dû au fait que les hautes terres, en ce qui concerne la majeure partie de la Péninsule malaise, sont, en général, de pauvre qualité, composées surtout d'argiles ferrugineuses à divers degrés de décomposition, ou de roches gréseuses formées de quartz blanc et de graviers. Peu ou point d'humus ne s'y forme et la désagrégation de ces roches est elle-même infertile. Il n'y a donc pas à s'étonner que les planteurs aient donné la préférence aux terres noires des bas, qui sont plus conformes au milieu amazonien.

Altitude de croissance du Para rubber. — Les lignes suivantes de Wickham, qui introduisit l'Hevea en Asie, doivent rester présentes à l'esprit, jusqu'à plus ample informé :

« Comme tous les arbres d'Hevea, actuellement
« existants en Orient, sont tous les descendants
« directs des 70.000 graines importées par moi,
« sur instructions du gouvernement des Indes, il
« est bon de répéter que leur lieu d'origine exacte
« est sous le 3e degré latitude sud et de se rappeler
« leur milieu naturel. Cela est d'autant plus néces-
« saire que l'erreur s'est propagée d'une façon très
« générale que les terres marécageuses et humides
« sont le milieu qui convient le mieux à l'Hevea.
« La raison en est peut-être que « l'explorateur »
« nouveau venu, qui n'a fait que longer les rives
« humides du bas Amazone, n'a vu d'Hevea, en
« nombre, que là ; mais la vérité est que les vraies
« forêts de caoutchouc Para sont situées plus loin
« dans les terres, sur les hauts, et que les arbres,
« vus par le voyageur, ne sont que des spécimens
« mal venus, issus de graines entraînées par les
« eaux. Chacune des graines que j'ai pu me procu-
« rer pour le gouvernement des Indes, provenait de
« grands arbres poussant sur les larges plateaux
« qui divisent le Tapajos de la rivière Madeira.
« Le sol de ces plateaux, drainé naturellement, est
« profond et de caractère uniforme, sans être re-
« marquablement riche. Les troncs de ces Heveas
« atteignent de dix à douze pieds de circonfé-
« rence. Ces plateaux, à bords escarpés, tombent
« en pentes raides, à une distance plus ou moins
« grande, sur les plaines riveraines qui sont sujet-
« tes à inondation à la suite des crues de l'A-
« mazone. Si complet est le drainage de ces pla-

" forests rival all but the largest of the trees there-
" in, attaining to a circumference of 10 to 12 feet
" in the bole. These forest plains, having all the
" character of widespread tablelands, occupy the
" span betwixt the great arterial river systems of
" the Amazon and present an escarped face, which
" follows at greater or less distance, and abuts
" steeply on the " ipago " or " bagas " i. e. the
" marginal river plains subject to inundation by
" the annual rise of the great river. "

" So thorough is the drainage of this highland
" that the people, who annually penetrate into
" these forests for the season's working of the
" rubber have to utilise certain lianas (water bear-
" ing vines) for their water supply, since none of
" it is to be obtained by surface well sinking, in
" spite of the heavy rainfall during great part of
" the year. "

We are here in presence of a Hevea which can evidently do very well without swamps or flooded lands, and which attains sizes, so far, unknown in the case of the oldest Heveas yet grown in the East, the largest specimen known to us, now 30 years of age, only measuring 9 feet 7 inches.

Wickham's statement gives food for thought, and I am very much inclined to think that if a trial were made of planting Hevea on the high table-lands of Deli, it would be a brilliant success. If the published accounts are correct, the experiment made on Passara Estate, Province of Uva, Ceylon, at an altitude of 2,600 feet, is sufficiently encourag-ing to warrant further essays in that direction [1].

1. *Author's Note.* — Since the above lines were written, the awards of the Ceylon Rubber Exposition have been made known and one of the most remarkable results of the show was the Gold Medal awarded to Mr. Bird of Duckwari Estate, Rangalla, Ceylon, for Rubber obtained from trees grown at from 2.300 to 2.500 feet elevation.

This completely vindicates Mr. Wickham's statements (see Appendix D).

« teaux que, pour se procurer de l'eau à boire, les
« chercheurs de caoutchouc sont obligés d'avoir
« recours à des lianes qu'ils coupent et dont ils
« boivent l'eau ; car on ne peut se procurer d'eau
« en faisant des puits de surface, malgré la très
« forte quantité de pluie qui tombe pendant grande
« partie de l'année. »

Nous voici en présence d'un hevea, qui, évidemment, se passe très bien de marécages et de terres inondées et qui atteint des tailles inconnues des plus vieux heveas, que nous ayons encore vus en Extrême-Orient, dont le plus gros sujet, un arbre de près de trente ans, ne mesure pas plus de neuf pieds sept pouces soit 2 mètres 87 centimètres.

Cette déclaration de Wickham donne fort à réfléchir ; et je ne suis pas éloigné de croire, que, si on tentait un essai sur les hauts plateaux de Deli, on aurait un succès éclatant. Si les rapports publiés sont vrais, l'essai fait à Passara, Province de Uva à Ceylan, à une altitude de 2.600 pieds, aurait suffisamment réussi pour encourager d'autres essais [1].

1. *Note de l'auteur.* — Depuis que ces lignes ont été écrites, les récompenses de l'Exposition de Caoutchouc de Ceylan ont été publiées, et un des résultats les plus remarquables de ce concours a été l'attribution de la Médaille d'Or à M. Bird de Duckwari Estate, Rangalla, Ceylan, pour caoutchouc obtenu d'arbres croissant entre 2.300 et 2.500 pieds d'élévation.

Ceci justifie complètement les déclarations de M. Wickham (voir Appendice D).

CHAPTER II

HEVEA BRAZILIENSIS. — THE TREE. — THE FLOW-
ERS. — THE SEED. — PACKING OF SEEDS. —
WARDIAN CASES.

The tree. — The Hevea is a forest tree, without
any marked characteristics, attaining to a height
of 70 to 80 feet and a girth of 9 feet 7 inches at
30 years, if we may go by the oldest specimen at
the Botanic Gardens of Singapore.

The wood is tender and liable to quick decay.

The leaves. — The trifoliate leaves are sup-
ported by a long petiole, and are green above and
somewhat glaucous below and hairless.

The flowers are yellow-green and grouped in
panicles at the tip of the branches; they have a
pleasant sweet odour which can be smelt from
afar.

The tree loses part of its foliage before flowering
which usually takes place in February or March.
But this is by no means a fast rule as we have seen
trees flowering at varying periods, and the accompanying photograph was taken on the 25th August.

The seed. — In June, July the fruit begins to
ripen and the seeding may take place as early as
the latter end of August, but it is usually later.
The fruit is a capsule with a hard shell about
2 inches long containing 3 lobes, each with one
seed of a brown colour, striated and with a smooth
glossy skin; about the size of a nutmeg.

At maturity, in the heat of the day the shell
bursts with explosion and the seeds are projected
to a distance. The seeds are light and float on
water. As is well-known they lose their germina-
tive power very rapidly and when they have to
support long journeys, special modes of packing

CHAPITRE II

HEVEA BRAZILIENSIS. — L'ARBRE. — LES FEUILLES.
— LA FLEUR. — LA GRAINE. — EMBALLAGE DES
GRAINES. — CAISSES DE WARD.

L'arbre. — L'Hevea est un arbre de forêt,
sans caractères bien marquants, qui atteint une
hauteur de 70 à 80 pieds et une circonférence de
2^m,87 à l'âge de trente ans, si nous pouvons en juger par le spécimen que nous possédons aux jardins botaniques de Singapore. Le bois en est très
tendre et pourrit facilement.

Les feuilles. — Les feuilles trifoliées sont
supportées par une longue queue; elles sont vertes
en dessus et glauques en dessous, et lisses. L'arbre
perd une partie de ses feuilles, en février ou mars,
avant la floraison, mais, souvent aussi, beaucoup
plus tard; la photographie de fleurs ci-après a été
prise le 25 août 1906.

La graine. — En juin et juillet le fruit commence à mûrir et la graine est formée vers la fin
d'août, souvent aussi, plus tard. Le fruit est une
capsule à coque dure, longue de 4 à 5 centimètres
et à 3 lobes dont chacune contient une graine de
couleur brune et tachetée de points noirâtres, à
peau luisante et de la grosseur d'une noix de mus-
cade. A la maturité, le fruit sous l'effet de la chaleur, éclate et les graines sont projetées à distance.

Les graines sont légères et flottent sur l'eau :
Comme on sait, elles perdent très vite leur germination et lorsqu'elles doivent être envoyées au

Hevea seedlings.

Jeunes plants d'Hevea.

must be resorted to, if a fair proportion is expected to germinate.

Packing of seeds. — A good packing medium is to be found in the incinerated earth from road sweepings which have passed through the Municipal incinerators. It has the advantage from the very fact of incineration, of being freed from bac-

loin, il est nécessaire d'avoir recours à des emballages spéciaux, si l'on veut obtenir une proportion raisonnable de graines en état de germer.

Emballage des graines. — Un bon milieu, dans ce cas, est la terre brûlée qui provient des boues des routes passées aux incinérateurs publics. Elles ont le grand avantage, par le fait même de l'incinération, d'être privées de bactéries ce qui

The Flower. — *La Fleur.*

teria and resisting decomposition. The earth is sieved to a fine powder and slightly wetted and after mixing the seeds well in it, the whole can be packed in tins. Crushed charcoal, damped, has also been successfully employed, but great care must be taken to moisten it first, otherwise the seeds get dried and worthless.

Coir fibre well divided, cut very fine, and mixed with charcoal or earth may also be used.

atténue les risques de décomposition. On passe cette terre au crible fin, et on la mouille légèrement, si toutefois elle en a besoin. Il faut qu'elle soit simplement fraîche au toucher. On y mélange bien les graines et on les emballe dans des boîtes de fer blanc bien soudées.

Le charbon de bois pulvérisé, très en usage pour l'emballage des graines dans ces pays-ci, ne doit jamais s'employer qu'humide, autrement il assèche les graines qui s'échauffent très vite; il nous est arrivé, à nous-mêmes, de recevoir des envois de milliers de graines, et nous avons constaté des températures à l'intérieur du lot, de 50 et 60 centi-

Wardian cases. — Lastly seeds can be sent in wardian cases specially made for the purpose, when they have to support a long journey. The cases can be made to the following dimensions (see fig.) :

Length... 3 feet
Width.... 2 —
Height.... 2 — 6 inches

The bottom part is the case proper, it is 10 inches high; the top or hood is formed, on 2 sides, of 2 detachable panels with 4 panes of glass which are made to fit on the woodwork; on each window a shutter can be fixed by means of screws so as to

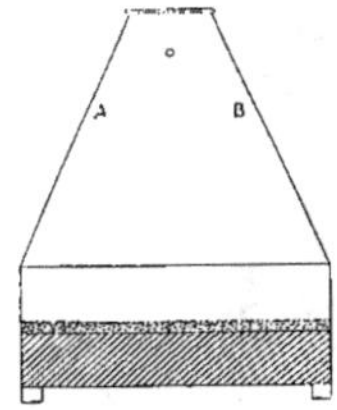

Wardian Case.

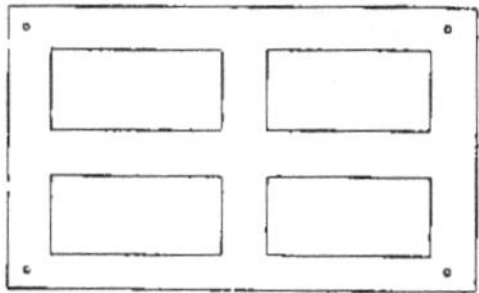

Detachable panel with 4 panes of glass.

partly exclude the light or admit it, when it may be deemed needed. If it is thought advisable, in the course of the journey, to admit the air fully, for the purpose of watering the young seedlings during the process of germination, the panes themselves can be temporarily taken off. The top or ridge of the structure is simply a board 6 inches broad which joins together the 2 ends of the case. It is flat so as to allow of the cases being stowed one on the top of the other, if there is no room for

grades; les graines étaient naturellement perdues.

La fibre de coco, bien divisée et coupée fine s'emploie aussi avec succès surtout mélangée avec du charbon de bois pulvérisé.

Caisses de Ward. — Le distingué botaniste, Ward, qui vient de mourir, avait inventé, pour le transport des graines, des caisses qui portent son nom. Ces caisses peuvent être faites aux dimensions, suivantes :

Longueur... 90 centimètres
Largeur..... 60 —
Hauteur..... 75 —

Le bas est la caisse proprement dite : elle a 25 centimètres de haut; la partie du dessus, ou capote, est formée, sur les deux côtés de deux panneaux détachables, ayant chacun quatre vitres; les deux panneaux s'adaptent sur le tranchant A d'un

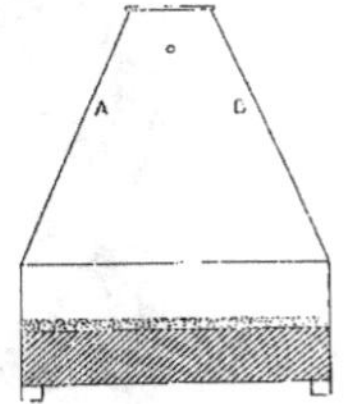

Caisse de Ward.

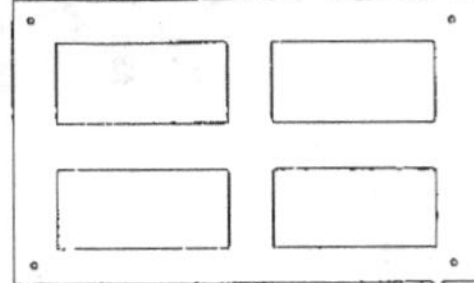

Panneau détachable avec 4 vitres.

côté, et B de l'autre côté de la planche qui forme, à chaque bout, la paroi de la boîte. Sur chacun des deux panneaux s'adapte aussi un volet fixé par une vis, qui sert à atténuer la lumière, où à l'admettre partiellement; si, dans le cours du voyage on veut donner plus d'air, ou bien arroser les jeunes plants pour activer la germination, on peut enlever les panneaux. Le dessus de la caisse est tout bonnement une planche reliant les deux parois extrêmes. On le fait plat au lieu de le faire en pointe, de façon

them, side by side, on board ship. At both ends, a hole 1 inch in diameter admits just enough air, when the case is closed, to allow germination to proceed slowly. The hole is covered up inside by a piece of metal gauze which, while admitting the air, stops the ingress of insects, and prevents seawater from washing in.

At the bottom of the case, a layer of earth 4 inches thick is spread, on top of which the seeds are laid close together, but without touching. Over the seed, we sprinkle another light layer of earth, about ¼ inch thick, and again a tier of seeds is laid, which, in its turn, is also covered with earth. The number of seeds, in each layer, will be about 800; the case will thus contain 1.600 seeds; we have seen a third layer added, making in all 2.400 seeds to a case.

If there is plenty of time, it is advisable to let the seeds begin to sprout, before sending them away; once sprouted, they are well watered and the panels are closed. In this fashion, germination proceeds slowly on board the ship without it being necessary to open the cases at all, except on very long journeys.

A thin layer of lallang grass is spread on top and maintained in is place by a light frame of very wide wire or string netting.

This is done in order to, in a measure, prevent the earth from shifting.

A wardian case can be considered as a moveable nursery permitting of the slow germination of the seeds; but it is a very hazardous contrivance and terribly expensive. For the cases have to be made to stand rough handling, and be accordingly very strong, which means also heavy; and well joined together, which means good workmanship, and, consequently, high price. The price of a well-made wardian case can hardly be less than 15 dollars (Straits currency). Besides weight, they have also great bulk and must pay heavy freights.

Moreover, if they have to stand heavy seas, there is great risk of earth and seeds shifting about in the cases into a hopeless jumble, notwithstanding the network of wire nailed inside to steady the mass.

In short, risky as is the sending off of seeds to far distances, under all circumstances, is it wise to run into such expense? I have my doubts.

To finish with the question of seeds, it may be added that they behave, at times, in such unaccountable ways as to leave one quite perplexed.

à pouvoir, en cas où il n'y a pas assez de place sur le pont du navire, disposer les caisses les unes sur les autres. Sur les deux parois extrêmes, un trou est pratiqué à la vrille pour admettre l'air, et on y cloue un petit morceau de toile métallique de façon que les insectes, cancrelats ou autres ne puissent pénétrer, ni les paquets de mer non plus.

Au fond de la caisse, on met une couche de terre de 10 centimètres d'épaisseur, et sur cette couche on place les graines à côté l'une de l'autre. On recouvre de terre très légèrement, et on place une seconde couche de graines, que l'on recouvre aussi de terre. Le nombre de graines sera d'environ 800 par rangée, ce qui, pour les deux rangées, fera 1.600.

On peut au besoin y mettre une troisième rangée ce qui donnerait 2.400 graines.

Si on a du temps devant soi, on fera bien de laisser germer les graines, avant de les expédier; le germe sorti, on arrose copieusement, et on ferme les panneaux. De cette façon, la germination procède lentement à bord, sans qu'on ait même à ouvrir les caisses, à moins que le voyage ne soit très long. Une couche assez épaisse, mais non pressée, de lallang recouvre le tout, et pour maintenir le lallang en place, ainsi que pour empêcher la terre de remuer, on établit à l'intérieur de la caisse un système de fils de fer qui se croisent et exercent une pression très légère sur la couche de lallang.

Une caisse de Ward peut être considérée comme une pépinière mobile, et, si tout va bien, il y a toutes les chances pour qu'une grande partie des graines germent. Mais il y a de gros risques, et ce qu'il y a de très certain c'est que ce mode d'emballage coûte très cher. Car il faut des caisses qui puissent supporter des chocs presque inévitables, surtout s'il y a transbordement, et par conséquent il les faut très solides, et faites de planches bien jointes ensemble, et d'un travail bien fini; ce qui veut dire qu'elles seront à la fois lourdes et chères. Le prix ne peut guère en être moins de $15 soit frs 45. En outre de leur poids, leur cubage est considérable, ce qui se traduit par de gros frais de transport. Et avec cela, s'il arrive que la mer soit mauvaise et qu'elle embarque, il y a bien des chances, les caisses étant sur le pont, pour que le tout soit perdu par l'eau salée, ou que le remuement de la terre et des graines dans la caisse, ne cassent les germes déjà formés, malgré le système de fils de fer à l'intérieur, et toutes les précautions qu'on peut prendre.

One lot, for instance, of 11.000 seeds, were sent from Ceylon to Singapore in a plain gunny bag and a very high percentage germinated.

Somme toute, étant donné les risques que l'on encourt, est-il sage de faire de si gros frais? J'en doute fort.

Pour en finir, il convient d'ajouter que les graines d'Hevea se comportent parfois d'une façon bizarre au point d'en être déroutante. C'est ainsi qu'un lot de 11.500 graines envoyé de Ceylan à Singapore, simplement emballé dans un gunny (sac) ordinaire, est arrivé en très bon état.

CHAPTER III

Opening up of the estate. — While our nurseries are being prepared, we have now to start to open up our estate and. distribute our labour force to carry on the work simultaneously. While the felling is going on, we have to plan out and establish easy communication between the different parts of the estate and, at the same time, prepare the drainage of the land.

Roads. — Roads make an estate. Without them, an estate remains a jungle. They add considerably to the facilities of working on an estate, and to the efficiency of supervision. Moreover they are productive of a very real saving of time, as any one knows, who has watched the funereal pace of coolies going from their house to their work. When they have no roads to follow, the dawdling, on the way, becomes quite a serious matter, and plantations should therefore be well intersected with roads and paths.

The transport of crops is not heavy on a rubber estate, not nearly so as on a sugar or a tobacco estate, and the roads need not be so broad. Twelve feet of footway with 2 feet added on each side, for drains, will quite serve the purpose of a rubber estate.

The direction of the roads should be thought out at the very start, as soon as the lay of the land is known. An experienced planter will have soon done to map out the network of roads through his estate. Once the plan is decided upon, the jungle is felled all along the line which the road is to follow; a way is thus opened through the forest 40 feet wide so as to allow a strip 14 feet broad of cleared land on each side of the roadway. The

CHAPITRE III

Ouverture de la plantation. — Pendant que d'un côté se préparent nos pépinières, nous pouvons procéder à l'ouverture de la plantation et répartir notre main-d'œuvre à cet effet. L'abatage de la forêt va son train, et il est temps de nous occuper d'établir un système de routes qui nous permettent de bien relier les différentes parties de la plantation et en même temps (car les deux besognes marchent de front), de préparer le drainage du terrain.

Routes. — Un bon système de routes fait une plantation; sans elles, une plantation n'est qu'un fouillis, une jungle. Elles ajoutent considérablement à la facilité du travail et à l'efficacité du contrôle. De plus, il en résulte une économie très réelle de temps, comme le savent tous ceux qui ont observé l'allure funèbre dont les coolies se rendent de leurs maisons à leur travail. Quand ils n'ont pas de route à suivre, leur flânerie en chemin devient une affaire tout à fait sérieuse, tant ils perdent de temps. La plantation devra donc être bien entrecoupée de chemins et sentiers.

Les besoins de transports sur une plantation de caoutchouc sont beaucoup moindres que sur une plantation de tabac ou de canne à sucre, où les récoltes sont lourdes; les routes pourront donc être moins larges. En leur donnant 3^m,60 de largeur et 60 centimètres en plus de chaque côté pour les fossés d'écoulement, elles rempliront tous les besoins.

La direction et la distribution des routes doit être arrêtée dans l'esprit du planteur, dès le début, c'est-à-dire aussitôt que la configuration du terrain est connue. Le planteur expérimenté aura tôt fait de jeter sur le papier le plan de son réseau de routes. Une fois le plan arrêté, on fait abattre la

way is well cleared of fallen timber, and, as the work is not pressing, you may take your own time to proceed to make the road itself.

When the time has come, the sides of the road are lined with sticks 12 feet apart thrust in the ground at every 50 feet. In between these stakes, 2 lines, 2 feet apart from each other, are traced with small pickets to mark the 2 sides of the drain. The drains are dug 2 feet deep. The length of 50 feet, marked out previously, will be a day's work. In soft ground, this task may well be increased. The coolie, following the lines of small pickets digs out the earth and throws it on the middle of the road. This earth will afterwards be spread so as to give a good slope for the water to run off to the drain. With a little pounding with the back of the changkol, a well « barrelled » road will be obtained.

When the road has to traverse low ground, it must be raised high above the surrounding land, to obviate flooding. In that case, the side drains will not give you enough earth to make your road. You must take some further away, until the level of the road is high enough; and, in order to allow the water to flow from one side of the road to the lower level on the other side, you establish a bridge with trunks of trees cut to proper dimension, and squared on top to allow of a plank floor to be laid : or better still, if you can procure any, you put down earthenware drain pipes and make your road on the top of them.

In tracing out the network of roads, it is well, if the ground is not too broken to allow it, to so apportion them as to form distinct blocks of a given superficies. By combining the distribution of roads with the side drains and the field drains, one can so lay out an estate, that a given tree can be identified and spotted out of say 40,000 others by simply referring to road number so and so, drain number so and so, and row number so and so. Any deficiency in the work, or damage done, or disease can thus be spotted out at once, and remedied. The Manager who wishes to have his estate well in hand must resort to a definite system of roads; it makes supervision easy and gives precision al round to the work.

Below I give one plan of distribution of roads dividing the estate into blocks of 112 acres; which blocks are divided into 2 fifty-six-acre blocks by the middle collecting drain which intersects the field

jungle suivant les lignes que doivent suivre les routes ; on ouvre ainsi un passage de 12 mètres de largeur de façon à avoir, sur chaque côté de ce qui sera la route, une bande de 4 mètres de terrain défriché, la chaussée sèchera ainsi plus vite. Les troncs d'arbres, abattus sur la ligne de la route, sont rejetés, sur les côtés, les chicots sont déracinés et brûlés en tas sur place, et, une fois la place bien débarrassée d'obstacles, vous pouvez prendre votre temps pour confectionner la route elle-même, et vaquer à d'autres besognes plus pressées, si vous êtes tant soit peu à court de main-d'œuvre.

Quand le moment est venu, vous marquez votre route au moyen de jalons fichés en terre tous les 15 mètres ; sur chaque côté du jalon vous mesurez $1^m,80$ plus 60 centimètres ce qui vous donnera $1^m,80 \times 2 = 3^m,60$ pour la chaussée, et 60 centimètres pour chaque fossé d'écoulement : 2 cordeaux tendus marqueront bien exactement les 2 fossés qui auront 60 centimètres de largeur et de profondeur.

La longueur de 15 mètres, de jalon à jalon, représente la tâche journalière d'un coolie qui sera ainsi de 5 mètres. 40^c cubiques de terre à enlever : une tâche qui, en terrain léger, peut être facilement augmentée, mais, qui devra être réduite, en terrain très compact.

Le coolie suivant le cordeau, creuse au changkol (houe indigène) ses 15 mètres de fossé et rejette la terre vers le milieu de la route. Le fossé fini, il répartit la terre sur la route de façon à lui donner un bon dos d'âne, la bat du dos de sa houe pour l'affermir et la route est faite.

Quand la route doit traverser un bas-fond, il faut lui donner un niveau plus élevé et alors la terre des fossés ne sera pas suffisante pour établir la chaussée ; on en prend plus loin tant qu'il en faut pour lui donner le niveau voulu ; puis, pour permettre à l'eau de s'écouler, d'un côté à l'autre de la route, on fait un pont de troncs d'arbres de longueur voulue, et dont on équarrit la partie supérieure pour y poser un tablier de planches goudronnées. Ou bien on pourra se servir de conduits en terre cuite d'un diamètre convenable que l'on posera bout à bout au fond de la tranchée et on recouvrira le tout de terre jusqu'à la hauteur voulue.

Distribution des routes. — Si le terrain n'est pas trop accidenté, vous ménagerez votre réseau de routes de façon à ce que l'estate se trouve découpé en blocs, bloc n° 1, bloc n° 2, n° 3, etc.,

drains into 2 lengths 1.000 feet long. These field drains 1.000 feet long are 50 feet apart so that in between each field drain is enclosed a superficies of $50 \times 1.000 = 50.000$ feet. Now if, at every tenth field-drain, we plant one tree, a coconut-tree, a cof-

336 Acre block divided in 3 blocks of 112 acres each (2,500 × 2,000).

fee-tree, acocoa-tree, an aloe plant, or other the identification of any given part of the estate will be simplicity itself. For instance, in apportioning the work you can give your orders as follows :
" On road No.2 on the plot with the coffee tree,
" at the third drain, row No.5, start weeding. "
Referring to the above plan, it will be seen that the main communication road is intersected at

de superficie égale. En combinant votre réseau de routes, avec votre réseau de drains vous pouvez, et vous devez arriver à une distribution qui vous permette d'indiquer d'une façon précise et exacte, tel ou tel point de la plantation, ou d'iden-

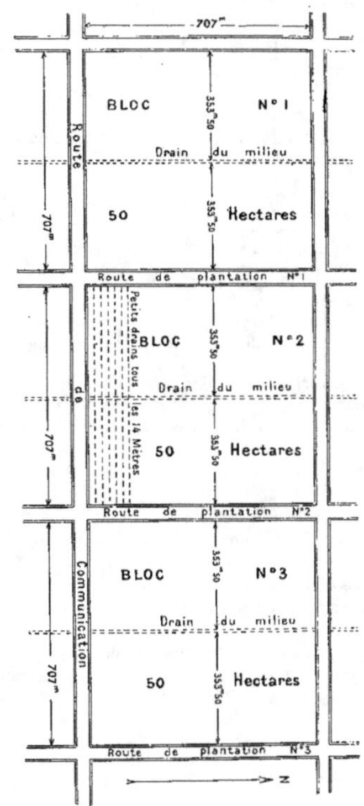

150 hectares divisés en 3 blocs de 50 hectares chacun (707ᵐ × 707ᵐ).

tifier tel groupe d'arbres d'entre les 40 à 50 mille arbres dont se compose la plantation, en donnant comme seules indications, route numéro tant, drain numéro tant, rangée numéro tant. C'est ainsi qu'un administrateur arrive à avoir sa plantation bien en mains, facilité de contrôle et précision dans le travail, voilà ce qu'il y gagne.
Ci-dessus, je donne un plan de distribution de

every 2,000 feet by branch (planting) roads 2,500 feet long. The 2,500 feet are divided into 50 sections each of 50 feet width. Each section separated from the next by a field drain 2,000 feet long $1\frac{1}{2} \times 1\frac{1}{2}$ feet. One cross drain 2×2 feet parallel to the planting road intersects these field drains into two equal lengths of 1,000 feet. We have thus bordering on the main road a series of rectangles n° 1, n° 2, n° 3, with 2,000 feet side in one direction and 2,500 feet in the other ; each side bound by a road and a drain 2 feet $\times$ 2 feet.

Each rectangle measuring 112 acres superficial, will have :

```
East and West :
  2 drains of 2,000 feet 2' × 2' =  16,000 cubic feet
North and South :
  2 drains of 2,500 feet 2' × 2' =  20,000    —
1 middle cross drain :
             2,500 feet 2' × 2' =  10,000    —
150 field drains :
  of 2,000 feet 1'½ × 1'½ =  225,000    —
     Total of drains..........  271.000 cubic feet.
```

A day's work - - 250 cubic feet.
The drainage of each rectangular block of 112 acres will therefore require $\dfrac{271,000}{250} = 1084$ days of work which at a wage of 50 cents will cost \$ 542 or for 1 acre \$ 4,50.

We have to add to this sum the labour of 10 men for 10 days = (100 days) employed at cutting, with the axe, the roads to clear the way for the drains i. e. 100 days at 50 cents = \$ 50. i. e. = 45 cents per acre which brings the cost of drainage to \$ 5 per acre.

In figuring here the cost of drainage we are anticipating, but in a systematised programme of work, roads and drains must go together.

routes et de drains qui divise la plantation en blocs de 50 hectares.

La route principale, dite route de communication est intersectée, à droite et à gauche à tous les 707 mètres, par une route dite route de plantation n° 1, n° 2, n° 3, etc.

Ces routes qui, comme la route de communication, ont leurs fossés d'écoulement, ont elles-mêmes 707 mètres de long et aboutissent à la limite de la plantation ou à une seconde route de communication parallèle à la première.

L'espace enclos entre les routes de communication et les routes de plantation sera un carré de 707 mètres de côté, soit, en négligeant la fraction, un bloc de 50 hectares.

Un drain du milieu (de 60 par 60 centimètres) coupe chacun de ces blocs en deux parties égales de 25 hectares. Chacun de ces demi-blocs est à son tour divisé en 50 parcelles par un petit drain (45 par 45 centimètres) tous les 14 mètres, mesurés le long de la route de plantation.

A chaque 10 drains, on plantera un arbre différent un caféier, par exemple, aux 10 drains suivants, un cocotier, aux dix suivants un aloès, et ainsi de suite.

Il devient possible, dans ces conditions, de donner des ordres précis comme le suivant : « Demain « on saignera les arbres bloc n° 2, 3e drain après « le cocotier, 4e rangée. »

Le coût d'un drainage ainsi établi sera comme suit pour chaque bloc de 50 hectares :

```
4 tranchées de 707 mètres =   2828 mètres.
1        -       707    —   =    707    —
                                3535    —
50       —      707    —   = 35350    —
  3535 de tranchée  60 × 60 = 1272mc, 60
  35350      —      45 × 45 = 7158mc, 40
     Total cubique    8431mc, 00
```

Le coût du mètre cube étant de \$ 0,07¹/₂ cents nous aurons comme coût total de 50 hectares la somme de $8431 \times 0,07\frac{1}{2} = \$ 632,32$ soit \$ 12, 65 = francs 37,95 par hectare. Il faudra ajouter à cette somme, environ 150 journées à 50 cents, de coolies employés à couper à la hache les grosses racines avant de creuser les tranchées soit \$ 75, pour le bloc, ou \$ 1,50 par hectare ce qui met le prix de l'hectare \$ 14,15 = soit frs 42,45.

Nous anticipons en donnant ici le coût du drainage, mais ainsi que je l'ai dit plus haut, l'exécution des routes et des drains doit marcher de front.

DRAINAGE

Fertility of soils. — The fertility of soils is determined by 3 main factors.

1. Their inorganic chemical constituents, i. e. the proportion in which they contain the 10 or 11 mineral elements which constitute all soils, and which are found in the ashes of all plants.

2. Their organic chemical constituents which are found in humus.

3. Their physical texture which we designate by classing the soils in two broad categories, i. e. " sandy " soils and " clayey " soils with a greater or lesser admixture of lime in both.

According as the soils are more or less abundantly supplied with the wo first factors, we call them rich or poor, or we say that they are more or less apt for the growing of this or that crop.

The physical texture we express by the words light, loose, heavy, compact, impervious.

From this physical texture depends the faculty of soils to absorb and retain water. Water is the vehicle of all the substances, inorganic or organic which the plants draw from the soil, these substances being absorbed in solution. Without water, therefore, no vegetation.

Stagnant water. — On the other hand, water may be present in the soil in a stagnant state and, in this case, it exerts not only a noxious action, by causing acidity of the soil, but also a cohesive action on a clayey subsoil by depriving it of heat and air; this can be seen by taking a piece of wet clay between the fingers; as long as it is wet, it remains cohesive and plastic; when exposed to the air, it may be pulverised.

Excessive cohesion of the subsoil may render a rich soil inert, by depriving it of air and heat.

To be fertile, the physical texture of the soil must, therefore, be such, or made such, as to absorb water and, with it, heat and air. Drainage will assist us to obtain this end in a great measure.

DRAINAGE

Fertilité des sols. — La fertilité des sols est déterminée par trois facteurs principaux :

1° Leurs éléments chimiques inorganiques, c'est-à-dire la proportion dans laquelle s'y trouvent les 10 ou 11 éléments minéraux qui constituent tous les sols, et que l'on trouve dans les cendres de toutes les plantes.

2° Leurs éléments chimiques organiques que l'on trouve dans l'humus.

3° Leur texture physique que nous désignons en classant les sols en deux grandes catégories, de sols « sableux » et sols « argileux », avec une plus ou moins grande proportion de chaux dans tous les deux.

Suivant que les sols sont plus ou moins abondamment fournis des deux premiers facteurs nous les appelons riches ou pauvres, ou nous disons qu'ils conviennent plus ou moins à telle et telle culture.

La texture physique s'exprime par les mots de sols légers, friables, lourds, compacts, imperméables.

De cette texture physique dépend la faculté des sols d'absorber et de retenir l'eau, et avec l'eau, les matières organiques et minérales qui nourrissent les plantes. Car l'eau est le véhicule indispensable de ces matières, qui ne peuvent être absorbées qu'en solution. Sans eau, par conséquent, pas de végétation.

Eau stagnante. — D'un autre côté, l'eau peut être présente dans le sol à l'état stagnant, et dans ce cas, elle exerce non seulement, une action nuisible en provoquant de l'acidité dans le sol, mais encore une action cohésive sur l'argile en la privant d'air et de chaleur, ce que l'on peut constater en prenant une boulette d'argile entre les doigts ; tant qu'elle est mouillée, l'argile reste plastique et adhérente ; mais si on l'expose à l'air, elle devient pulvérulente.

Cette cohésion excessive du sous-sol peut rendre inerte, un sol riche, en le privant d'air et de chaleur.

Pour être fertile, la texture physique d'un sol doit, donc, être telle, ou rendue telle, qu'il puisse absorber l'eau et en même temps, l'air et la chaleur. Le drainage nous permet, dans une grande mesure, d'arriver à ces fins.

Peaty lands. — The so-called peaty lands which form such a large proportion of the low-lying parts of the Malay States afford a good example of the great benefits of drainage.

These lands have often all the necessary elements for the healthy growth of plants; they are very rich, notably, in decayed vegetable matter; and yet, taken as they are, without preliminary drainage, they are quite unfit for profitable cultivation of any kind. To convince oneself, it is enough to cast a glance at the miserable stunted specimens of coconuts grown on such lands left undrained.

The main reason of this is that the soil being saturated with water almost to the surface, is deprived of heat and air without which the roots make no growth.

The aim of drainage is precisely to bring these two sources of energy to the soils which are deprived of it, first, by eliminating the noxious water, and secondly, by modifying the too compact nature of the subsoil.

By digging drains from distance to distance, we give an outflow to stagnant water and, at the same time, we give the soil the air and heat which it wants; for, as the level of the water falls the air is sucked in downward, and it penetrates the earth by all its pores. To complete the process, this cold and cohesive clay which prevented the access of air to the roots will now disintegrate itself; for as it dries, we shall see it contract, crack on all sides, divide itself; in a word, it becomes friable and acquires a high degree of fertility, which will further be increased by the carbonic acid, drawn from the spongy carpet of vegetable matter, which covers its surface, and which the action of the air will rapidly decompose.

This is what is seen to happen on such lands, even to an actual sinking of the surface level, after a good drainage has been established. And, in connection with this, it may be wise, at times, not to hold too fast to a first impression on the matter of land. A large block of very wet and stiff blue clay soil which it once fell to my lot to open up in Borneo, appeared so unpromising that it was at first thought of abandoning it, but it turned out an exceedingly fine crop of tobacco after a few months drainage.

Terres tourbeuses. — Les terres, dites tourbeuses, qui forment une très grande partie des régions basses des États malais nous donnent un très bon exemple des grands bienfaits qu'on peut obtenir par le drainage.

Ces terres ont, en général, tous les éléments nécessaires à la saine croissance des plantes : elles sont très riches, notamment, en matières végétales décomposées; et pourtant, à les prendre telles quelles, sans un drainage préalable, elles sont absolument impropres à toute culture, quelle qu'elle soit. On n'a, pour s'en convaincre, qu'à jeter les yeux sur les plantations de cocotiers faites sur ces terres, lorsqu'elles n'ont pas été drainées.

La raison en est que le sol, étant saturé d'eau presque jusqu'à la surface, est privé d'air et de chaleur, sans lesquels les racines ne peuvent se développer.

L'effet du drainage est précisément d'apporter ces deux sources d'énergie aux sols qui en sont privés; d'abord en éliminant l'eau nuisible, et secondement, en modifiant la nature trop compacte du sous-sol.

En creusant des fossés, de distance en distance, nous donnons un écoulement à l'eau stagnante, et, en même temps, nous donnons au sol l'air et la chaleur dont il a besoin; car, au fur et à mesure que le niveau de l'eau tombe, l'air est aspiré de haut en bas et pénètre la terre par tous ses pores; et, pour compléter l'opération, ce sol froid et cohésif, qui empêchait l'accès de l'air aux racines va, maintenant, se désintégrer; en séchant, il se contracte; se fendille de tous les côtés; se divise; en un mot, il devient friable et acquiert un haut degré de fertilité. Cette fertilité s'augmentera encore, grâce à l'acide carbonique tiré du tapis spongieux de matières végétales qui recouvre la surface et qui, sous l'action de l'air, va se décomposer rapidement.

Voilà ce qui se passe sur ces terres; on y constate même une baisse du niveau du sol, après un bon drainage. Et, à ce propos, il est parfois bon de ne pas s'en tenir à une première impression en ce qui concerne la qualité d'un sol; il nous souvient d'avoir presque rejeté comme impropre à la culture une forte parcelle de terrain d'argile bleue, excessivement chargée d'eau et compacte, qui, pourtant, après six mois de drainage nous a donné une très forte récolte de très beau tabac.

Laying out drains. — The first thing to be done towards draining an estate is to ascertain the lowest point of the land; if that cannot be done with the eye, recourse must be had to the spirit level. Walker's road tracer will answer the purpose. By taking sights all round, the lowest spot can be found. A staff is put up at that point, and, again a sight is taken, and again another, and so on, until you come to a boundary or to a river, a creek, or to a depression in the land that will allow a sufficient slope from the upper levels for the water to run freely. This will be your point of outflow. You then proceed to clear any swampy parts, where the water is stagnant, of the timber or fallen branches, which cumber the land and check the circulation of the water towards your outflow or towards the collecting drains already established in making the roads. When the water circulates freely, you dig out the field drains every 50 feet apart in order to prevent any further stagnation of the water on the land.

Drains on hills. — The accompanying figura-

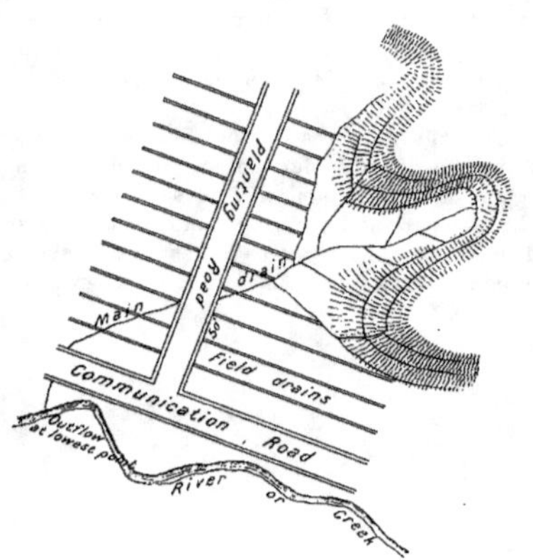

tive sketch (which is not made to scale) gives an idea of how broken ground may be drained. In draining the slope of a hill, the object in view is to prevent excessive wash of the land. This is par-

Distribution du drainage. — La première chose à faire, lorsqu'on veut drainer un terrain est de s'assurer de l'endroit le plus bas de l'estate ; si cela ne peut pas se faire à l'œil, il faut avoir recours au niveau d'eau. En prenant des visées tout autour de soi, on arrive à trouver le point le plus bas et on y plante un jalon ; de ce point, on prend une nouvelle visée, et ainsi de suite du point le plus bas au suivant, jusqu'à ce qu'on arrive, ou à sa limite, ou à une rivière, ou à un ruisseau, ou à une dépression du terrain qui donne une pente suffisante pour permettre à l'eau de s'écouler des niveaux plus élevés. A ce point, vous établirez votre déversoir. Vous procédez alors à l'écurage des endroits bas, où l'eau est stagnante, en enlevant les branches d'arbres, en coupant les lianes et la végétation qui, en encombrant le terrain, empêche la circulation de l'eau vers votre déversoir, ou vers les drains collecteurs déjà établis en faisant les routes. Dès que l'eau circule, vous divisez vos blocs, comme nous l'indiquons sur le plan de routes ci-dessus, par des petits drains espacés de 14 mètres, qui empêcheront toute stagnation de l'eau à l'avenir.

Drainage des pentes. — L'esquisse ci-

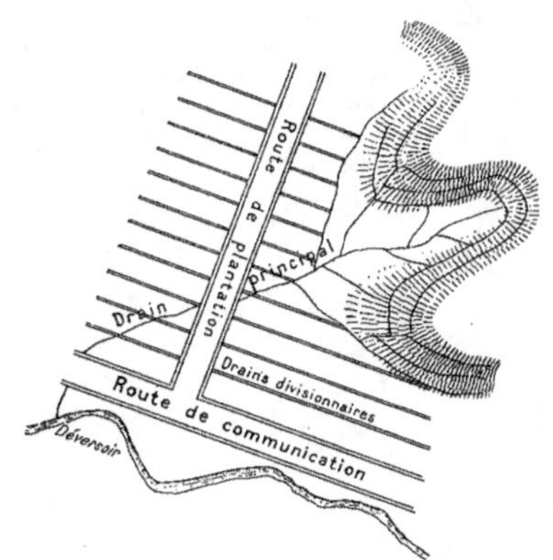

jointe (qui est faite sans échelle) donne une idée de la façon dont on peut drainer un terrain accidenté.

Le drainage des pentes d'une colline a pour objet d'empêcher la déperdition excessive de la

tially attained by making the lateral drains abut into the collecting drain, at different levels so as to lessen the impact of the rush of water from both sides. For this reason, also, the collecting drains should not be cut straight down the slope but rather in a slanting direction, and in a broken line.

Drain early. — The work of drainage should be taken in hand at the very opening of the estate, even before the jungle is felled; otherwise the tangle of fallen trees and of scattered branches, resulting from the felling, would render the work impracticable or, at least, so costly as to be almost impracticable. In the second place, the land is all the sweeter for having been drained some time before active planting operations take place.

For those reasons, the drainage should be begun immediately after the first partial clearing which has to be made for the main roads. And it is still better, if you have enough labour, to carry on the two works at the same time. In this case, while the roadside drains are being cut, other gangs of coolies are put to cut the main drain and the field drains according to the plan laid out, through the standing forest.

Draining virgin forest land is one of the most painful tasks of the planter; it necessitates his spending half his time in water and slime, and he needs to be careful with himself, if he wishes to escape sickness.

terre entraînée par les pluies ; on a soin à cet effet, d'établir les drains latéraux de telle façon qu'ils tombent dans les drains collecteurs à des hauteurs différentes, ce qui brise l'effort du choc de l'eau amenée de droite et de gauche. Pour cette même raison les drains collecteurs ne seront pas faits droits et perpendiculaires à la pente mais en ligne biaise et brisée ou courbe.

Drainez de bonne heure. — Les travaux de drainage doivent être mis en train dès le début de l'ouverture de la plantation, avant même l'abatage de la forêt; autrement, il en résulterait un encombrement inextricable de troncs et de branches d'arbres dont il faudrait débarrasser le terrain, ce qui serait une opération excessivement coûteuse. En second lieu, le sol n'en vaudra que mieux et ne sera que plus sain pour avoir été drainé avant de commencer les travaux de plantation proprement dits.

Pour ces raisons, je conseillerais de commencer le drainage immédiatement après le défrichement partiel, qui aura été fait pour l'établissement de la route principale de la concession. Si même, on a assez de main-d'œuvre pour le faire, il est préférable de mener les deux opérations de front. Dans ce cas, pendant qu'un Kongsi est occupé à faire les fossés de côté des routes, on emploie le reste des coolies à creuser le drain principal (d'après le plan précédemment établi) à travers la forêt, lorsqu'elle est encore debout.

Le drainage de terres de forêt vierge est une des besognes les plus dures et les plus malsaines du planteur; il faut qu'il paie de sa personne et qu'il passe souvent des journées entières dans l'eau et dans la vase, aussi est-ce le cas de redoubler de prudence dans son régime, s'il veut échapper à la maladie.

CHAPTER IV

Nurseries. Tools. — Each man, on arriving
to the Estate is drafted in a Kongsi, and receives
the following tools :
1 Changkol and handle.
1 Parang.
1 tong (bucket for water).

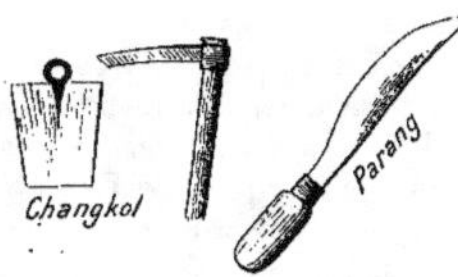

Each tandil or mandore receives for the use of
his Kongsi, and is responsible for :
3 axes with handles.
4 hatchets for chopping wood.
20 baskets for carrying earth etc.
1 sharpening stone.
2 Javanese dripstones.
The coolies specially told off to the nurseries will
each receive, be sides the above tools.
1 water can.
1 rake.
1 screen for screening earth, baskets etc.
The most important part of the opening up of
the estate is the establishment of the nurseries.
Too much care cannot be given to the nurseries
nor to the working up of the soil which is to receive your seeds. The future of the estate is
there, for, on the treatment given to your young
plants depends, to a great extent, whether your
crops will come in a year or two earlier. All

CHAPITRE IV

Pépinières. — Chaque coolie en arrivant à la
plantation est immatriculé dans un Kongsi et reçoit
les outils et ustensiles suivants :
1 Changkol (houe) et manche.
1 Parang (coutelas).
1 tong (baquet pour l'eau).

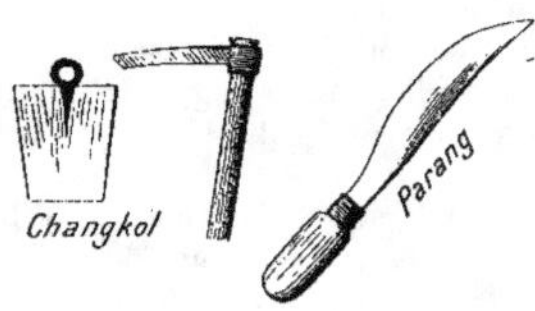

Chaque tandil ou mandore reçoit, pour l'usage
du Kongsi, les outils suivants dont il est responsable :
3 haches avec manches.
4 hachettes pour couper le bois.
20 paniers pour le transport de la terre.
1 meule à aiguiser.
2 « Dripstone » filtres javanais.
Les coolies spécialement employés aux pépinières reçoivent de plus
1 arrosoir.
1 rateau.
1 crible pour cribler la terre, paniers, etc.
L'établissement des pépinières est le travail le
plus important de la plantation. Vous ne pouvez
y donner trop de soins, ni trop travailler le sol
qui va recevoir vos graines. L'avenir est là; car du
traitement que recevront vos jeunes plantes peut
dépendre une avance ou un retard d'un an ou deux
de la période de rendement. Tous vos efforts doi-

your efforts should tend to obtain healthy young plants which will give you robust trees later on. As the man is in the child, the tree is in the seedling.

Choice of site for nurseries. — A great deal, naturally, lies in choice of the ground. It should be high enough to be quite protected from floods; it should have a stream, a brook near by, as much watering will be required, and the soil must be of a somewhat loose and open texture, and the best the estate can offer.

Trenching. — The first thing to be done is to dig a trench, at least 2 feet by 2, all round the nursery and, according to length, 1 or 2 transverse drains, and then you put your men (you will require about 10 men at the start) to changkol the ground, i. e. to hoe it from one end to the other : the hoe here takes the place of the plough.

Hoeing. — In changkoling, the ashes resulting from the firing of the felled timber should be well mixed with the soil, but care must be taken to regulate the tilling according to the nature of the soil which, if compact, should be broken up to a depth of at least a foot, without, however, bringing the undersoil to the surface. While this work is proceeding, 5 or 6 men have been detached to some spot near by, a spot not destined to be planted later on, and their work will be to make burnt earth (see Chapter 10). Burnt earth has a highly fertilising effect on the soil to which it is added, and, when the men know how to make it, its cost is not high. But, as it takes all the surface soil from the land, it follows that that land is left so much the poorer and it should be considered as waste land, not to be planted upon, except a long time afterwards.

The burnt earth is brought to the nursery where women sieve it with ¾ inch sieves and it is laid by until wanted. About 300 basketfuls will be wanted; at the rate of 10 basketfuls per heap, that means that the men will have altogether 30 heaps to make : which is about one day's work for 5 men.

vent, donc, tendre à obtenir des jeunes plants sains qui vous donneront plus tard des arbres robustes. De même que l'homme est dans l'enfant, de même l'arbre est dans la jeune plante.

Choix d'un emplacement. — Il est évident que beaucoup dépend du choix du terrain. Il devra être assez élevé pour être à l'abri des inondations; il doit être à portée d'un cours d'eau on d'une pièce d'eau, car il faudra beaucoup d'arrosages, et, enfin, le sol qui doit être bien délié, sera ce que l'estate peut donner de mieux.

Tranchées et Fossés d'écoulement. — On commencera par creuser un fossé de 60 par 60 centimètres tout autour de la pépinière et selon sa longueur, un ou deux drains transversaux; et cela fait, on procède au défoncement du sol, avec le changkol, qui, ici, tient lieu de charrue.

Labour. — Il vous faudra dix hommes au début, chaque homme donnant une tâche journalière d'environ 150 mètres carrés.

Dans le changkolage, les cendres provenant du brûlage de la forêt doivent être bien incorporées avec le sol, il faut aussi régler le changkolage d'après la nature du sol, qui, s'il est compact, devra être défoncé jusqu'à une profondeur de 30 centimètres, sans toutefois ramener le sous-sol à la surface. Pendant que ce travail est en marche, on détache cinq ou six hommes pour faire de la terre brûlée sur un emplacement, pas trop éloigné, que l'on sacrifie à ce seul objet.

Terre brûlée (voir aussi au chapitre x). — L'écobuage, au début d'une plantation, est à peu près la seule ressource du planteur pour amender son sol; l'action fertilisante de la terre brûlée est très grande, et quand les hommes savent comment la faire, son coût est minime. Mais, comme il faut, pour cela, enlever la couche superficielle du sol, il s'ensuit que la terre qui fournit la « terre brûlée » est appauvrie d'autant, et doit être considérée comme une terre sacrifiée, qu'on ne plantera pas, si ce n'est, peut-être, après un très long repos.

La terre brûlée est apportée à la pépinière où des femmes la passent au crible fin, et la laissent en tas jusqu'au moment de s'en servir. Il en faudra à peu près 300 paniers pleins pour la pépinière; à raison de 10 paniers de terre brûlée par tas, les hommes auront environ 30 tas à faire : ce qui est une tâche d'un jour pour cinq hommes.

Size of nursery. — That, of course, depends upon the number of seeds which you have to accommodate, and also on the distance apart which you want to give to the seedlings. As will be shown in Chapter 9, planted in quincunx, 20 feet by 17 feet 4 inches, as interspace between our trees, one acre will contain 120 trees. We shall therefore require, for an estate of, say, 300 acres = 120×300 = 36,000 seeds and, allowing for supplying vacancies, an extra 10 per cent = 40,000.

As, for reasons explained later (Chapter 8), it is intended to keep the plants a long time, 12 to 15 months in the nursery, the space between the seedlings should be sufficient to allow their roots to spread at ease during that time, and also to allow of their being taken out, at transplantation time without too much disturbance of their root system. Judging from the rate of progress observed in the root development of the young plant, I think that the root-space for each plant should be at least 8 inches and that is the space I propose to give to the plants in the nursery.

In a properly-made nursery, each plant should be easily accessible and therefore it is necessary to divide your ground into beds and alleys that will allow easy communication from bed to bed. The width of a bed should be such that a man, bending, can attend to the rows of plants in the centre of the bed without having to tread on the bed. A width of 4 feet allows this.

The alley between each bed should be 2 feet wide to allow free moving. Each bed with its alley will therefore occupy a width of 6 feet The length of each bed or platform will be 30 feet, with an alley, 2 feet wide at each end, i. e. 32 feet total length.

Platforms. — Each platform will therefore occupy a space of 30 feet by 4 feet, and, with its alleys 32×6.

A length of 30 feet will take 44 seeds planted 8 inches apart, leaving 4 inches free at each end.

A width of 4 feet will allow 5 seeds 8 inches apart, with, also, 4 inches free on each side. Thus, one platform 30×4 (32×6 with alleys) will contain 44×5 = 220 seeds.

As we have to provide for 40,000 seeds, we shall have to make 181 beds. But we shall re-

Dimensions de la pépinière. — Ceci dépend naturellement du nombre de graines que vous aurez à lever et aussi de l'espace que vous donnerez aux jeunes plants pendant leur séjour en pépinière.

Ainsi que nous le montrerons au chapitre ix, un hectare planté en quinconce, à 6 mètres par 5ᵐ,20, contiendra 300 arbres. Nous aurons donc besoin, pour un estate de 120 hectares, par exemple, de 36.000 graines ou, en tenant compte des graines mauvaises ou des décès, de 40.000.

Pour des raisons que nous donnons plus loin, au chapitre viii, nous sommes d'avis que les jeunes plants séjournent, pendant au moins une année, en pépinière, mais à condition qu'ils aient l'espace voulu pour le développement normal de leurs racines, et aussi pour que leur transplantation ne donne pas lieu à un déchirement excessif des racines. A en juger par le développement radical de la jeune plante, chacune d'elle, à mon avis, doit avoir au moins 20 centimètres d'espace, c'est-à-dire, 10 centimètres de chaque côté de la tige et c'est cet espace que nous donnerons à chaque plant dans la pépinière.

Dans une pépinière bien comprise, chaque plant doit être facilement accessible à la main, et c'est pourquoi, il est nécessaire de diviser votre pépinière en plate-bandes, et en allées, qui permettent de passer facilement d'une plate-bande à une autre. La largeur d'une plate-bande devra être telle qu'un homme, en se penchant, puisse atteindre la rangée du milieu sans avoir à mettre le pied sur la plate-bande. Une largeur de 1ᵐ,20 répond à cette condition.

Les allées entre les plates-bandes devront avoir 60 centimètres de large pour permettre de circuler librement. Chaque plate-bande devra donc avoir, avec son allée, une largeur de 1ᵐ,80.

La longueur des plates-bandes sera de 9 mètres, avec une allée, au bout, de 60 centimètres aussi.

Espace occupé par les plates-bandes. — Chaque plate-bande occupera donc un espace, en longueur, de 9 mètres plus 60 centimètres et en largeur, de 1ᵐ,20, plus 60 centimètres.

Cette longueur permettra d'y planter 44 jeunes plants espacés de 20 centimètres, en laissant 10 centimètres de libres à chaque bout; et la largeur de 1ᵐ,20 permettra d'y planter cinq plants en laissant également 10 centimètres de libres de chaque côté.

Ainsi donc, une plate-bande avec ses allées occu-

quire to make also a number of beds, say 9, for germinating beds. This will bring the total number of beds to 190.

Lastly we shall require, within the nursery, a covered space, where the burnt earth can be deposited, and sieved. This space will also serve to store the coolies' tools and implements, water cans, etc, and, in case of rain, as a refuge for the men and women working in the nurseries, without cessation of work.

The model represented in sketch below shows a practical distribution of the nurseries in 6 rows

pera $1^m,80 \times 9^m,60 = 17^m,28$ de superficie et contiendra $44 \times 5 = 220$ plants. Puisque nous avons à loger 40.000 plants, il nous faudra 181 plate-bandes. Mais il nous faudra aussi réserver un certain nombre de lits comme « lits de germination »; mettons en 9, ce qui nous donnera un total de 190 plate-bandes.

Enfin, nous aurons encore besoin, dans la pépinière même, d'un certain espace libre, en partie recouvert d'une toiture d'attaps où la terre brûlée puisse être criblée et déposée. Cet espace servira, en même temps de dépôt pour les outils, arro-

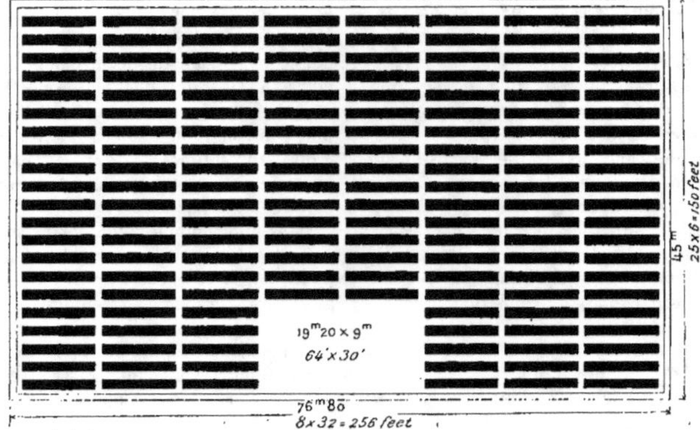

Plan of a nursery with 190 beds each 30' × 4'.

Plan d'une pépinière de 190 plates-bandes, chacune de 9 mètres sur $1^m,20$.

of 25 beds and 2 rows of 20 beds altogether 190 beds and a centre place 64 ft×30 ft, partly covered at the entry of the nursery.

This nursery forms a rectangle of 150 feet by 256 i. e. $3\frac{1}{2}$ roods not including the trenches. When the trenches, 2×2 feet, are finished all round the nursery, as well as the 2 transverse ones, and the ground well broken up by the changkol, the time has come to make the platforms or beds.

Following the above plan, we mark out the place of each bed with pickets. This is best done with a stout line the length of the nursery i. e. 256 feet, marked at every 32 feet with a piece of red cotton attached to it.

Having divided the lower and upper ends in lengths of 6 feet, and put pickets up at every di-

soirs, etc., et de refuge, en cas de pluie, pour les hommes et les femmes qui travaillent à la pépinière.

Le plan ci-dessus donne la distribution la plus pratique de notre pépinière. Elle comprend, comme on voit, 6 rangées de 25 plate-bandes, et, au milieu, 2 rangées de 20 plate-bandes et un espace libre de $19^m,20$ par 9 mètres à l'entrée.

Cette pépinière forme un rectangle de 3.456 mètres carrés de superficie, soit un peu plus du tiers d'un hectare, sans comprendre toutefois les fossés d'écoulement sur les 4 côtés.

Quand ces fossés, ainsi que les 2 fossés transversaux sont finis; quand le terrain a été bien défoncé par 2 labours au changkol, le temps est venu de faire les plates-bandes.

vision, the line is stretched between the 2 corresponding pickets at each end of the nursery and sticks are put up at every red mark on the line. You thus have marked your first line of 8 beds; moving the line to the next picket, 6 feet to the left, sticks are again put up at every red mark, and this gives you your second line; you proceed thus from right to left until the whole nursery is divided up into the 190 platforms required.

Suivant le plan ci-dessus nous marquons l'emplacement de chaque plate-bande avec des piquets. Ceci se fait au moyen d'un long cordeau de 76^m,80 de long (la longueur totale de la pépinière), marqué à chaque intervalle de 9^m,80 d'un chiffon de coton blanc.

Après avoir divisé les 2 petits côtés de la pépinière en parcelles de 1^m,80 chacune et marqué d'un jalon chaque division, nous tendons le cordeau du premier jalon sur la droite au jalon correspondant à l'autre extrémité de la pépinière et à chaque chiffon blanc nous enfonçons un piquet, nous aurons ainsi 8 piquets espacés de 9^m,60. Nous portons le cordeau à 1^m,80 sur notre gauche au 2e jalon, et nous procédons comme pour la première ligne, et ainsi de suite, jusqu'à l'achèvement de 25 lignes de plates-bandes en réservant à la fin l'espace libre de 19^m,20 sur 9 mètres dont il est question plus haut.

CHAPTER V

Making the nursery beds. — After 2 chang-
kolings, and a rest of a couple of weeks, in order
to aerate and sun it well, the earth is raked all
over, so as to loosen the soil and bring out all the
stones or pieces of roots remaining in it. The
latter are heaped up and burned and the ashes
spread about. The soil, thus well pulverised, is
taken up with the changkol from the spaces pegged
out for the alleys and spread on the space destined
to be the platform; you take up this earth to the
depth of one foot which will give you an elevation
of half a foot all over the platform (1 foot of alley
to 2 feet of platfrom). The platform receives a
good top-dressing of burnt earth, is raked gently
once more, and nicely levelled; the sides and ends,
slightly slanting, are made firm by a little beating
with the back of the changkol, to give sharpness
to the edges.

Shading the nursery. — As this work has
been proceeding, other workmen are putting on a
shade all over the nursery; this is best done by
stretching lines of galvanised wire held by posts
every 12 feet from one end of the nursery to the
other, and other lines across the first set of lines,
6 feet apart; where the wires cross, they are tied
with thin wire. On the frame thus formed, light
hurdles are laid flat, made of lallang grass, or, if
lallang is not procurable, with twigs interwoven
together, on a frame of 4 sticks. These hurdles
should be just thick enough to attenuate the force
of the sun, no more.

CHAPITRE V

Confection des plates-bandes. — Après les
deux labours, et un repos de deux semaines pour
bien aérer et ensoleiller la terre, la pépinière est
passée au rateau d'un bout à l'autre, ce qui tient
lieu de hersage dans ces pays-ci, de façon à bien
la débarrasser des pierres et des morceaux de racines dont elle est pleine. Ces dernières sont mises
en tas, et brûlées, et les cendres en sont répandues
sur le terrain. Le sol ainsi bien pulvérisé, on en
enlève avec le changkol, la partie qui est entre les
piquets, lesquels marquent l'emplacement des
allées, et on le rejette sur l'emplacement des plates-
bandes; on enlève ainsi la terre jusqu'à 30 centimètres de profondeur ce qui, réparti sur les 1^m, 20
de plate-bande, donnera à la plate-bande 15 centimètres de surélévation; les allées ayant, comme
nous l'avons dit, 60 centimètres de large. La plate-
bande reçoit une couche de terre brûlée et, est, de
nouveau, passée légèrement au rateau; on donne
la pente voulue sur les deux côtés que l'on bat avec
le plat du changkol pour donner à la plate-bande
une crête franche.

Ombrage de la pépinière. — Pendant que
nous préparons nos plates-bandes, cinq coolies sont
occupés à recouvrir la pépinière d'un chaume
léger pour la garantir partiellement du soleil. Ceci
peut se faire en tendant un réseau de fil de fer galvanisé dans toute la longueur de la pépinière, sup-
porté tous les 3 à 4 mètres par des pieux de six
pieds de haut. Transversalement, sur ce premier
réseau, on en pose un second, les fils espacés de
1^m,80; aux points d'intersection des deux réseaux,
on les attache avec du rotin ou avec du fil de fer
fin, et sur le cadre ainsi formé, on fixe, à plat, des
claies légères faites de lallang, ou si on ne peut
avoir du lallang, de branchages ou de brindilles
feuillus enlacés. Ces claies doivent être tout juste

Germination beds. — In order to insure that only good seeds are put into the beds, a good practice, which is followed on some estates, is to germinate them on special beds, made for the purpose; we have reserved 9 beds in our nursery with this view. These beds which have been staked along with the others, are made in precisely the same way. The seeds are laid close together but not touching on the beds, and a thin layer of well pulverised earth, mixed with burnt earth, is spread over them without covering them entirely, so that the germ may be seen as it emerges from the seed; the bed is then well-watered with a very fine rose and over all a light layer of lallang slightly damped is spread so as to exclude light. As the germ shows itself, the plantule is taken up with the fingers and put in its final place in the nursery.

Treatment of the seed. — The seeds of Hevea are light and they float on water, so that the water test cannot apply to them, and it is difficult to tell a good seed from a bad one. Yet, a marked difference of weight is to be observed between seeds from old trees and those from young ones, much in favour of the old ones. In weighing selected seeds from old trees I found 96 and 98 go to the pound while the lots from younger trees averaged 108 to 110 to the pound. It is therefore advisable, if it can be done, to procure seeds from old trees, and better still from known trees, that have proved good milkers. In fine, some sort of selection should be attempted, for there is little doubt that the peculiarities observed among Heveas; the wide, unexplained, differences in the yield of latex of trees of same ages, grown together, in identical situations, could, to some extent, be corrected by a careful selection of the seed.

Before putting the seeds to the germinating bed, the seeds should be steeped in water for 24 hours, as it hastens germination.

Planting in the nursery beds. — The beds having been well-raked, and made ready, they are staked out. For that purpose a line is used, 30 feet long (the length of the bed) and

assez épaisses pour tamiser le soleil du jour, pas plus.

Lits de germination. — Pour s'assurer que seules, de bonnes graines sont mises en plate-bandes, il est de bonne pratique de les semer en premier lieu sur des lits de germination; nous avons réservé neuf lits, à cet effet, comme on a vu plus haut. Ces lits sont préparés comme les autres et les graines y sont placées les unes à côté des autres; une mince couche de terre bien pulvérisée, est répandue sur les graines sans les recouvrir tout à fait, de façon qu'on puisse percevoir les premiers signes de germination quand l'embryon émerge de la graine; on arrose avec une pomme très fine, et on pose à plat, sur le tout, une mince couche de lallang, légèrement mouillé, pour exclure la lumière. Quand le germe est bien apparent on enlève la graine avec les doigts et on la met à sa place définitive dans la pépinière.

Traitement des graines. — Les graines d'Hevea sont légères et flottent sur l'eau ce qui fait qu'on ne peut juger de leur qualité en les passant à l'eau, et il est très difficile de distinguer une bonne graine d'une mauvaise. Cependant, on observe une différence sensible de poids entre les graines provenant de vieux arbres et celles provenant de jeunes arbres. Des pesages répétés de graines de vieux arbres m'ont donné de 96 à 98 graines à la livre anglaise, tandis que celles provenant de jeunes arbres m'ont donné de 108 à 110 à la livre. Il est donc judicieux, si faire se peut, de se procurer des graines de vieux arbres, et encore mieux, d'arbres connus qui ont fait leurs preuves comme bons laitiers.

Enfin, si limitée qu'elle puisse être, encore, on doit s'attacher à faire une sélection, car il n'est pas douteux, que les particularités qu'on observe d'Hevea à Hevea; les différences inexpliquées de rendements en latex entre arbres de mêmes âges, ayant poussé ensemble, dans des situations identiques, sont imputables, pour une bonne mesure, au manque de sélection des graines.

Avant de mettre les graines à germer, on les trempe pour 24 heures dans l'eau, ce qui aide à la germination des graines un peu vieilles.

Répiquage sur plates-bandes. — Après qu'on a bien ratissé et donné le dernier coup de main aux planches, on les piquette pour indiquer l'emplacement qu'occupera chaque plant. Un cor-

marked at every 8 inches (the distance between each plant) with a piece of white cotton. It is stretched from end to end of the bed, 4 inches off the edge, and small chips of wood are stuck in at every cotton mark; we shall have 44 such marks. The line is again stretched for the next row, 8 inches distant, and more chips stuck in the ground and so on for 5 rows which will complete the bed to hold 220 seeds, 8 inches apart.

As the plantules are brought from the germinating bed, a hole is made to receive them, 1 inch deep, at every place marked by a chip. Fine screened earth, mixed with burnt earth, is then sprinkled over the young seedlings to a thickness of one inch. The bed is then watered.

Watering. — From that time, when the weather is dry, the seedlings should be watered every day before sunset, and every day, women are told off to look over the beds, pluck out any weeds that may come up, and look out for slugs, caterpillars, mites and other pests. Lastly the nursery should be protected from the intrusion of wild pig, deer, porcupines etc., by a barbed-wire fence.

Another way of sheltering the nursery from the sun, is to form a separate shelter for each bed, by means of forked sticks, 3 feet high on one side, 4 feet on the other, stuck upright in the ground, and a hurdle of lallang or attaps or kadjangs attached on a frame resting on the forked sticks. In this case, all the beds must be made running from East to West, the course of the sun. But for ease of working, and for facility of inspection, a high covering, which allows freedom of movement is far and away the best.

A last point to remember is, when the time of transplantation to the fields approaches, to gradually reduce the shade by thinning the cover of the nursery, and to uncover completely a few weeks before.

deau, long de 9 mètres avec marque de coton à tous les 20 centimètres, est tendu d'une extrémité à l'autre de la plate-bande, et à chaque marque de coton, on fiche un petit piquet en terre. Nous aurons ainsi 44 piquets; on tend le cordeau 20 centimètres plus loin, et on répète le piquetage; nous obtiendrons ainsi 5 lignes de 44 piquets = 220 qui est le nombre de graines que recevra chaque plate-bande.

Lorsque les graines ont germé on les enlève de la planche de germination, et on les repique de suite sur les plates-bandes, une graine à chaque petit piquet, dans un trou de 2 centimètres et demi de profondeur et on achève de les recouvrir avec de la terre criblée mélangée de terre brûlée. Puis on arrose.

Dès ce moment, les plates-bandes devront être arrosées, chaque fois que le besoin s'en fera sentir, soit le matin, au jour, soit le soir, au coucher du soleil. Chaque jour, aussi, on emploiera 4 ou 5 femmes à la recherche des insectes, limaces ou courtillères et autres vermines, et aussi à l'arrachage des mauvaises herbes dès qu'elles se montrent. Enfin, comme protection contre les incursions des cochons, des cerfs, porc-épics, etc., on entourera la pépinière entièrement d'une clôture de ronces fil d'acier galvanisé avec picots à tous les 11 centimètres.

Il y a une autre méthode d'ombrage pour les pépinières, qui consiste à recouvrir chaque plate-bande séparément d'une petite toiture en lallang, ou branchages entrelacés, reposant sur des petits pieux fourchus à la partie supérieure, auxquels on l'attache avec du rotin.

Quand la plante n'a qu'un court séjour à faire en pépinière, ce genre répond aux besoins; mais dans le cas d'une pépinière qui doit durer de 12 à 15 mois, ou plus, le système que nous préconisons est de beaucoup préférable; la surveillance y est plus facile et le travail mieux coordonné; et, à la longue, il est le plus économique des deux.

Quand on adopte le second système (de toitures séparées), il faut avoir soin d'orienter les planches de l'est à l'ouest, suivant le cours du soleil.

Une dernière recommandation c'est, à l'approche de la période de la transplantation aux champs, d'amincir la toiture de la pépinière et de la supprimer tout à fait deux ou trois semaines avant la transplantation.

CHAPTER VI

Other methods of establishing nurseries. — The method just described of establishing a nursery is suitable when the plants are destined to make a prolonged sojourn in the nursery with a view of stumping at transplantation. But where the mode prevails of transplanting at an early stage of growth, the object sought is to spare the young plant, at its removal from the nursery, any undue disturbance of its root system. Any method, that effects this satisfactorily, is good.

Bamboo baskets. — A method, which succeeds often well, is that of sowing the seeds in baskets made of bamboo strips, 4 to 5 inches wide and 6 inches long. These baskets are cheap and they can be made on the estate by women at a cost of something like 50 cents a hundred. This "pot" is filled with earth and the seed is put in. At the time of transplanting, pot and plant are put in, as they are, in the hole prepared for them. What is left of the bamboo basket soon rots away in the earth, and the plant has suffered no disturbance, nor tearing of roots. Before transplanting, the plant has been gradually accustomed to the sun by thinning the roof of the nursery and just before taking it up, it is well-watered. If the planting takes place in dry weather, which should be avoided when possible, it is a good precaution to shade it, for a while, with some bracken fronds or with twigs stuck in the earth to the west side of the plant.

Tile-posts. — Another practical way, if roofing tiles are procurable, is to make a "tile-pot"

CHAPITRE VI

Différents modes de pépinière. — Le mode d'établissement d'une pépinière que nous préconisons plus haut est celui qui convient le mieux, à notre avis, pour une pépinière de longue durée, sur une plantations où l'on transplante les jeunes plants à l'état de sauvageons étêtés : mais sur beaucoup de plantations la pratique est de transplanter les jeunes plants de trois à cinq mois, et dans ce cas, il faut, surtout, épargner au jeune hevea, le dérangement ou la lacération de ses racines au moment où s'opère la transplantation. Toute méthode qui remplit ces desiderata est bonne.

Paniers en bambou. — Une des méthodes qui réussit le mieux consiste à semer la graine dans des petits paniers, hauts de 15 centimètres et d'un diamètre de 10 à 12, faits de lamelles d'écorce de bambou entrelacées. Ces paniers qui sont faits par les femmes de la concession se paient environ 50 cents le cent. Ce « pot » est rempli de terre, et la graine y est mise. Au moment de la transplantation aux champs, plante et pot sont déposés tels quels dans le trou qui leur est destiné, de telle sorte que la racine ne souffre pas le moindre dérangement ; les lamelles de bambou, déjà à moitié pourries achèvent de se pourrir dans la terre. Avant la transplantation, on a eu soin, comme il est dit plus haut, de réduire l'ombre de la pépinière et le matin même on a fortement arrosé les jeunes plants. Si la transplantation se fait par temps sec (ce que l'on doit éviter le plus possible), il est bon de protéger le jeune plant en fichant en terre, à l'est et à l'ouest de la tige, une fronde ou deux de fougères qui font dôme en dessus.

Pots en tuiles. — Une autre méthode très pratique et peu coûteuse, si on peut se procurer des

i. e. placing 2 tiles edge to edge and tying them together with "kulit kayu", or woody fibre. They thus form a cylinder which laid upright, close to one another, form rows of pots. As in the preceding case, with baskets, the pots are filled with earth and one seed put in. At transplantation time, the hole, which is to receive the plant is first filled with earth, and then, enough is scooped

out to fit the "tile-pot". The young plant is then dropped in by untying the tiles, and separating them.

Sections of bamboo also make good pots for seedlings.

A third method consists in raising the seed in beds as already described and using a transplanter to take up the young plant from its bed. This is

simply a cylinder made of galvanised iron 4 inches in diameter 6 inches long, which is pressed upright into the earth, the plant occupying the centre of the cylinder; with a slight jerk, the cylinder is pulled up, with the plant and earth inside; the placing in the hole is done by pressing the earth with a disc of a diameter slightly smaller than the cylinder; the disc being provided with a handle joined to it excentrically, and with a slit, through which the young stem is admitted. There is not much to choose between these different contrivances which all answer their purpose, which is to save injury to the roots. It may happen,

tuiles à toiture, est de faire un « pot de tuiles » en plaçant deux tuiles face à face et en les liant ensemble avec du « Kulit Kayu », fibre ligneuse; on obtient ainsi un cylindre formant pot. On range ces pots côte à côte par plate-bandes et on procède comme avec les paniers de bambou. Au moment de la transplantation on porte le tout au trou qui lui est destiné et, qui a été préalablement rempli; on

enlève juste ce qu'il faut de terre pour permettre d'y glisser le pot; on coupe le lien qui retient les deux tuiles, qu'on retire, et le jeune plant se trouve logé.

On fait aussi des pots avec des sections de bambou.

Une autre méthode consiste à élever les plantes sur plates-bandes suivant la façon que nous avons

indiquée plus haut et à se servir d'un transplantoir pour enlever le plant au moment de la mise aux champs. Ce transplantoir n'est qu'un cylindre de fer galvanisé d'un diamètre de 10 centimètres sur 15 de longueur. On enfonce ce cylindre en terre, en y introduisant la jeune tige, de façon qu'elle occupe le centre du cylindre : une ou deux secousses légères détachent le cylindre avec la plante et la terre qui l'entoure. Ce mode est très expéditif, parce qu'ainsi protégés par le cylindre, on peut transporter par charrette ou brancard un grand nombre de plants.

On se sert pour faire sortir la plante du cylindre

however, in the last method that the end of the taproot is exposed; it must, in that case, be sliced off clean to the earth in the cylinder.

Preference for stumps. — I shall now state my reasons for giving the preference to the system of transplantation at a more advanced stage of growth in the form of stumps, a system which is now, I believe, practised by the majority of planters in the Malay States.

1. Greater economy; for it requires much less labour to watch and tend the plants on a superficies of 3 roods than on a superficies of 300 acres.

2. The young plants make better growth in the nursery for it is evident that they can be better cared for on the small space than on the larger one. They can be watered every day, they can be protected from the depredations of rodents and other vermin, which is almost an impossibility on a large surface. Hence, the plants make quicker growth in the nursery.

3. The check on the vegetation of the plant is less when transplanted as a stump, than it is on the younger plant. The young shoots, which spring from the stump, in the open and grow unsheltered from the sun, are more hardy and make wood quicker than the transplanted seedling.

Nursery Pests. — From the earliest stages, it is necessary to guard the young seedlings from the ravages of insect and fungus pests, which are many. Two or three women should always be kept on the look-out for them.

Slugs. — A slimy brown slug 1 to 1½ inch long has been observed to gnaw off the skin of the seedling which breaks off at the point. It has also been observed in plants up to 6 feet high, nibbling

d'un disque d'un diamètre un peu moindre que le cylindre sur lequel est fixé, excentriquement, une tige de métal; le disque a une fente jusqu'à son centre par laquelle s'introduit la tige de la plante. Le cylindre est posé sur le fond du trou destiné à la plante et au moyen d'une légère pression sur le disque on retire le cylindre du trou.

Toutes ces méthodes remplissent également bien leur objet; il ne faut pas omettre, cependant, avant de mettre le plant en terre, de voir si la racine pivotante n'émerge pas en dessous, auquel cas il faudrait la rogner bien au ras de la motte de terre, sans quoi on s'expose à avoir une racine pivotante recourbée sur elle-même, ce qui empêcherait sa pénétration.

Long séjour en pépinière préférable. — Nous allons expliquer maintenant, pourquoi nous préférons le système de transplantation de plants d'un âge plus avancé, à l'état de chicots, ou tronçons étêtés, système qui est celui le plus généralement adopté, actuellement, par les planteurs de la Péninsule malaise.

1° D'abord, par raison d'économie, car il faut beaucoup moins de main-d'œuvre pour veiller et soigner les plants sur une superficie d'un demi-hectare que sur une superficie de 120 hectares.

2° Les jeunes sujets se développent mieux en pépinière, car il est évident qu'ils reçoivent plus de soins sur un petit que sur un grand espace. Ils peuvent être arrosés tous les jours; ils peuvent être protégés contre les déprédations des rongeurs et autre vermine beaucoup plus efficacement que s'ils sont répartis sur une grande étendue. Il en résulte une croissance plus rapide.

3° L'arrêt de la végétation est moindre quand on transplante en tronçons que lorsqu'on transplante de tout jeunes plants : les nouvelles tiges qui naissent du tronçon et poussent au soleil, sans ombrage, sont plus rustiques et forment bois plus vite que le jeune plant.

Insectes nuisibles. — Dès le premier jour, il faut protéger les jeunes plantules en pépinières contre les ravages des insectes qui ne manqueront pas de venir en nombre.

Limaces. — Une limace brune de 2 à 3 centimètres de longueur s'attaque à la peau tendre de la jeune tige qu'elle ronge, et qui se rompt. On l'a observée jusque sur les plantes de six pieds de

the bark and biting off the buds, which means, of course, a serious check to the growth of the plant. They should be searched for, quite early in the morning before sunrise, and when the plants are still wet with dew, and also during wet weather. An expeditious way is to throw quicklime about in the alleys and on the beds, as they leave a trail on their passage by which they can be traced to their hiding places under a stone, pieces of wood, etc. where they spend the hot part of the day. Handpicking in the evening is also effective when they turn out for the night.

Mites. — They are found on the nether surface of leaves of seedlings, which wither and fall before their full development. It requires a magnifying glass to find them out. A spray of tobacco water on the under surface of the leaves or a dab with a wet cloth steeped in the same mixture will dispose of them, if repeated for 2 or 3 days. Tobacco water can be made by infusing 1 pound of tobacco, cigar ends, ribs of leaves, residues of pipes to 20 litres of cold water for 2 or 3 hours. The spraying with this water should only be done every alternate day; and, in between, pure water spraying should be used.

Crickets. — They inflict very great damage by biting off the young shoots of the seedlings which they carry off to their burrows. Their burrows should be searched, dug up and destroyed with their eggs. As these insects are attracted at night by a light, an ingenious way to trap them is to keep lights burning in a glass vessel filled with water and oil on top at various points in the nursery; the glass is put on a piece of board smeared over with glue, on which the insects get stuck.

Locusts and grasshoppers are also among the enemies of young Hevea : they can be caught by hand or with nets, the same as used for butterfly-catching.

haut, mordillant l'écorce et grignottant les bourgeons, ce qui cause un retard très préjudiciable dans la croissance de la plante.

On doit les rechercher de très grand matin avant même le lever du soleil et quand la rosée est encore sur les feuilles, et aussi pendant les temps de pluie. Une manière expéditive de s'en débarrasser est de répandre de la chaux vive dans les allées de la pépinière; leur passage laissant une trace qui permet de les suivre jusqu'aux cachettes où elles s'abritent pendant la partie chaude de la journée, soit sous une pierre, soit un morceau de bois, etc.

On peut en attraper aussi beaucoup, à la main, le soir, lorsqu'elles quittent leurs cachettes.

Mites. — On a aussi observé des mites qui se tiennent sous la surface inférieure des feuilles, lesquelles se dessèchent et tombent avant d'atteindre leur complet développement; mais il faut y regarder de très près pour les apercevoir, et de très bons yeux; aussi, dès qu'on s'aperçoit que les feuilles commencent à se flétrir, doit-on les humecter de jus de tabac soit à l'aide d'un vaporisateur, soit en les touchant légèrement d'un tampon mouillé; il y a d'autres plantes à jus âcre, qui rempliraient le même effet mais le tabac est toujours à portée, soit comme bouts de cigares ou de cigarettes, culots de pipes, côtes et nervures du tabac. Une livre de ces déchets infusée dans 20 litres d'eau froide pendant trois heures donne une décoction très forte qui suffira pour un grand nombre de plantes. On doit répéter l'application du jus de tabac tous les deux jours, en alternant avec une journée d'arrosage à l'eau pure.

Criquets. — Le criquet est un des plus grands ennemis du jeune Hevea dont il mord les tiges et bourgeons tendres qu'il emporte dans son trou, aussi dès qu'on trouve son trou, doit-on le détruire à la pioche et écraser les œufs; comme son terrier est assez profond, il parvient souvent à se soustraire aux recherches, mais quand on a trouvé son trou on peut soit l'en faire sortir, soit le tuer en y versant de l'eau bouillante. Comme la lumière l'attire, la nuit, on peut aussi en prendre un grand nombre, en disposant, sur divers points de la pépinière, des veilleuses posées sur des planches enduites de glu.

Sauterelles. — Elles font aussi de grands ravages; il n'y a guère d'autre moyen que de les attraper à la main ou au moyen de filets comme ceux qu'on emploie pour les papillons.

Fungus. — A leaf fungus has been found to infest whole nurseries. The leaves attacked should be removed and burned, and the plants disinfected by a spray of sulphate of copper.

Preventive measures. — The best preservative against insect and fungoid pests is a complete drainage of the land, and keeping a strip all round the nursery, 4 to 5 yards wide, well cleared of weeds and grasses and, occasionally watering this strip with a solution of sulphate of copper and lime.

Fungus ou champignons. — On a observé une mucédinée ou moisissure qui parfois attaque toute une pépinière et dont le mycélium s'introduit dans le tissu des feuilles qui tombent l'une après l'autre; le parasite s'étend à distance très rapidement par ses spores, aussi, dès que sa présence est reconnue, faut-il enlever les feuilles et les brûler, et désinfecter les plantes par des arrosages ou vaporisations au sulfate de cuivre.

Mesures préventives. — Le meilleur moyen de se protéger contre les attaques d'insectes et de fungus est encore de donner un bon drainage à la pépinière; l'eau stagnante doit être absolument évacuée, et de plus, on doit maintenir tout autour de la pépinière une bande de terrain de 4 à 5 mètres de large, nette, et libre de toute végétation, qu'on arrosera une fois par semaine au sulfate de cuivre très dilué.

CHAPTER VII

FIELD WORK. — CLOSE PLANTING. — CLOSE
PLANTING AND THINNING.

Field work. — Now that we have established
our nurseries, that our roads and drains are well
under way, and the fields ready, we can push on
the work of preparing the 300 acres cleared to receive the plants later on. But here, a question of
capital importance presents itself, viz : " What
" distance from each other shall we plant the trees
" in the fields? "

Close planting. — Close planting was generally adopted on the older estates and most of
the acreage under rubber is planted at distances of
12 feet to 15 feet.

Now, there are very good reasons of economy
for not giving a tree on an estate more room than
it absolutely requires for its normal development.
Having ascertained by experience, and by its habits of growth, that the liberian Coffee-tree, for
instance, can be brought to its *full* fruit-bearing
capacity, on the space enclosed in a circumference
of 12 feet diameter, which allows 290 trees to the
acre, it would serve no purpose to give it 13 feet,
which allows only 230 trees as that would mean a
larger surface to keep clean, an extension of the
road and drainage system of the estate etc.; it
would mean, in fine, increased working expenses
for smaller crops. Therefore the trees should be
allowed no more space than is necessary for them
to give their full crop. But, under pretext of
economy, to squeeze the trees in a space that will
not allow them to attain their normal size, and
thereby to reduce their future rubber-yielding capacity appears to me even more wasteful than the
other way, besides involving undue risks of disease
to the plant.

Practically. The limit to the rubber-yielding
capacity of the Hevea is reached when there is

CHAPITRE VII

TRAVAIL DES CHAMPS. — PLANTATION EN ORDRE SERRÉ.
— PLANTATION RESSERRÉE SUIVIE DE COUPES.

Travail des champs. — Nous avons établi
nos pépinières ; nos routes et notre drainage s'a-
chèvent ; notre défrichement s'avance et nous avons
déjà déblayé une bonne partie de terrain ; il s'agit
maintenant de préparer, pour la transplantation, les
120 hectares que nous voulons planter. Mais ici, il
se présente une question d'une importance capitale,
à savoir : « A quelle distance devons-nous planter
« nos arbres, les uns des autres ? »

Plantation en ordre serré. — Sur les anciennes plantations de caoutchouc Para, et sur
beaucoup de nouvelles, on a planté et on plante
encore à distance resserrée de 3^m,60 à 4^m,50 d'arbre
à arbre.

Il y a de très bonnes raisons d'économie pour ne
pas donner à un arbre plus d'espace qu'il n'en a
besoin pour atteindre son développement normal.
Ayant établi par l'expérience que le caféier libérien, par exemple, peut être amené à sa période de
plus grand rendement en fruits, sur l'espace enclos dans un cercle de 3^m,60 de diamètre, ce qui
donne 725 arbres à l'hectare, il n'y a aucune raison
de lui donner un cercle de 4 mètres, ce qui ne
permettrait de planter que 625 arbres à l'hectare
et se traduirait finalement en frais d'entretien plus
grands, pour des récoltes moindres, puisqu'à
3^m,60 il donne son maximum de récolte.

Il est donc bien entendu que l'on ne doit pas
donner à un arbre plus d'espace qu'il ne lui en faut
pour rendre tout ce qu'il peut rendre. Mais, sous
prétexte d'économie, serrer les arbres sur un espace qui ne leur permettra pas d'atteindre leur
taille normale, et qui, par cela même, diminuera
leur rendement à venir, voilà qui me paraît être un
gaspillage autrement sérieux que le premier, d'autant plus qu'il entraîne des risques trop probables
de maladie.

Dans la pratique, la limite de rendement d'un
Hevea, en caoutchouc, est atteinte lorsqu'il ne reste

no more bark left to incise on the nether 6 feet of trunk which is the easiest accessible part of the tree, and that which yields the most latex (barring the roots).

It is easy to understand that a tree with a girth of 4 feet, representing a tappable surface of bark of $(4 \times 6) = 24$ feet, will give more, if not double, the quantity which a tree of 2 feet girth, i. e. $(2 \times 6) = 12$ feet tappable surface, could give.

plus d'écorce à inciser sur les $1^m,80$ ou 6 pieds du bas du tronc, qui est la partie la plus facilement accessible de l'arbre, et celle qui donne le plus de latex, à part les racines.

Il est facile de comprendre qu'un arbre qui a $1^m,20$ de tour, ce qui représente, sur une hauteur de $1^m,80$, une surface d'écorce incisable de $1^m,80 \times 1^m,20 = 2^{mq},16$, donnera plus, sinon le double, d'un arbre de 60 centimètres de circonfé-

Spindly stems of close-planted Hevea.
Hevea plantés en ordre serré et poussant en fuseau.

Therefore, anything that tends to reduce the attainment of girth, and thereby of bark, is unsound, and that is what close planting at 10, 12, 15 feet, comes to.

One reason given for close-planting was that it prevents branchiness, which it undoubtedly does, and that the tree having already a marked tendency to branchiness, this should be checked and thus, a higher range secured for the future tapping of the tree. This was anticipating the practice of high tapping, at present in vogue on some estates. But I cannot look upon high tapping, with its concomitants of ladders, unsteadiness in the work of incision, lessened yield of latex, as anything but a " pis-aller. " It should not be an aim; and as

rence qui n'offre qu'une surface d'écorce incisable de $(1^m,80 \times 0^m,60) 1^{mq},08$.

Nous pouvons donc dire que tout ce qui porte atteinte au développement du pourtour de l'arbre, et, par conséquent, à sa surface d'écorce, est vicieux. Voilà, ce qu'est, en effet, le système de plantation resserrée à $3^m,60$ et $4^m,50$ d'arbre à arbre.

Une des raisons données pour la plantation resserrée, est qu'elle arrête la ramification, ce qui est vrai, et, que l'arbre, ayant une tendance naturelle marquée à tourner à l'état branchu de bonne heure, on doit l'en empêcher de façon à s'assurer une plus grande extension, *en hauteur*, de la surface incisable. C'était anticiper la pratique d'inciser les parties élevées du tronc qui est actuellement en

for the necessity to prevent branching, I may be allowed to repeat what I wrote some years back :

" Considering that the first branching does not as " a rule begin before a height of 8 to 10 feet of the " trunk ; considering, also, that it is an easy matter " with the pruning knife, to check any tendency " to too early branching, I do not see the force of " the objection to its branching at a height above " the milk-yielding region, while I see a very con- " siderable advantage in securing as large a stem " as possible, affording a broader surface[1]. "

In the light of experience gained since, these words remain true, and close-planting with a view to checking branching, and obtaining a long tapping surface will soon be considered as a heresy and a costly one. In fact, the notion is already so far belated that the very reverse is now advocated by some writers who recommend topping the trees, to induce forking.

Yet, close-planting is still practised on some estates with the idea, when overcrowding takes place, of thinning out, i. e. of felling a proportion, say one out of two trees, after cropping them of all the rubber they can give. Let us examine how far the practice is justified in the case of Hevea.

Close-planting and thinning. — Hevea Braziliensis is a forest tree, and one would think that most rules that govern forestry should also apply to this denizen of the jungle. This is, in a measure true, and if we follow the practices of the experienced foresters of Europe in the preparation of the land, in the rearing of the young trees, in their transplantation to the open, we shall not go far wrong.

1. Straits Times, January 1903.

vogue sur certaines plantations. Mais, quant à moi, je ne puis voir, dans cette pratique, avec son attirail d'échelles, et l'instabilité qui en résulte dans le travail du coolie haut perché, qu'un pis-aller, surtout étant donné le rendement moindre de latex dans les parties élevées, un pis-aller et non un but, et quant à la nécessité d'arrêter une ramification excessive peut-être me sera-t-il permis de répéter ce que j'écrivais en 1903.

« Attendu que la première ramification n'a guère « lieu au-dessous d'une hauteur de tronc de 8 à « 10 pieds ; attendu, aussi, qu'avec le sécateur, il est « facile d'arrêter toute tendance prématurée de ce « côté-là, je ne vois pas pourquoi on s'attache tant « à empêcher la formation de branches à une hau- « teur bien au-dessus de la région qui donne le « lait, tandis que je vois un avantage très considé- « rable à avoir un tronc aussi large que possible, « présentant une surface incisable élargie[1]. »

À la lueur de l'expérience acquise depuis, ces mots sont demeurés vrais, et la plantation resserrée, avec idée d'empêcher la ramification, en vue d'obtenir une surface incisable plus haute, sera bientôt, je l'espère, reléguée au rang des hérésies, et des hérésies qui coûtent cher. En fait, cette notion a déjà tellement perdu de terrain que certains auteurs préconisent même déjà la pratique, toute contraire, d'étêter les arbres pour les faire fourcher, pratique sur laquelle nous reviendrons plus loin.

Pourtant, il y a encore des concessions qui pratiquent la plantation resserrée avec l'idée, quand, les arbres empiètent les uns sur les autres, faute d'espace, de faire des coupes, c'est-à-dire d'en abattre une certaine proportion, soit un sur deux, après en avoir extrait tout le caoutchouc qu'ils peuvent donner. Examinons un peu jusqu'à quel point cette pratique est justifiée en ce qui concerne l'Hevea.

Plantation resserrée suivie de coupes. — L'Hevea Braziliensis est un arbre de la forêt, et l'on pourrait être enclin à conclure que les pratiques en cours dans la culture forestière s'appliquent également à cet hôte de la jungle. Ceci est vrai, dans une certaine mesure, et si nous suivons les méthodes usuelles parmi les forestiers expérimentés en ce qui concerne la préparation du terrain, l'élevage des jeunes plantes, leur transplantation aux champs etc., nous ne courrons guère de risque de nous tromper.

1. Straits Times, 1903.

But, as the plant makes growth, we begin to perceive that the aims of the forester, and those of the rubber planter, are totally at variance, and the practices of the one, must, from that time, be the very reverse of those of the other.

The aim of the forester is to obtain straightness and length of stem and with this view he resorts to close-planting. It is well-known that, when trees are grown close together, the leading shoot of each tree rushes up to the light and, growing unchecked, becomes in time the trunk of the tree, whilst the lateral shoots, owing to the pressure of other trees, all round, cannot make headway and die off. The result is a general rush upwards for light and air, thus making length of stem, but not proportionate girth. When overcrowding begins to be a check on the growth, the forester proceeds to thin out the weakest or the worst-shaped individuals. This process is repeated every 2 or 3 years, when growth begins to slacken.

Some rubber planters advocate very much the same treatment for the Hevea. They plant close, say 12 × 12, and when overcrowding bars the way to further growth, they proceed to thin out, by bleeding the tree to death to get the maximum of rubber it can give, and then by felling the tree.

But the results of the operation are far from being the same in the two cases. When he starts felling his young trees, the forester has a market for the timber at his gate, and he reckons on its sale to pay the interest on the capital; moreover he has obtained his desideratum, viz : long and straight trunks with high crowns.

Excepting for the straightness, the desideratum of the rubber planter is the very reverse, viz : a short massive trunk, of the greatest girth attainable, so as to afford the largest tapping surface in the lower part of the trunk. Close-planting is the very thing to defeat his object. In the second place; is the yield of rubber from young trees, 4 to 5 years old, such as to make the operation a paying one? This is at least doubtful; in fact the yield is so exceedingly small that it is even doubtful whether it will make good his actual expenses of tapping, preparing and drying the rubber.

Mais, au fur et à mesure que l'arbre se développe, nous ne tardons pas à nous apercevoir que le but du forestier et celui du planteur de caoutchouc Para sont absolument opposés et qu'à un moment donné, la pratique de ce dernier doit suivre une direction toute contraire à celle du premier.

Ce que le forestier a en vue c'est un tronc droit et long et dans ce but, il plante à distances resserrées. On sait, en effet, que lorsque des arbres poussent très près les uns des autres, le bourgeon de tête de chaque arbre s'élance vers la lumière, et, croissant sans arrêt, il devient, avec le temps, la tige de l'arbre, tandis que, sous l'effet de la pression des arbres environnants, les ramilles latérales ne peuvent se développer et meurent. Il s'ensuit une poussée générale vers la lumière et l'air d'en haut, d'où résulte croissance de la tige en hauteur au dépens de la largeur. Lorsque, par suite d'empiètement des uns sur les autres, la végétation s'arrête, le forestier fait des coupes, et abat les arbres les moins forts ou ceux de croissance défectueuse. Il répète ces coupes deux ou trois ans après, lorsque la végétation s'arrête de nouveau.

Il y a des planteurs de caoutchouc hevea qui traitent leurs arbres de la même façon. Ils plantent serré, soit 3^m,60 par 3^m,10 et quand, par suite du manque d'espace, la croissance des arbres est arrêtée, ils font des coupes, en saignant un arbre sur deux, jusqu'à ce qu'il ait donné tout ce qu'il a de caoutchouc, puis ils l'abattent.

Mais les résultats de l'opération sont loin d'être les mêmes dans les deux cas. Quand il fait ses coupes, le forestier sait qu'il a un marché à ses portes pour le bois qu'il abat, et il compte sur cette vente pour payer l'intérêt de son capital ; de plus, il a atteint le but qu'il s'était proposé, en donnant à ses arbres, des troncs élancés avec une couronne élevée.

Mais c'est tout le contraire que demande le planteur de caoutchouc. Ce qu'il lui faut, c'est un tronc court et massif, aussi fort de contour que possible, de façon à lui donner une large surface incisable dans la partie basse. La plantation en ordre serré va donc justement à l'encontre de ses besoins.

En second lieu, le rendement de jeunes arbres de 4 à 5 ans en caoutchouc, est-il assez fort pour rendre sa coupe profitable ? Voilà qui est, à tout le moins, douteux ; en fait, le rendement est si minime qu'il est même douteux qu'il puisse rembourser les frais de saignage, du séchage et autres frais encourus jusqu'à la mise en vente.

Moreover it is known that young rubber is deficient in tensility owing to some undefined chemical constituents which differentiate it from rubber of older growth. Its breaking point, which is the test of strength, is also much lower than that of old rubber, as was proved by the stretching tests applied by the judges at the recent Ceylon Rubber Show. Although, the age of rubber does not appear to have so far affected its price in London, there is every likelihood that, henceforth, it will be one of the main factors of appreciation or depreciation of the product, and it will not pay to put a depreciated article on the market.

Further still, not only has the rubber planter no market for his timber, but, for want of labour to cut it up, and burn it, it must, perforce, be left to lie where it fell, and, being a very tender and perishable wood, suffer rapid decay, and serve, henceforth, as a harbour for white ants, grubs and fungi of all kinds which, from that time, take possession of the estate and will soon make their ravages felt.

Lastly, the chief object of thinning the trees, i. e. to give increased space for the roots and branches of the remaining trees, will not be attained for several months and perhaps years, because the roots of the felled trees still live on, as may be seen by the vigorous suckers that spring up from the stumps of the fallen trees, and they continue to oppose the spread of the roots of the neighbouring trees, unless they are killed by deep hoeing which could only be done at a very great expense[1].

The conclusion from the above is that close-planting is a mistaken practice; one tending to retard the natural growth of the tree and conducive to the spread of disease.

The above was written before Mr. Herbert Wright's work on " Hevea Braziliensis " came into my hands. In it, he appears to countenance close-planting and says (p. 27, 2nd edition) :

D'ailleurs, il est reconnu que le caoutchouc provenant de jeunes arbres manque, en partie, de tensilité, par suite de la présence de certains éléments chimiques, mal définis, qui le distinguent du caoutchouc âgé. Son point de rupture, qui établit le degré de force, est aussi moins élevé que celui du vieux caoutchouc ainsi que l'ont démontré les épreuves de tension auxquels ont été soumis les divers échantillons exposés récemment à l'Exposition de Ceylan. Le verdict des Jurés de l'exposition clôt la discussion sur ce point; et si, jusqu'à présent, l'âge du caoutchouc n'a pas influé sérieusement sur les prix à Londres, il est plus que probable qu'à l'avenir ce sera, au contraire, un des facteurs principaux pour la fixation des prix par les acheteurs et, dès lors, le jeune caoutchouc ne sera plus qu'un article déprécié.

Bien plus, le planteur de caoutchouc de Para n'a pas la ressource qu'a le forestier, car non seulement il n'a pas d'acheteur pour ses coupes de bois, mais encore, faute de bras, il ne peut pas débiter les troncs abattus, et les brûler, et le tout reste à terre, encombrant le terrain; et qui plus est, le bois de l'Hevea étant très tendre et périssable, il se décompose rapidement et dès ce moment, fourmis, larves et fungus s'en emparent pour, de là, étendre leurs ravages sur toute la plantation.

Enfin le but des coupes, qui est de donner plus d'espace aux racines et branches des arbres environnants, ne sera même pas atteint avant des mois, peut-être même pas avant des années, car les racines des arbres abattus continuent à vivre comme le montrent les vigoureux drageons que lancent les chicots, et elles offrent un obstacle persistant à la pénétration des racines environnantes, à moins qu'on ne les arrache ou qu'on ne les tue par de profonds labours au changkol, ce qui ne pourrait se faire qu'à de très gros frais[1].

Le conclusion de ce qui vient d'être dit est que la plantation serrée est une pratique vicieuse, qui tend à retarder la végétation de l'arbre et qui favorise l'éclosion et la propagation d'insectes nuisibles, et de maladies contagieuses parmi les arbres.

Ces lignes étaient déjà écrites quand le livre de M. H. Wright sur l' « Hevea Braziliensis » est tombé entre mes mains.

A lire certains passages du livre on serait porté

---

1. A tree was cut down to the level of the ground and dug up many years after, when it was found that a large root which had remained buried in the ground contained abundant latex. (H. N. Ridley, *Agricultural Bulletin*, 1906.)

1. Un arbre qui avait été coupé à ras de terre, et dont le chicot fut déterré plusieurs années après, avait, encore vivante, une grosse racine, qui était restée enfouie dans la terre pendant toutes ces années et, qui contenait du lait en abondance. (H. N. Ridley, *Bulletin Agricole*, 1906.)

" It should be mentioned that there are trees
" which have been grown in moderately rich soil
" for over 20 years and, though they are still only
" from 8 to 10 feet apart, they have a circum-
" ference of from 40 to 80 inches and a branch
" and foliar system measuring less than 30 feet in
" diameter. I have frequently seen Para trees

à penser que M. Wright est partisan de la plantation en ordre serré. A la page 27 de la 2ᵉ édition,
se trouvent ces mots :
« Je dois aussi mentionner que l'on voit des
« arbres qui ont atteint l'âge de 20 ans et plus, dans
« un sol modérément riche, et qui, bien que plantés
« à des intervalles de 8 à 10 pieds seulement, ont
« de 1 mètre à 2 mètres de circonférence de tronc,
« et une étendue de branches de 9 mètres de dia-
« mètre. On voit souvent des arbres de Para rubber

Photo by H. Overbeck.

Suckers growing from a fallen tree.
Drageons poussant sur un arbre abattu.

" which, though planted the same distance and
" over 10 years old did not appear to be crowded. "

I do not know the trees alluded to by Mr. Herbert Wright, but I have also seen a good many
trees of very much the same age and in much the
same case as regards interspace. There are, notably, many trees to be seen in the Singapore
Economic Gardens, over 15 years old with girths
from 50 to 70 inches and over, although they are
planted as close as 6 and 8 feet from each other.
But these trees are not placed in the conditions of
forest trees, which are really the conditions that
obtain on a large rubber Estate. All are in isolated clumps with sun and air on all sides of them,

« qui, bien que plantés aux distances ci-dessus et
« âgés de plus de 10 ans ne paraissent pas souffrir
« du manque d'espace. »
Je n'ai pas vu les arbres auxquels M. Wright fait
ici allusion, mais j'ai aussi vu bon nombre d'arbres
du même âge, et poussant dans des conditions
semblables à ceux-là. Il y a, notamment, plusieurs
centaines d'arbres que tout le monde peut voir au
Jardin botanique de Singapore, et qui ont 15 ans
et plus, et mesurent de 1ᵐ,20 à 1ᵐ,80 de pourtour,
bien que le plus grand nombre soient plantés à
des distances de 6 à 8 pieds les uns des autres, et
parfois même moins.
Mais ces arbres n'ont pas poussé dans les conditions d'arbres de forêts, les conditions vraies qui

and their case is in no way illustrative of the severe competition which takes place among forest trees. The trees planted along a road, a railway, a stream, however close planted they may be, always make better growth than the ones behind. To conclude, the following measurements taken by Messrs Ridley and Derry throw a strong light on the subject of close-planting and its evil results :

règnent sur une grande plantation de rubber. Tous ont poussé en petits groupes isolés, entourés de toutes parts d'air et de soleil, et ils échappent complètement à cette concurrence sévère qui règne parmi les arbres de la forêt. Les arbres plantés le long d'un chemin de fer, d'une route, d'une rivière, si serrés soient-ils, croissent toujours plus vigoureux que ceux qui sont derrière.

Pour en finir avec cette question, voici quelques mesures prises par MM. Ridley et Derry et qui

Photo by H. Overbeck.

Close planted Hevea in isolated clumps with open ground all round.
Heveas plantés serrés par bouquets avec espace libre autour.

jettent un jour très vif sur les vices de la plantation serrée :

The trees, in these experiments, were all numbered and their identification is easy. 2 separate lots of trees, one of 73 trees close-planted, and the other of 74 trees open-planted, were measured in 1904 and again in 1905 with the following results :

Les arbres qui ont servi à ces expériences sont tous numérotés et leur identité est parfaitement établie. On a pris deux lots, l'un de 73 arbres plantés serrés, l'autre de 74 arbres, plantés à espaces convenables, et on a noté leur développement de tronc à deux reprises différentes et à une année d'intervalle en 1904 et en 1905.

Voici les chiffres obtenus :

	Total of Measurements in feet.		Increments of growth, in feet.
	1904	1905	
Close-planted nᵒ 100-173 = 73 trees..	222.101/2	227.11	5.01/2
Open-planted 1212-1285 = 74 trees..	173.651/4	195.211/2	21.811/4

	Totaux des mesures prises en mètres.		Augmentation de pourtour annuelle.
	1904	1905	
73 arbres serrés.......	66ᵐ,86	68ᵐ,27	1ᵐ,41
74 arbres espacés.....	52ᵐ,05	58ᵐ,56	6ᵐ,41

. For the close-planted trees the average rate of increase was 8/10 of an inch.

. For the open-planted trees the average rate of increase was 3.1/2 inch.

D'où il ressort que :

Chaque arbre en plantation serrée a gagné, en moyenne, 19 millimètres.

Chaque arbre en plantation espacée a gagné, en moyenne, 88 millimètres.

CHAPTER VIII

Distance between the trees. — I have now to state what, in my judgment, is the proper distance to be observed in planting out Hevea.

In 1903 I wrote : " Judging from the Hevea " seen in these parts, I would say that 15 to 18 feet " interspace between each tree would meet its " requirements. This would give (15 $\times$ 15) 196 " trees to the acre in a poorer soil, and (18 $\times$ 18) " 130 in a richer soil. In very rich soils such " as are found in parts of Sumatra and Borneo, I " would probably adopt very much wider planting, " viz : 25 $\times$ 25 feet. "

In the presence, however, of the ability of the tree to stand much heavier tapping than was then thought prudent for the safety of the tree, I must admit I now think those distances too small, for the reason that the heavier the tapping, the greater the surface of the bark must be in order to be able to apportion the incising, in such a way that the bark shall have time to renew itself, between one tapping and the next. Open planting undoubtedly favours increase of girth and for that reason I recommend wider distances between the trees.

Of course, if we push matters to extremes, and hold to the hard and fast rule that a tree should have all the space its branch and root system can cover, we should probably have to allow each tree 30 to 40 feet or more, since the oldest trees we know of, 30 years old, already cover more than that surface of spread.

But we may seek a happy mean and I shall now give my reasons for adopting, in the Malay States, a distance of 20 feet between the trees.

Rubber cultivation is yet young in the land and we must look for facts wherever we can find them in order to base a systematic method of work.

Happily, though much remains to be learned,

CHAPITRE VIII

Distance à observer entre les arbres. — Nous allons, maintenant, examiner quel est l'espace minimum que l'on doit donner à l'Hevea.

En 1903, j'écrivais :

« A en juger par l'Hevea tel que nous le voyons « dans ces pays-ci, je suis disposé à croire qu'une « distance de 4^m,50 à 5^m,40 d'arbre à arbre doit « suffire : 4^m,50 dans les terrains moins riches et « 5^m,40 dans les terrains plus riches. Dans les sols « très féconds, tels que ceux de Sumatra ou Bornéo, j'adopterais plutôt des distances de 7^m,50 « d'arbre à arbre. »

Mais en présence, des résultats acquis depuis, et, en présence de la capacité bien démontrée de l'Hevea de supporter des saignées beaucoup plus fortes qu'on n'eût jugé prudent de lui en faire subir précédemment, je dois admettre que les distances ci-dessus ne sont pas suffisantes ; et cela, pour la raison bien simple que plus les saignées sont fortes, plus il faut de surface d'écorce afin de permettre de répartir les incisions de telle façon que l'écorce ait le temps de se reformer entre une saignée et la suivante ; car il saute aux yeux qu'on ne peut pas toujours inciser à la même place

Or la plantation espacée est, sans contredit, favorable au développement du tronc en largeur de pourtour, et pour cette raison, je suis partisan de donner plus d'espace aux arbres.

D'un autre côté, si l'on veut pousser les choses à l'extrême et s'attacher strictement à la règle (juste au fond, mais irréalisable dans la pratique dans ces pays-ci) qui veut que chaque arbre ait tout l'espace qu'il peut occuper avec ses racines, et couvrir de ses branches, il nous faudrait donner à chaque arbre de 10 à 12 mètres au moins, puisque les arbres d'une trentaine d'années que nous avons sous les yeux occupent déjà plus que cette surface.

we have already a considerable array of data gathered from older trees in Ceylon, in the Native States, in Java and in Singapore itself, enough at any rate to fix our ideas as to its habits of growth and its rate to increase of girth. I shall avail myself of such data as I have at my disposal, well aware that figures, obtained from trees grown experimentally, have to be taken with a margin of safety to allow for the more favoured conditions than can possibly obtain on a large estate.

En Europe, où l'on peut occuper le terrain avec des récoltes intercalaires de plantes légumineuses et fourragères dont le produit suffit à payer l'entretien de la plantation, il serait sans doute sage de s'en tenir à la stricte règle; mais dans ces pays-ci, où les récoltes intercalaires sont à peu près impossibles ainsi que j'essaierai de le montrer plus loin, et, où, par suite de l'activité, jamais interrompue, de la végétation, les mauvaises herbes poussent aussi vite qu'on les arrache, les travaux de sarclage ne s'arrêtent jamais et nécessitent de très fortes dépenses de capital, il est de toute nécessité de restreindre, dans des limites raisonnables, les espaces inoccupés de la concession.

Il nous faut donc chercher un terme moyen et je vais maintenant donner mes raisons pour l'adoption, dans les États malais, d'une distance de 6 mètres d'arbre à arbre.

La culture du caoutchouc Para est encore jeune dans ces pays et nous devons, pour établir un système méthodique de travail, nous appuyer sur des faits et des observations recueillis de droite et de gauche partout où il y a à glaner.

Bien qu'il nous reste encore beaucoup à apprendre, nous avons néanmoins, très heureusement, déjà un ensemble de résultats bien controlés, obtenus d'arbres déjà âgés, soit à Ceylan, soit dans les États malais, soit à Java, ou, même, à Singapore, et qui suffisent à fixer nos idées sur la progression du développement de pourtour du tronc. Nous nous servirons de ces données, tout en ne perdant pas de vue le fait que les arbres qui les ont fournies ont été, pour la plupart, cultivés plus ou moins expérimentalement et qu'ils ont, par conséquent joui de conditions généralement plus favorables que celles qui règnent sur une plantation.

Ratio of increase of girth. — From Ceylon, we have a mass of well corroborated data obtained from various sources. From the Botanic Gardens at Henaratgoda, where the ages of the trees are all known, we find that the ratio of girth to age is the following :

Girth at 3 feet from ground.

3 years	14 inches.
5 —	16 —
6 —	21 —
7 —	25 1/2 —
8 —	30 —
9 —	36 —
10 —	43 —

Progression de l'augmentation de pourtour. — De Ceylan, nous avons, pour nous guider, des données nombreuses provenant de sources très diverses.

Des jardins de Henaratgoda, où les arbres sont d'âges connus, nous trouvons que cette progression est la suivante :

Ages des arbres.	Circonférence des arbres à 90 centimètres du sol.
3 ans	35 centimètres.
5 ans	40 centimètres.
6 ans	52 1/2 —
7 ans	64 —
8 ans	75 —
9 ans	90 —
10 ans	1ᵐ,07 1/2 —

From various estates in Ceylon we have the following figures, recorded by Mr. Herbert Wright in " Hevea Braziliensis ".

Name of Estate.	Age of trees.	Girth.
Kalutara	4 years	17 20 inches
Kegalla	5 —	21 —
Sabaragamuwa	5 —	21 —
—	6 —	27 1/2 —
—	7 —	31 —
—	8 —	31 1/2 —
—	9 —	35 —

From the foregoing figures, we may conclude that the average increment of girth of Hevea in Ceylon is about 4 inches.

In the Malay States, as might be inferred, from a better adapted climate, with better distributed rainfall, the Hevea appears to make quicker growth than in Ceylon.

Mr. R. Derry, then superintendent of Kuala Kangsar Experimental Gardens was able in 1901, to put before us, in the Straits Agricultural Bulletin, a series of figures derived from the plantation under his care, where the ages of the trees ranged (1900) from 3 to 18 years. The average girth of his 3 years old trees at 3 feet from the ground was 13 to 15 inches, and the 18 years old ones, 100 inches, which gives an annual increment of nearly 6 inches. Mr. Derry, however, wisely remarks, that the ratio of growth is variable at different periods.

Trees, in Malacca, measured, at 4 years, 18 inches, and at 7 years, 35 to 40 inches. And as the age of trees progresses on estates, these average figures receive confirmation from many quarters.

In Deli (Sumatra) given the high fertility of the soil we are not surprised to hear that the increment of growth is much greater than in any of the above countries.

Mr. J. B. Laurent, a planter of great experience Administrator of Namœ Rambei, sends me the following measurements of his trees taken at 3 feet from the ground :

3 years trees average	16 inches
4 — —	20 —
5 — —	2 feet.

These figures may surprise some planters on this side and equal surprise will be expressed, maybe, at the fact that not one tree has yet been

M. H. Wright, l'expert du Gouvernement, a recueilli les chiffres suivants sur divers Estates privés de l'île.

Nom de l'Estate.	Age des arbres.	Circonférence.
Kalutara..........	4 ans	45 à 50 centimètres.
Kegalla	5 ans	52 1/2 centimètres.
Sabaragamuwa....	5 ans	52 1/2 —
— ...	6 ans	70, 2 —
— ...	7 ans	77 —
— ...	8 ans	78, 2 —
— ...	9 ans	87, 2 —

De ces chiffres, il est permis de conclure que la progression annuelle de grossissement, du tronc de l'Hevea à Ceylan est, en moyenne, de 10 centimètres, c'est-à-dire que la circonférence du tronc à 90 centimètres de terre augmente chaque année de 10 centimètres. Dans les États malais, jouissant d'un climat plus favorable, avec une distribution de pluie mieux répartie dans l'année, la croissance de l'Hevea est encore plus active qu'à Ceylan.

M. Derry, surintendant des Plantations de Kuala Kangsar nous donnait déjà, en 1901, une série de chiffres relatifs à ses arbres, dont les âges variaient alors (en 1900) de 3 à 18 ans.

Les arbres de 3 ans avaient une moyenne de circonférence de 32 1/2 centimètres à 37 1/2 et ceux de 18 ans mesuraient 2^m,50 de tour, ce qui donnerait une progression annuelle de 15 centimètres. Mais, M. Derry ajoute sagement que cette progression varie à différentes périodes de croissance.

A Malacca, les arbres, à 4 ans, mesurent 45 centimètres de tour et ceux de 7 ans mesurent de 87 centimètres à 1 mètre. Et, au fur et à mesure que les arbres avancent en âge sur les différentes plantations, ces chiffres se confirment de toutes parts.

A Deli (Sumatra), ainsi que le ferait prévoir la très grande richesse du sol, la croissance de l'Hevea est beaucoup plus rapide que dans les pays que je viens de citer. Je dois à M. J.-B. Laurent, un planteur de très grande expérience, Administrateur de Namœ Rambei, les chiffres suivants comme moyennes de grosseur de ses arbres.

A 3 ans, les arbres ont une moyenne de 40 centimètres à 90 centimètres du sol.
A 4 ans la moyenne est de 50 centimètres.
A 5 ans la moyenne est de 60 centimètres.

Voilà des chiffres qui feraient rêver les planteurs de Ceylan et de la Péninsule malaise.

Toutefois, pour plus de sûreté, j'adopterai la

tapped, while on this side trees 18 and 20 inches are mostly considered fit to be tapped.

However, it will probably be safer to adopt a lower ratio and, in conformity with figures gathered from the experiments carried on in 1904-1905 by Messrs Ridley and Derry (see page 104) we shall adopt the ratio of 3 1/2 inches as the yearly increment of girth under ordinary normal conditions.

The question now presents itself as follows : " At what age of the tree does the bark present a " sufficiently large surface to allow of its renewing " itself between one tapping and the next while " allowing of tappings sufficiently heavy to draw " all the latex that is consistent with the healthy " progress of the tree? "

As I will endeavour to show in a following chapter the surface of a tree from the ground to 6 feet up the trunk should be not less than 2,880 square inches, which comes to say that the girth of the tree should be not less than 40 inches.

Taking the average girth of the tree to be, at 5 years, 19 inches and taking the average annual increment of girth as 3 1/2 inches, a tree measuring 40 inches would be about 11 years old. From this I conclude that the interspace between the trees should be sufficient to insure the growth of foliage and root of the tree, without overcrowding, up to the eleventh year of its growth.

Root-spread. — The spread of the branch and the foliar system of Hevea is variously put down at between 30 and 33 feet at 10 to 11 years of age ; much larger figures even are recorded, but they apply to trees in isolated positions, and cannot be taken as averages. It is safer, 1 think to go by the recorded rate of growth of the root, which, from, well-made observations , can be put between 10 to 12 inches in a year. This would put the spread, at 10 to 11 years, at between 9 and 10 feet in all directions, so that at 11 years the roots of neighbouring trees, planted 20 feet apart, would meet

Interspace. — As I said above, the distance of 20 feet, is only a compromise, which simply aims at getting a tapping surface sufficient, after reasonably heavy tappings, to give time for the renewal of the bark. When the roots meet and get so intermitted as to stop all further growth and imperil the trees from the risk of spread of disease, it may be necessary to resort to a drastic measure, viz :

progression plus basse qui résulte des mesures prises en 1904 et 1905 par MM. Ridley et Derry et que j'ai données, plus haut, à la page 104 ; et je me baserai sur une progression annuelle de grossissement de 88 millimètres.

La question se présente maintenant comme suit : « Étant donné cette progression, à quel âge, « l'arbre présentera-t-il une surface suffisante pour « permettre à l'écorce de se renouveler entre une « incision et la suivante, tout en permettant de « faire des saignées suffisamment fortes pour ex- « traire de l'arbre tout le latex qu'il peut donner « sans nuire à sa saine croissance? »

Comme j'essaierai de le démontrer dans un chapitre suivant, la surface circulaire de l'arbre, de son pied à 1^m,80 de hauteur (limite des incisions) devra avoir une superficie de 18,000 centimètres carrés, ce qui revient à dire qu'il devra avoir une circonférence de 1 mètre.

Mettant la moyenne de tour à 5 ans à 45 centimètres, et la progression annuelle de grossissement à 88 millimètres, nous trouvons que l'arbre n'atteindra 1 mètre de circonférence que vers la onzième année. D'où je conclus que l'espace à donner à chaque arbre doit être suffisant pour assurer le libre développement de ses branches et de ses racines, sans empiètement entre arbres voisins, pendant une période de 10 à 11 ans.

Développement latéral des racines. — D'après des séries d'observations concordantes, il est à peu près établi que les racines de l'Hevea croissent en moyenne de 25 à 30 centimètres par an, suivant les sols ; ce qui veut dire qu'entre la dixième et onzième année les racines couvriront un espace de 3 mètres dans tous les sens et que les racines de deux arbres plantés à 6 mètres l'un de l'autre, se rencontreront à la onzième année.

Entre-deux de six mètres. — Ainsi que je l'ai dit plus haut, l'espace de 6 mètres d'arbre à arbre n'est qu'un terme moyen, qui a simplement pour but de permettre à l'arbre d'atteindre une surface d'écorce suffisante pour pourvoir à des saignées raisonnablement fortes, et à l'écorce de se renouveler. Il arrivera certainement un moment où les racines s'enchevêtreront au point d'arrêter

light root pruning, to which reference will be made in Chapter XI.

le développement des arbres et d'être une menace de maladie; il pourra se faire alors qu'il faille avoir recours, comme préventif, et pour donner aux arbres un regain de croissance, à une légère taille des racines, mesure un peu drastique sur laquelle nous reviendrons au chapitre XI.

CHAPTER IX

LAYING OUT THE ESTATE. — PLANTING IN QUINCUNX.
— LINING AND PICKETING. — HOLING. — TRANS-
PLANTATION. — STUMPING.

Laying out the estate. — We have now settled the point of interspace between the trees. They shall be planted so that each tree shall have a space of 20 feet of space, i. e. 10 feet in each direction.

Planting in quincunx. — In order to save space and labour we shall adopt the method of planting in quincunx which is done in the following way (see figure).

Lining and picketing. — A stout line,

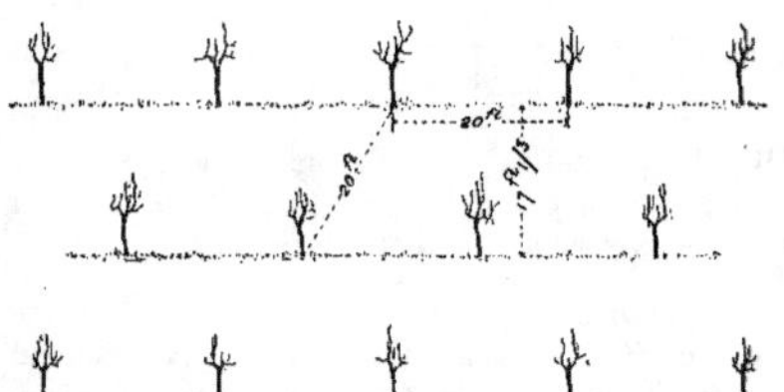

Plantation in quincunx (stumps). The trees 20 feet apart on the lines; the lines 17 1/3 feet apart : 120 tree per acre.

200 feet long, marked every 20 feet with a strip of white cotton, is stretched across the fields by one man, No. 1, at one end, and one man, No. 2 at the other end; 2 other men, carrying pegs, run along the line, thrusting a peg in the ground at every mark. And thus is our first line made, containing 10 pegs 20 feet apart.

Now for the second line. Man No. 1 and man No. 2 have each a rod 17 feet and 4 inches long, which he lays flat on the ground in a line perpendicular to the line just picketed. 17/4 will be the distance between the lines of trees, but, instead

CHAPITRE IX

PRÉPARATION DU TERRAIN. — PLANTATION EN QUIN-
CONCE. — PIQUETAGE. — LES TROUS. — TRANS-
PLANTATION. — ÉTÉTAGE.

Préparation de la concession. — Il est donc entendu que nous donnerons à chacun de nos arbres 6 mètres d'espace en tous sens.

Afin de ménager le terrain, nous planterons en quinconce, et nous allons procéder à jalonner notre plantation et à marquer à l'avance la place que devra occuper chaque arbre.

Plantation en quinconce. — Piquetage. — Nous nous munissons d'abord d'un rouleau de corde d'au moins 100 mètres de long, marqué à tous les 6 mètres d'un chiffon de coton blanc : les hommes ont préalablement taillé quelques milliers de piquets de bois. Il vous faut 4 hommes, 2 à

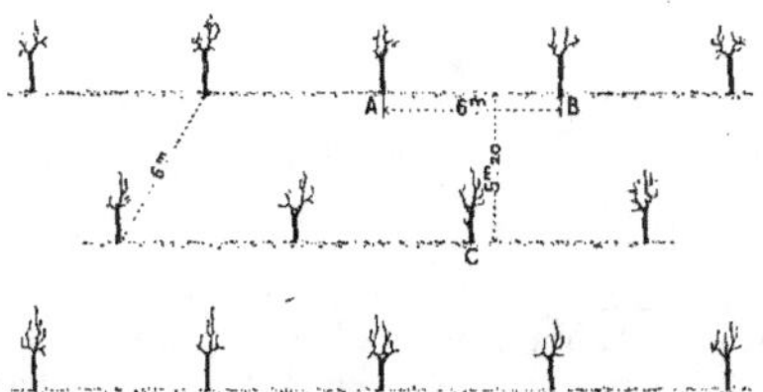

Plantation en quinconce. Les arbres plantés à 6 mètres sur la ligne et 5ᵐ,20 entre les lignes : donnant 300 arbres à l'hectare.

chaque extrémité du cordeau et 2 courant le long du cordeau et fichant 1 piquet en terre à chaque chiffon de coton blanc.

Le cordeau étant tendu, les 2 hommes piquettent la première ligne; le cordeau ayant 100 mètres de long au moins, nous trouverons à y loger 17 arbres espacés de 6 mètres.

Pour marquer la seconde ligne, les hommes au cordeau sont munis d'une gaule de 5ᵐ,20 de long qu'ils posent à terre bien perpendiculairement à la première ligne, puis ils placent le cordeau au bout de la gaule à 5ᵐ,20 de cette ligne. Alors l'homme,

of starting the picketing from the first cotton mark, as before, No. 1 man draws the cord to himself, 10 feet, to a point, previously marked with a red strip, and the picketing proceeds as for the first line, i. e. one peg to every white cotton strip. Thus is our second line of trees established. The 3rd line is the exact repetition of the 1st, the 4th line the repetition of the second one, and, so on, every line 17 feet and 4 inches distant from the preceding one.

It will be seen that BC is the hypothenuse of rectangle triangle BDC and therefore, $BC^2 = BD^2 + DC^2$. This method of planting will allow us to plant 120 trees to the acre (allowing for

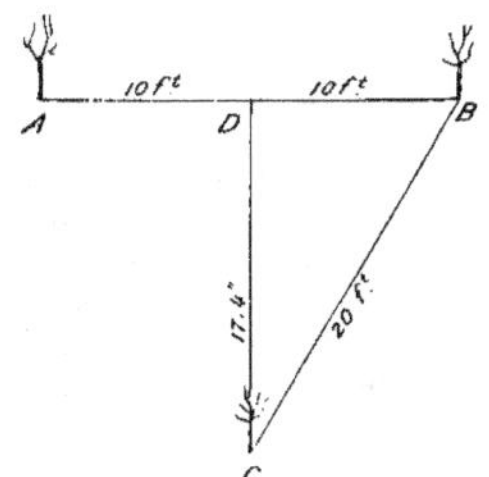

drains and roads) instead of 105 with the method of square planting.

Holing. — The next thing is to make holes to receive the young trees when the time comes to plant them out. Holes take the place of tilling which would be too expensive and superfluous, (except in lallang land). Their purpose is to give the young trees just out from the nursery a bed of well-divided, well-aerated earth, without stones or roots, which would check the free spread of the rootlets during the first months of transplantation. It follows that, in loose light soils, the holes need not be so large as in strong clayey ground; in the latter case, the holes should be made 2 feet deep and 2 broad and conical in shape.

In making the hole, the coolie first scrapes to one side the surface earth, and the earth, dug up from inside the hole, is put on the opposite side, the lowest side of the hole, if there is a slope. The holes, especially in clayey ground, should be left as

qui tient la droite du cordeau, le tire à lui sur une longueur de 3 mètres, a un point marqué sur le cordeau d'un chiffon rouge : chaque marque de coton blanc sera donc avancée de 3 mètres vers la droite.

Le cordeau étant bien tendu, les coolies piquettent comme précédemment. On aura ainsi une nouvelle ligne, de 16 arbres, cette fois, et chaque piquet occupera un point sur la perpendiculaire élevée sur le milieu de AB et distant de $5^m,20$ de cette ligne.

La troisième ligne est la répétition de la première la 4e est la répétition de la seconde et ainsi de suite, chacune à $5^m,20$ de la précédente.

Il est facile de voir que BC est l'hypothénuse du triangle rectangle BDC et que $BC^2 = BD^2 +$

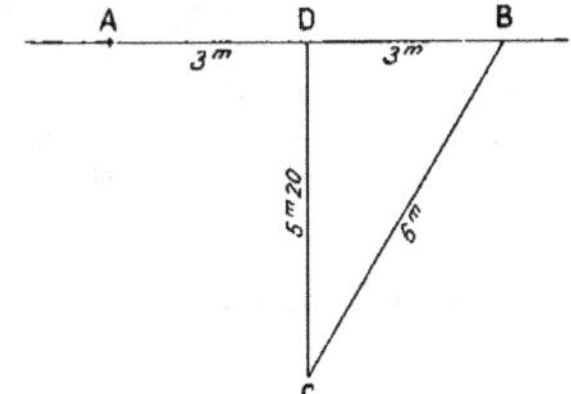

DC^2. La plantation en quinconce nous permet de mettre 300 arbres à l'hectare, déduction faite du terrain pris par les routes et drainage.

Les trous. — Il nous faut maintenant faire les trous destinés à recevoir les jeunes plants quand viendra le temps de les transplanter aux champs. Les trous tiennent lieu de défoncement du sol, ce qui serait une opération trop coûteuse et superflue, sauf dans les terrains de lallang. Leur but est de fournir aux jeunes arbres, au sortir de la pépinière, un lit de terre bien divisée, bien aérée, et débarrassée des pierres et des racines, qui pourraient entraver la croissance des jeunes radicelles pendant les premiers mois de la transplantation. Il s'ensuit que, dans les sols friables et légers, il n'est point nécessaire de donner aux trous d'aussi grandes dimensions que dans les sols d'argile compacte; dans le dernier cas, les trous devront avoir au moins 2 pieds (60 centimètres) de profondeur et autant en largeur, et être faits de forme conique.

En faisant le trou, le coolie arrache d'abord la

long as possible open to the action of air, sun and rain. At the transplantation, the hole will be refilled first with the surface earth previously kept aside, and the filling up will be completed by scraping lightly the earth all round the hole, with wood ashes if there are any about from the burnt timber, while the undersurface earth is left to lay where it is; as time goes on, the combined action of air, and sun, and rain will soften it and make it healthy.

Before putting the plant in the hole, when seedlings are planted out, the soil must be pressed with the feet, as freshly dug earth sets and sinks and the plant would sink with it.

Transplantation. — I have stated in a previous chapter my reasons for giving the preference to the practice of planting out stumps 12 months old or more, rather than the planting of younger seedlings.

Our trees have now been in the nursery for 12 to 15 months, and have attained a height of from 5 to 8 feet : the nursery roof has now been taken away and the plants are now growing without shelter.

Stumping. — A fortnight before removal from the nursery, they are stumped, i. e. the tops of the trees are cut off at a height of 3 feet from the ground. The cut must be a clean one, without jags nor tear of the skin, as otherwise fungus may attack the top or wet bring on decay. A sharp pruning knife is the best instrument for the purpose. As a useful precaution, when the wound is dry, a little paraffin wax may be rubbed on the cut. As new shoots appear along the stem, they are suppressed except the top ones which appear just below the cut. Now is the time come for transplanting the stump to the fields. The ground is thoroughly watered in the morning so as to loosen it, and 3 or 4 digs are given round the plant with a transplanter : with a few jerks, the roots lose their hold in the ground, and the stump is lifted out of the bed. The tap-root should be sliced off at the end and the exposed lateral roots also should be trimmed; the portion of the roots which has still

couche de terre de surface qu'il met du côté le plus élevé s'il y a une pente; la terre enlevée de l'intérieur même du trou est déposée du coté opposé, et, s'il y a pente, du côté le plus bas.

Dans les terrains argileux, les trous seront laissés ouverts aussi longtemps que possible de façon que la terre se délite sous l'action de la pluie et de l'air.

Au moment de la transplantation, on remplit le trou d'abord avec la terre de surface, précédemment mise de côté, puis on racle légèrement tout autour du trou, et on fait le plein avec la terre ainsi recueillie, mélangée des cendres provenant du bois brûlé : la terre provenant de l'intérieur du trou est laissée en place; avec le temps, et sous l'action du soleil et de la pluie, elle se bonifie en se désagrégeant. Avant d'y mettre la plante, il faut avoir soin de tasser la terre en la foulant avec les pieds, sans toutefois exagérer, sans quoi le jeune arbre risquerait de s'enfoncer trop profondément dans la terre fraîchement remuée.

Transplantation. — J'ai détaillé, dans un chapitre précédent, les raisons pour lesquelles je préfère planter des plants déjà âgés de 12 à 15 mois, étêtés, plutôt que de tout jeunes plants. Je n'y reviens donc pas. Nos jeunes arbres, après un séjour de 12 mois ont atteint une taille de 5 à 8 pieds; la couverture de la pépinière a été enlevée et le tout pousse à ciel ouvert.

Étêtage. — Deux semaines avant le transport aux champs, on procède à l'étêtage, c'est-à-dire qu'on coupe la tige à une hauteur d'environ 3 pieds du sol (0^m,90).

La coupure se fait en biais et doit être franche, sans déchirures de la peau, sans quoi la moisissure peut s'y mettre et, à sa suite, divers fungus. Une serpette bien affilée est l'instrument qui convient le mieux pour cela.

Au fur et à mesure qu'il se montre des drageons on les supprime n'en conservant que les deux ou trois plus forts qui vont se mettre, dès lors, à pousser, vigoureusement. Voici le moment venu de transplanter aux champs.

On a d'abord arrosé copieusement le matin même, au jour, de façon que la terre s'amollisse et à l'aide d'un déplantoir ou « pengalli », qui remplace ici la bêche, on déchausse le plant sans brusquer, de façon à ne pas lacérer, outre mesure, les racines; avec une légère pression du « pengalli »

earth round it remains as it is. The stumps are then placed upright, close to one another on a cart or, if no carts are used, on brancards borne by 2 men each brancard taking about 50 stumps; and off to their respective holes. The planting of the stumps should be done by the best hands on the estate, 2 men working together, one changkoling the earth into the hole, the other, placing the plant in with his hands. The hole is first partly filled with soft earth and the plant let in, so that the taproot shall sink in straight; more earth is thrown in and the roots spread in without tangle. Then the hole is filled and the earth pressed with the bare feet.

If the operation has taken place in sunless showery weather, very few will die and the shoots which we have left at the top will soon resume their full vigour of growth : 2 of these only, the 2 strongest, should be left on opposite sides of the stem. These 2 remaining shoots then make a fresh start, often exhibiting wonderful vigour. Laggards there may be, especially if the weather is dry, but a shower may suddenly revive them. If, however, after a fortnight, the new shoots make no progress or die off, the tree should again be stumped a foot or two lower and given another chance, for this may be due to the fact that the new root system of the plant is not yet sufficiently developed to send the sap to the higher parts.

It has often been noticed that the shoots of stumps show much greater growth than the seedlings planted out at an earlier stage, thereby making wood and girth quicker and advancing the period of crop.

It sometimes happens that after heavy rains the holes are half full of water; it should, of course, be baled out before putting the earth back in it. It is, however, only in low-lying and undrained land, or in soils absolutely impervious that the water will remain for a length of time.

on soulève le plant et, on le détache enfin complètement du sol, avec la terre qui enveloppe les racines; on rafraîchit avec la serpette celles des racines qui sont exposées, cassées ou meurtries; on en fait autant du pivot que l'on coupe bien au ras de la motte. On place les plants les uns à côté des autres, debout, sur des charrettes ou à défaut de charrettes, sur des brancards portés par 2 hommes et on les transporte à leur emplacement définitif.

La mise en terre dans le trou doit être confiée à des hommes sûrs, et dressés à ce travail; ils opèrent par paire, l'un tenant le plant en mains, l'autre ramenant la terre avec sa houe. Le trou étant à moitié rempli de terre molle, le plant y est posé bien droit, en ayant bien soin de s'assurer avec le doigt, que le pivot n'est pas recourbé sur lui-même : on ramène encore un peu de terre et les racines latérales y sont distribuées sans enchevêtrement; puis on finit de remplir le trou et on foule légèrement avec les pieds.

Si la transplantation a lieu par temps couvert et humide, très peu de nos sujets mourront, et les drageons que nous avons laissés au sommet vont se mettre à pousser avec toute leur vigueur; on n'en laissera définitivement que deux, un de chaque côté de la tige qui s'élanceront, alors, avec une poussée souvent extraordinaire. Il peut y avoir des traînards, surtout si le temps se met au sec, mais une pluie suffira, la plupart du temps, pour les ranimer. Si cependant, après une quinzaine de jours, ou s'aperçoit qu'il y a des drageons qui s'étiolent ou meurent, on doit étêter l'arbre de nouveau, tout près de terre et lui donner une seconde chance de reprise, car il peut se faire que, pour certains jeunes plants, les nouvelles racines n'aient pas acquis assez de force pour envoyer la sève jusqu'au sommet.

On a souvent remarqué que les jets issus de plants étêtés poussent beaucoup plus vite et plus vigoureusement que les sujets transplantés tout jeunes, et que les nouvelles tiges forment leur bois plus vite, ce qui se traduit, en fin de compte, par une avance de la période des récoltes.

Il arrive, parfois, qu'après de fortes pluies, les trous sont à moitié pleins d'eau : on doit, naturellement, les vider avant d'y rejeter la terre. Mais ce n'est que dans des terrains non drainés, ou très bas, ou absolument imperméables, et par conséquent, impropres à la culture, que l'eau peut séjourner longtemps.

CHAPTER X

MANURING. — BURNT EARTH. — COMPOST. — COST OF MANURE.

Manuring. — The objects of manuring are threefold :

1° Making up for the exhaustion of the soil after crop.

2° Giving to the soil the constituents which it lacks, or which it loses througt inefficient cultivation.

3° Hastening growth by promoting increased activity in the organs of nutrition, roots and leaves, and thereby quickening the formation of wood.

The drawing of latex from Hevea does not appear, at first sight, to be a severe drain either on the tree or on the land. Trees which have been tapped to the point of complete stripping of the bark, suffer, but are not killed by it. On the other hand, on many of the old estates, the trees continue to give an increasing yield of latex without ever having had manure put to them. Manuring may therefore appear as hardly called for, as a check to exhaustion after crop. And yet, it is a matter of common knowledge that many trees in Ceylon, which, when first tapped, showed 1 pound of rubber to 3 pounds of latex are now showing only 1/2 pound of rubber and even less.

Some instances are recorded of latex only yielding 10 % of rubber to 90 % of liquid. Whence this weakening power of the tree to elaborate rubber? Is it not a sign of exhaustion which manuring might arrest? I put the question without attempting to answer until more is known of the causes of this inertness of trees in their prime.

2° As to the second object of manuring, i. e. giving our land the constituents which it lacks, it must occur to every one that by denuding the land of its forest, we remove from the soil all the mould-forming plants as well as the decaying leaves, which, by giving back to the land the organic and saline matter stored in them, keep up its natural fertility. True, the ashes of the forest, after burning, may supply for a time this sudden

CHAPITRE X

FUMAGE. — TERRE BRULÉE. — COMPOST. — COUT DE L'ENGRAIS.

Fumage. — Le fumage de la terre peut avoir trois buts :

1° De réparer l'épuisement du sol après récolte.

2° De donner au sol les éléments qui lui manquent, ou qu'il perd par suite d'insuffisance de culture.

3° De hâter la croissance de l'arbre en provoquant un surcroît d'activité dans les organes de nutrition, les racines et les feuilles, et par cela même, une accélération de la formation du bois.

Le saignage de l'Hevea ne paraît pas, à première vue, être une cause d'épuisement bien sévère ni pour l'arbre, ni pour la terre. Des arbres, qui ont été saignés au point d'être complètement dépourvus de leur écorce, souffrent, mais n'en meurent pas. D'autre part, de vieilles plantations continuent à donner, sans fumure, des rendements de latex toujours croissants, et cela sans épuisement apparent. Il semblerait donc, qu'en tant que remède contre l'épuisement, la question de fumage de l'Hevea pourrait rester en suspens. Il n'en est pas moins vrai que l'accroissement de rendement de latex pourrait bien marcher de pair avec un affaiblissement graduel des fonctions sécrétives de l'arbre. Nous savons, en effet que des arbres de Ceylan qui donnaient, à l'origine, 1 livre de caoutchouc sur 3 livres de latex, n'en donnent plus que 1/2 livre et même moins. On cite même des arbres qui ne donnent plus que 10 % de caoutchouc pour 90 % d'eau. D'où vient cet affaiblissement de la puissance de l'arbre à former du caoutchouc? N'est-ce pas le résultat de l'épuisement et une fumure bien entendue ne pourrait-elle pas l'arrêter? Je me suis posé cette question sans prétendre en trouver la réponse, avant que nous soient révélées les causes de cette inertie d'arbres en pleine vigueur de croissance.

2° En ce qui concerne la reconstitution du sol, ou la restitution des éléments qu'il a perdus, nous ne devons pas perdre de vue qu'en dépouillant

deprivation of soil-food, but this is only very partially accomplished owing to the fact that, being left unbroken by tillage, the land is not in a state to absorb the substances left behind by the forest, and they, for the most part, run to waste with the rains. Henceforth our land has lost the recuperative power which it had when it was forest-clad, and until it has clothed itself with a renewed vegetation, which will only be 6 years hence, when, our rubber-trees have re-formed a forest, our land undergoes an increasing process of deterioration which impairs its fertility and can only be arrested by manure.

Manuring would be thrown away on such rich soils as are found in Java and Sumatra, which contain, stored low down in their subsoil, and in superabundance, all the organic and inorganic food which make a soil complete. But the less fertile soils of the Malay Peninsula, in which some deficiencies of plant-food are very marked, may be brought to a high state of productiveness with the help of manures appropriate to their needs.

In Appendix E, will be found the constituents of 2 soils taken by myself from 20 diggings off one estate in Selangor and analysed by Mr. R. J. Eaton, Government Analyst of the Federated Malay States. As will be seen from this analysis, these soils are very deficient notably in lime (0.065 %). The percentage of nitrogen was also extremely small, but I have lost the figure; so small was it that M. Eaton explained this very marked deficiency by the fact that the samples were mixed samples and being taken to a depth of one foot, they showed too great a proportion of subsoil to soil, the former being naturally poorer than the surface stuff in nitrogen.

It is clear from this analysis, that, were it not for the mechanical texture of its soil which is exceptionally fine, and the extremely favourable climate the Para rubber tree could not make such good growth as it does in the Malay Peninsula. As things are, the difference of growth perceivable in Hevea, in Sumatra and in the Peninsula point unmistakably to the presence, in the soils of the former, of constituents which the latter lack. Now, if by giving our land some 12 to 15 hundredweight of lime per acre, and an appropriate nitrogenous manure we can enhance its productiveness and reestablish the balance of fertility, shall we not have given a still better chance to our trees?

la terre de la forêt qui la couvrait, nous l'avons privée de toutes les plantes ainsi que des feuilles mortes qui contribuent à former le terreau de la forêt avec les matières organiques et salines qu'elles renferment et qui entretiennent ainsi la fertilité naturelle du sol. Dans une certaine mesure, les cendres de la forêt que nous avons brûlée peuvent suppléer à cette perte subite de sucs nourriciers, mais cela ne dure qu'un temps parce que la terre, n'étant ni labourée ni défoncée, n'est pas en état de les absorber et la presque totalité de ces matières fertilisantes est entraînée par les pluies.

Dès ce moment, la terre a perdu ce pouvoir récupérateur qu'elle avait quand elle était recouverte de forêt et jusqu'à ce qu'elle se soit revêtue de végétation, ce qui n'arrivera que dans 6 ans, lorsque les arbres de caoutchouc auront reformé une forêt, ce procédé de détérioration ira en augmentant si on ne l'arrête pas par des fumages.

Dans des terres aussi riches que celles de Java et Deli qui contiennent en abondance tous les sucs organiques et inorganiques qui font un sol complet, on peut se passer de fumures pendant des années. Mais les sols moins bien doués de la Péninsule malaise qui accusent une pauvreté marquée des principaux éléments nourriciers des plantes peuvent acquérir un degré presque aussi élevé de fertilité par des engrais appropriés à leurs besoins.

A l'appendice E, je donne la composition de 2 échantillons de sols, provenant de 20 prélèvements faits sur une plantation de Selangor et qui ont été analysés par Mr R. J. Eaton, Analyste du Gouvernement des États Fédérés malais. Ainsi qu'on le verra par cette analyse, ces sols sont extrêmement pauvres, notamment en chaux, 0,065 %. Le pourcentage d'azote était également extrêmement faible, mais le chiffre juste m'échappe. Il était si minime que M. Eaton expliqua cette insuffisance marquée, par le fait que les échantillons que je lui avais soumis, ayant tous été pris à une profondeur de 1 pied de la surface, contenaient une trop forte proportion de terre de sous-sol qui est toujours moins riche en matières azotées, que la terre de surface.

Quoi qu'il en soit, il est clair, d'après cette analyse, que, n'était la texture mécanique de ce sol qui est exceptionnellement bonne, et le climat qui est extrêmement favorable, l'Hevea ne montrerait pas la vigueur de croissance qu'on lui voit dans la Péninsule malaise. Malgré cela, la plus grande

3° As to the third object of manuring, viz quickening the formation of wood, it is clear that by so doing we are also forwarding the period of yield of rubber, and it may make all the difference in the world to an estate to be able to put its crop on the market a year or two earlier. To bring his trees to the bearing stage in the shortest possible time, is the main object of every planter and manuring is the surest means to that end.

Burnt earth. — We have already touched on this subject, and there remains little more to be said beyond describing the way burnt earth should be made. A gang of, say, 10 men should be put to this work for one month during the period of driest weather.

They collect, with the rake, all the dead wood or fallen branches and dried leaves or twigs, cut the rank grass and small shrubs growing about and put all up, in heaps 4 feet high; then, with the changkol, they pare the top soil all round, and collect it in their earth baskets; it is spread on the heaps; 30 basketfuls will suffice to cover one heap completely on all sides. The heaps then present the aspect of earthen cones. A small opening is made below and fire is applied to the dried leaves inside; when the fire is well on, which is seen by the smoke issuing from the sides of the cone, the opening is completely closed, and a slow combustion goes on inside during 2 or 3 days, after which the heaps can be opened to cool, and the burnt earth applied when wanted.

As I have already explained, burning the earth exhausts the land, and it is only to be recommended when made off a piece of land marked out for that purpose. Jungle land being cheap, a few acres of it can well be spared for procuring such a rich dressing for the trees, but I would never recommend the practice I have often seen applied, i. e. to burn the land year after year in the midst of trees under pretence of fertilising.

luxuriance de l'arbre, tel qu'on le voit à Sumatra, son développement plus hâtif, indique suffisamment la présence, dans le sol de ce pays, d'éléments qui font défaut dans la Péninsule. Si, maintenant, nous donnons à notre terre de 1 tonne et 1/2 à 2 tonnes de chaux par hectare, et l'engrais azoté dont il a besoin, n'aurons-nous pas rétabli, en grande partie, l'équilibre, et donné à nos arbres un regain de force productive?

3° Quant au troisième but du fumage, activer la formation du bois, cela revient à avancer la période de rendement du caoutchouc; et cela peut faire une différence du tout au tout, pour une plantation, d'être à même de placer ses récoltes sur le marché un an ou deux plus tôt. Amener ses arbres à donner du caoutchouc dans le plus court intervalle de temps possible, est le premier but de tous les planteurs, et le fumage est le meilleur moyen d'y arriver.

Terre brûlée. — Nous avons déjà touché quelques mots sur ce sujet et nous n'y revenons que pour indiquer la façon dont l'écobuage doit être fait.

Une bande de 10 hommes peut être mise à ce travail pendant un mois; de préférence pendant le mois de juillet qui est, généralement, le plus sec de l'année. Les hommes ramassent avec le rateau, tout bois mort, branches tombées, feuilles et brindilles qui jonchent le sol; ils coupent les herbes et arbrisseaux qui croissent à droite et à gauche, et empilent le tout en tas de 4 pieds de haut : puis, avec le changkol, ils râclent la terre de surface tout autour d'eux et la ramassent avec leurs paniers « ad hoc ». La terre est jetée sur les tas; il en faudra à peu près 30 paniers pleins pour recouvrir chaque tas entièrement; les tas s'affaissent et présentent l'aspect de cônes de terre. On pratique une petite ouverture en bas, pour mettre le feu aux bois mort et aux feuilles sèches à l'intérieur, et quand le feu a bien pris, ce que l'on voit par la fumée, qui s'échappe des côtés du cône, on bouche le trou du bas. Une combustion lente a lieu, qui dure de 2 à 3 jours, après quoi, on peut ouvrir les tas pour les refroidir, et la terre brûlée peut être employée au moment venu. Ainsi, que je l'ai déjà expliqué, l'écobuage épuise la terre, et ne peut être recommandé qu'à condition, qu'on le pratique sur un terrain sacrifié pour cela. La terre de forêt vierge n'ayant pas de prix, on peut bien en abandonner quelques hectares pour se procurer un

Burnt earth means burning also some of the organic matter it contains, and to adopt the practice generally on planted land, land actually under cultivation, would result in its rapid impoverishment. There is, however, no doubt as to the fertilising effect of burnt earth on the soil to which it is added. It renders it porous and extremely absorbent of water, and the faint ammoniacal smell which can often be detected on opening a heap, would seem to indicate that some quantity of ammonia is somehow imbibed from the air during the process of calcination of the earth.

Another great benefit of burnt earth is that all seeds of noxious weeds are burnt with it and its pungent antiseptic properties, developed by the smoke, are, to a certain extent, a protection against the spread of insect pests and fungi.

Composts. — The following is taken from an old book on Coffee cultivation, the name of which I have forgotten. It is called, I believe, Brown's Compost, and as far as my experience goes, it is the best substitute yet found for cow-dung manure; and, once the first expense of digging the pits incurred, it is extremely cheap.

Pits are dug at suitable spots over the estate, one pit to about 40 acres. The dimensions are 24 feet long by 12 broad and 8 deep. A light attap cover is erected over the pit.

The implements wanted are :

1. One chaff-cutting machine.
2. A large tub made of wood to contain from 150 to 290 gallons; a cemented tank or any other recipient, old casks may equally well serve for the purpose.
3. Baskets etc.

The ingredients for one pit are : Sifted wood ashes 5 bags, Saltpetre about 40 lbs, Urine from the coolie lines, Lime 10 bags, Sulphate of ammonia, a salt obtained from the gas works about 40 lbs and Bone meal 1 bag.

engrais si riche; mais je ne recommanderais jamais la pratique, que j'ai souvent vu appliquer sur certaines plantations qui consiste à brûler la terre chaque année entre les arbres sous prétexte de la fertiliser. Le feu détruit, en partie, les substances organiques contenues dans le sol et, à répéter cette opération fréquemment sur une terre en culture, on ne peut que l'appauvrir rapidement.

L'action fertilisante de la terre brûlée sur le sol auquel on l'ajoute est incontestable; elle le rend poreux, et très absorbant d'eau; et la faible odeur ammoniacale que l'on sent à l'ouverture des tas, semblerait indiquer qu'une certaine quantité d'ammoniaque est, d'une façon ou d'une autre soustraite de l'air, pendant qu'a lieu la calcination de la terre.

Un autre avantage de la terre brûlée est que toutes les graines de mauvaises herbes sont brûlées en même temps et ses qualités antiseptiques, dues à la fumée sont, jusqu'à un certain point, une protection contre les larves et insectes nuisibles et contre les fungus.

Compost. — Au lieu et place de fumiers d'étable qui manquent dans la jungle, on en est réduit aux engrais chimiques qui sont dispendieux, ou aux composts, qui, étant donné l'abondance de matière végétale, sont faciles à faire et peu coûteux. En voici un, pris dans un vieux livre, dont j'ai oublié le nom. Aux Indes, on lui donne, si je me souviens, le nom de « Compost de Brown », et, l'ayant employé personnellement, je puis dire que, dans toute mon expérience de planteur, je n'ai pas connu d'engrais qui le vaille, hormis le fumier d'étable. Une fois la première dépense faite pour les fosses, il coûte très peu à faire.

On creuse des fosses sur différents points de l'estate, une fosse pour environ 16 hectares. Les dimensions en sont : 7^m,20 de longueur; 3^m,60 de largeur, 2^m,40 de profondeur. On pose une toiture légère en attaps au-dessus de la fosse. Les instruments et matériaux suivants sont nécessaires :
1° Un hache-paille.
2° Une cuve pouvant contenir de 800 à mille litres.
3° 3 ou 4 baquets.
Pour une fosse, il faut les ingrédients suivants :
Cendres de bois, passées au crible, 5 sacs;
Salpêtre de 18 à 20 kilos;
Chaux, 10 sacs;
Poudre d'os, 1 sac.
Sulfate d'ammoniaque, un sel qui s'obtient des usines à gaz, 18 à 20 kilos. Urine, provenant des maisons de coolies. Ces ingrédients serviront pour

These ingredients serve for 4 fillings of the tub, water being added to fill up.

The chaff-cutting machine has 2 curved blades fixed to the wheel which is turned by one man. At the back of the wheel are 2 grooved rollers which grip the twigs and grasses and move them forward to the knives; the rollers are moved by a treadle, worked by the foot of a second man who attends, at the same time, to the moving of the green stuff forward to the rollers. A third man feeds the trough which is hitched on to the back of the machine. The length of the cutting can be adjusted to half an inch.

The 3 coolies, who have charge of the machine, work until about 3 o'clock cutting twigs, collecting grasses and leaves and any green stuff to be found in the jungle or rather on the border of it. The stuff is brought to the pit at 3 o'clock, and fed into the machine which is so placed, that the cut stuff falls of itself in the pit. The machine will cut over one ton in half an hour, more or less according to the nature and toughness of the stuff collected. The machine is geared to cut it up to 1 inch lengths. When the whole has been passed through the machine, the men descend into the pit, and spread the stuff equally over the floor of the pit. It is then watered with the above mixture and well pressed with the feet; the next day the same operation is repeated, and again the next until the pit is quite full which will take about 8 to 10 days.

The men then cut two long poles 7 feet long, 3 to 4 inches in diameter, and sharpened to a point at one end. With these they proceed to make holes, 2 feet apart down the mass of vegetable matter. The pits being 14′ × 12′, there will thus be 12 rows of 6 feet holes 2 feet apart; these holes are made of graduated depths so as to penetrate every part of the mass; the first line of 6 holes will be made thus : — 2 feet deep in the middle, the next two on each side 3 and 4 feet deep, the next ones 5 and 6 feet the last one, 7 feet deep; the following row of 6 holes will be made 4 feet deep in the middle, the next lines 5 and 6, the next two 7, and 2 and the last 3 feet deep, the third line 7 feet in the middle etc., etc., so that the whole mass from top to bottom will be permeated with the ferment which is poured into the holes. This

quatre remplissages de la cuve, le plein étant fait avec de l'eau.

Le hache-paille a 2 lames courbes fixées sur le volant qu'un homme fait tourner. Derrière le volant, 2 rouleaux cannelés saisissent les herbes et brindilles et les amènent aux couteaux; ces 2 rouleaux sont mis en mouvement par une pédale sur le côté, laquelle est actionnée par un homme qui en même temps pousse les herbes vers les rouleaux. Un troisième coolie alimente l'auge qui s'attache au dos de la machine. On peut régler la longueur de la coupe à 1 centimètre.

Les 3 coolies, qui font fonctionner la machine, travaillent jusqu'à 3 heures l'après-midi à couper et ramasser tout ce qu'ils peuvent trouver de vert sur les confins de la forêt, herbes, jeunes tiges, bois tendre, feuilles vertes, etc., et à 3 heures, ils apportent à la fosse le produit de leur journée qui est passé à la machine, laquelle doit être placée de telle façon que la matière coupée tombe d'elle-même dans la fosse. Si ce sont surtout des herbes, qu'on a à couper, on peut régler la coupe à 2 ou 3 centimètres de longueur, si ce sont des matières boiseuses, on règle à 1 centimètre. La machine peut disposer d'une tonne en d'une demi-heure. Quand le tout est passé à la machine, les hommes descendent dans la fosse et répandent également la substance hachée sur le fond; puis ils arrosent avec le mélange de la cuve en pressant avec les pieds. Le jour suivant, en recommence l'opération et ainsi, de jour en jour, jusqu'à ce que la fosse soit tout à fait pleine, ce qui demandera une dizaine de jours.

Alors, chacun des hommes, se munit d'une perche de 8 pieds de longueur et de 7 à 8 centimètres de diamètre et pointue à une extrémité, dont il se sert pour faire des trous de différentes profondeurs dans la masse de matière verte. La profondeur de ces trous sera graduée de façon à atteindre toutes les couches de la masse; il y aura, par exemple, 12 rangées de 6 trous, 1 rangée à 2 pieds de profondeur, une rangée à 3 pieds, une autre à 4 pieds et ainsi de suite jusqu'au fond de la masse. Ces trous sont destinés à recevoir un ferment qui se compose simplement d'un sirop de sucre grossier préalablement chauffé. Après y avoir versé le ferment on bouche les trous et on recouvre la surface de la masse d'une couche de terre de surface (celle qui a été précédemment mise de côté en creusant la fosse) qui est répandue bien égale-

ferment is simply a hot syrup of coarse brown sugar, 30 lbs to 50 gallons of water.

The holes are then closed up, and, over the top, a layer of surface soil (previously dug out of the pit and put aside) is spread to a thickness of about 4 inches, and the whole is left to ferment; the coolies starting work on another pit elsewhere.

A strong fermentation sets in through the mass which promptly begins to sink to about two-thirds of its bulk, and after a week or 10 days, it becomes so hot that it has to be opened up. The heat is such, at times, that the coolies cannot stand on it, and it has to be allowed to cool. The opening up has also for object to insure perfect homogeneity of action through the mass.

This opening of the pit is rather a laborious process, as every part of the compost must be well-mixed and aired. It has to be shifted out and in again, basket by basket, and to insure complete mixing, the mass is divided into 3 sections, i. e. section 1 at one end, section 2 at the other, and the middle section.

The middle section is dug up first, then n° 1 section is changkoled into the middle, the previous top becoming now bottom. N° 2 section is similarly shifted into the space previously occupied by section 1, and the former middle section becomes n° 2 section. Then the earth is put back on top.

One month after, the stuff may be used. The matter is now transformed into a dark brown, almost black, compost, finely divided, and, when cool, it can be put to the trees at the rate of 2 to 3 baskets to each tree on about 20 acres.

The cubic capacity of the pit is $24 \times 12 \times 8 = 2,304$ cubic feet, which after fermenting is reduced by about one third, leaving 1,600 cubic feet; a cubic foot represents 4 well-filled baskets. When empty, the pit is again filled up in the same way as described above, and it will serve for another 20 acres, so that one pit provides for 40 acres a year.

Cost of manuring. — This manure may be simply spread round the foot of the trees, or deposited in a shallow trench dug round the trees and covered up again with fallen leaves and earth. The cost for 2 pitfuls, i. e. enough for 40 acres, will be as follows :

ment; puis on laisse la fosse à elle-même, et les coolies vont remplir une autre fosse plus loin.

La masse s'affaisse rapidement aux 2/3 de son volume et, en même temps une fermentation active se produit, qui devient telle, qu'au bout d'une quinzaine de jours, il faut ouvrir le tout et refroidir. La chaleur est si forte, que les coolies ont, parfois, de la peine à se tenir dessus.

En ouvrant et en mélangeant bien à nouveau on obtient un compost plus homogène, mais c'est là un travail assez pénible attendu qu'il faut rediviser toute la masse pour l'aérer. Il faut enlever le tout, panier par panier, et, pour assurer un mélange parfait, la masse est divisée en 3 tranches : la tranche n° 1 à une extrémité de la fosse, la tranche n° 2 à l'autre extrémité, et la tranche du milieu.

On enlève d'abord cette dernière et la tranche n° 1 est mise à sa place, ce qui se fait en piochant au changkol, de haut en bas et en rejetant la matière ainsi enlevée au milieu de la fosse, maintenant vide : Ce qui était en haut de la tranche n° 1 devient maintenant le bas de la tranche nouvelle du milieu. La tranche n° 2 est de même enlevée et transportée, panier par panier, à l'autre extrémité, et l'ancienne tranche du milieu devient tranche n° 2. La masse entière se trouve, ainsi, absolument renversée et mélangée. Un mois après, on peut employer le compost, qui est passé à l'état de fumier bien foncé, bien divisé et qu'on peut servir, à raison de 2 ou 3 paniers, à chaque arbre sur environ 8 hectares.

La fosse cube $7^m,20 \times 3^m,60 \times 2^m,40 = 62^{mc},20$ et après affaissement d'un tiers, il nous restera près de 42 mètres cubes de compost. Un mètre cube donnera de 125 à 150 paniers de fumier, ce qui pour 2.400 arbres donnera de 2 à 3 paniers par arbre. Une fois la fosse finie, on la remplit de nouveau comme précédemment de façon que chaque fosse servira pour 16 hectares dans l'année.

Coût de l'engrais. — On peut le disposer, soit tout autour de l'arbre, soit dans une petite tranchée peu profonde creusée à la limite des racines et recouverte ensuite de feuilles mortes et de terre, prise de la tranchée.

Le coût pour deux fosses, soit pour fumer 16 hectares, sera comme suit :

Wages of 3 men (they can dig and fill up 4 pits in year) i. e. half the wages of 3 men	$ 225
Ingredients	30
Applying to the trees	$ 100
40 acres cost	$ 355

or under $ 9 per acre. The subsequent manurings (the pits being already made) would cost half, and one application should be enough for 2 years. The net cost will come to no more than $ 4.50 per acre.

Salaires de 3 hommes (ils creusent et remplissent 4 fosses dans l'année). Soit pour 6 mois	$ 225
Ingrédients	30
Mise du fumier au pied des arbres	100
Soit coût pour 16 hectares	$ 355

Soit $ 22 par hectare. L'année suivante (les fosses étant faites) le coût sera réduit de plus de moitié, soit environ $ 10 par hectare ou 30 francs.

CHAPTER XI

Pruning. — A sound principle to start from if the trees have been well-planted at origin, and if they have not suffered from fortuitous injury, is to leave nature do its work. Pruning, which means checking nature, is therefore to be approached with caution.

Yet pruning may be useful in promoting growth in some particular direction, and it is freely practised by experienced horticulturists :

1. To influence the production of fruit by creating new wood to take the place of old exhausted wood ;

2. To train the branches to spread into convenient artificial shapes, as in the case of espalier-grown fruit or of ornamental trees ;

3. To promote the growth of lateral branches for the greater facility of cropping, as it done, by topping, in the case of Liberian Coffee, for instance ;

4. To increase the size of timber.

The production of fruit is not an object sought by the planter of Para Rubber, for whom, the sale of seeds, albeit a welcome source of profit, is a subsidiary matter. Beyond a well-balanced tree, he cares not for any particular shape.

The one object of pruning, which is of real interest to the planter is increase of size, but the increase he wants is in girth, not in height of stems. A short massive trunk is his ideal, not the tall spindly one.

The general bearing of the tree is not to be spindly, it is rather inclined to branching and to lateral expanse, if given fair space to develop according to its natural laws of growth. If the planter finds his trees making growth upwards without adequate girth, it is because of the pressure exerted by the trees against each other which forces up the top shoot, pressure mainly caused by

CHAPITRE XI

Taille de l'Hevea. — Un bon principe à adopter, si les arbres ont été bien plantés au début et aux distances convenables, et qu'ils n'aient pas souffert par suite d'accident, c'est de laisser la nature agir elle-même. La taille, qui fait violence à la nature, doit donc être abordée avec une prudence extrême. Pourtant elle peut servir à provoquer le développement de la plante dans une direction particulière et les planteurs et arboriculteurs, d'expérience y recourent fréquemment :

1° pour aider à la production de fruits en créant du bois nouveau en place du vieux bois épuisé ;

2° pour forcer les branches à prendre des formes artificielles, comme dans le cas des arbres en espalier, ou des arbres d'ornement ;

3° pour provoquer le développement de branches latérales dans les parties basses du tronc en vue de faciliter la récolte comme on le fait, en étêtant le café libérien, par exemple ;

4° pour activer la production du bois.

Bien que lui donnant un bénéfice très acceptable par la vente des graines, la production du fruit est un objet tout à fait secondaire pour le planteur d'Hevea, et à part la symétrie du port, la forme de l'arbre lui importe peu.

Ce qui peut l'intéresser dans la taille c'est l'augmentation du bois, mais, c'est une augmentation en grosseur, et non en hauteur qu'il demande. Ce qu'il lui faut, c'est un tronc court et massif et non un tronc en fuseau.

Mais, ainsi que nous l'avons vu, la tendance naturelle de l'arbre n'est pas de pousser en fuseau ; il est plutôt porté, si on lui donne l'espace dont il a besoin, à s'étendre latéralement : si le planteur voit ses arbres pousser en hauteur sans augmenter proportionnellement en grosseur, cela provient de

close-planting. Pruning will not help him in this case, the only remedy, a costly, ineffectual one, as I have endeavoured to show, is to reduce the pressure by thinning, i. e. by cutting down a proportion of the competing trees.

Given then the natural tendency of the tree to lateral development and to normal breadth of trunk should we till further increase this tendency, if we can? Some say yes and recommend topping i. e. cutting off the terminal bud and stopping further upward growth. There is little doubt that by topping, an increase of girth can be obtained but the constant throwing back of vegetation to the lower parts of the trunk will also have the effect of forcing out, all down the trunk a number of strong lateral branches which would have to be constantly lopped off, and these endless amputations, at a point where the whole effort of vegetation has been diverted by topping, could have but two results, firstly, to check the growth of the tree by depriving it of branches and leaves at its growing points, and secondly, to produce a scarred trunk which would render future tappings impossible, or, at least, very difficult.

In the case of coffee trees, the result of topping exactly answers the planters, desideratum i. e. the throwing out of strong lateral branches down almost to the ground, giving the tree a handsome pyramidal shape and facilitating the cropping of the berries. But such branching would be disastrous to the Hevea.

The operation of stumping the young Hevea at transplantation is not followed, as in coffee, by the constant throwing back of growth downward; on the contrary, it brings the effort of vegetation to the top by encouraging the development of one or two strong shoots into new stems.

Forking. — This brings me to a subject where pruning may effectively assist the planter in obtaining the desirable increase of girth, viz : forking of the stem. It is pretty conclusively proved from the respective measurements of straight-stemmed

la pression qu'exercent les arbres trop serrés, les uns contre les autres, pression qui relance la végétation, au haut des tiges. Le seul remède dans ce cas, remède coûteux et inefficace, ainsi que j'ai essayé de le démontrer au chapitre vii, est de réduire cette pression en abattant une proportion donnée des arbres.

Étant donné la tendance de l'arbre à se développer latéralement et à former, à son état naturel, un tronc de largeur normale, devons-nous, si nous le pouvons, aider cette tendance? Les uns disent oui et préconisent l'écimage, c'est-à-dire la suppression du bourgeon terminal pour arrêter la croissance en hauteur. Il est probable que, par l'écimage répété, on obtiendra une augmentation en largeur du tronc, mais le refoulement constant de la végétation vers le bas du tronc aura aussi pour effet de faire jaillir, de haut en bas du tronc, un grand nombre de fortes branches latérales qu'il faudra constamment élaguer, et ces amputations répétées, au point où s'est porté tout l'effort de la végétation par suite de l'écimage ne pourra avoir que les deux résultats suivants :

1° d'arrêter la croissance de l'arbre en le privant de ses branches et feuilles aux points mêmes où la végétation est la plus active.

2° de produire un tronc déformé et bossué par les élagages, et qu'il sera tout à fait impossible d'inciser plus tard.

Appliqué au caféier libérien, l'écimage répond exactement à ce que demande le planteur, en provoquant la naissance de fortes branches latérales tout le long du tronc presque jusqu'à terre, ce qui donne à l'arbre une belle forme pyramidale et rend la récolte du fruit facile. Mais, ainsi que nous venons de le dire, une telle profusion de branches basses serait un désastre pour l'Hevea.

L'étêtage, que nous pratiquons sur les jeunes Heveas au sortir de la pépinière, n'est pas, comme, dans le cas du caféier, suivi d'un ébourgeonnement répété qui arrête complètement la croissance en hauteur; tout au contraire, il en résulte un effort de la végétation vers le haut, en encourageant le développement d'un ou deux dragçons en de nouvelles tiges.

Fourchure de l'Hevea. — Ceci m'amène à un point de notre sujet où la taille peut effectivement aider le planteur à obtenir un accroissement de grosseur de la partie inférieure du tronc sans déformation de sa surface. C'est de la four-

trees and forked trees that a forked-stem favours increase of girth in the lower trunk. (Herbert Wright : " Hevea Braziliensis ", page 79.)

If, therefore, a young tree is found to throw out lateral shoots at a convenient height of say 8 to 10 feet, a certain number of them should be left to their natural growth. We may even asist the tree

chure du tronc qu'il s'agit; d'après les mesures de troncs non divisés et de troncs fourchus, il est prouvé d'une façon presque conclusive, qu'un tronc fourchu favorise sensiblement l'accroissement en grosseur du bas du tronc. L'arbre fourchu dont je donne ci-dessous la photographie est le plus gros Hevea que nous ayons encore vu, et

Forked Hevea showing 6 spirals complete measuring 9', 7" girth.

Hevea fourchu, mesurant 2ᵐ,90 de tour, incisé à 6 spirales complètes.

to throw out such shoots by cutting the terminal bud, and afterwards select 2 or 3 of these shoots on opposite sides of the stem (in order to preserve the balance of the tree) to form new stems. These stems will, in time, throw out lateral branches which, by their mutual pressure, will act as a check on the enlargement of the new stems, to the profit of the parent trunk,

To this extent, bud-pruning appears to me sound, on the young tree, but, keeping in view

mesure 2^m,90 de circonférence. Si donc, il se trouve qu'un jeune arbre se mette à lancer des branches latérales à une hauteur convenable du tronc soit 2^m,50 ou 3 mètres du sol, on devra en laisser un certain nombre se développer librement. Nous pourrons même aider l'arbre à les produire en pinçant le bourgeon terminal et en choisissant 2 ou 3 des gourmands, qui en résulteront, et placés sur des côtés opposés du tronc (pour préserver la symétrie de l'arbre) pour former de nouvelles tiges

the necessity of a large leaf-surface for the normal growth of the tree, I would deprecate any interference with the foliar system of the adult tree.

Root-pruning. — In a foregoing chapter (VIII) I referred to root-pruning as a drastic remedy to reduce overcrowding and induce new growth. Cutting the roots of Hevea will sound as a heresy to many, and so it is, as long as the roots, finding adequate sustenance in the soil, are able to discharge their functions of supplying the tree with the materials that go to building it up. So long as these conditions last, the roots keep on throwing out young feeders in every direction ahead of them and, through them, drawing greedily the food stored for them. When, however, the roots have reached the limit of their hunting ground, their spreading must cease; then, they coil up and form into tangled masses through every inch of the ground until, space lacking, they cease throwing out young feeders; their texture hardens, becomes leathery and, from that time their activity slackens, and growth also.

At that time, I have found that a partial and light cutting of roots, at the extremity of their feeding ground, revives them to a wonderful extent. The opening of the ground causes moisture to penetrate deeper into the earth and the roots strike, at an angle, lower down the soil into new layers; and in place of the leathery, inert roots, thousands of thread-like radicles are formed, which push their way through the new space, and healthy growth is resumed. I have applied this to Coffee trees, and I have gone the length of putting the plow through acres and acres of coconuts with the best results, and I see no reason why the same effect should not be obtained with Hevea, seeing the thickness of its root system and its tendency to intermatting when confined from want of space.

The most efficient way to carry out pruning is to make a trench, one foot deep, right through between the rows of trees and 10 feet distant from the

en place de la tige unique supprimée. Ces nouvelles tiges donneront elles-mêmes naissance, avec le temps, à des branches latérales, qui par la pression mutuelle produite entre elles, ralentiront le développement des tiges mêmes dont elles sont issues, au profit du tronc père.

A ce point de vue, seul, le pincement du bourgeon terminal me paraît être une pratique à suivre sur de jeunes arbres; mais ayant en vue la nécessité d'une large surface feuillue pour le développement normal de l'arbre, je pense, qu'il vaut mieux s'abstenir de toute taille sur l'arbre adulte.

Tailles des racines. — Au chapitre VIII, j'ai touché un mot sur ce sujet et dit que par une taille légère des racines, on pouvait réduire l'état d'encombrement des arbres et provoquer un renouveau de croissance. Beaucoup de planteurs considèrent que les racines de l'Hevea ne doivent, à aucun prix, être dérangées, et ceci est vrai, tant que les racines, trouvant une nourriture suffisante dans le sol, sont à même de remplir leur fonction qui est de fournir à l'arbre les matériaux qui le font vivre et se développer. Tant que ces conditions prévalent, les racines continuent à lancer leur chevelu en avant, et à attirer ainsi à elles les matières nourrissantes emmagasinées dans le sol. Mais, quand les racines ont atteint la limite de leur terrain nourricier, leur pénétration s'arrête; alors, elles se replient sur elles-mêmes en une masse enchevêtrée, qui s'empare du terrain entier, jusqu'à ce que faute d'espace, elles cessent tout à fait de former de nouveau chevelu; leur tissu durcit, prend la consistance du cuir, et dès lors, leur activité cesse, et la croissance aussi. A ce moment, j'ai trouvé qu'une coupe partielle et légère des racines à l'extrémité de leur cercle de développement, les ravive souvent d'une façon surprenante. L'ouverture de la croûte de terre durcie, permet à l'humidité de pénétrer, plus bas dans le sol, et les racines, faisant angle, poussent plus avant dans les couches nouvelles inférieures; et au lieu d'un chevelu inerte, il naît des milliers de radicelles filiformes, qui prennent possession de leur nouveau domaine, pourvu d'abondants éléments nourriciers, et il en résulte une nouvelle activité générale de croissance.

J'ai appliqué cette pratique aux caféiers et j'ai traité de la même façon, à la charrue, une centaine d'hectares de cocotiers, et toujours avec les meilleurs résultats, et je ne vois aucune raison, pour qu'il n'en soit pas de même avec l'Hevea, étant

trunks, merely turning the sod up to the side; this is best done with a plow; and then, with a light cultivator 2 parallel trenches one foot away on each side of the first but only 4 inches deep so as not to injure the main roots. The work can be done with the changkol, but the plow is much more expeditious and less costly, as it can easily do 4 to 5 acres in one day.

Root-pruning is no innovation, and it is practised almost universally on the large orange groves of South California.

In passing, I may also mention another advantage of root-pruning, i. e. by turning over the earth it exposes to the air and kills grubs and fungoid growths, beside breaking up the galeries and nests of termites.

Weeding. — One of the advantages of planting on virgin forest land is that after the burning of the felled timber, it is free from weeds and grasses and can be kept clean with a minimum of labour for several months. Stumps of trees in the ground will throw out suckers; bushes will grow up from seeds buried in the ground, or brought by birds, but these are easily kept under with the parang for 5 or 6 months, but as the bushes and shrubs are cut down and die, weeds, and possibly lallang, if there is lallang round you, begin to appear and then comes the necessity for weeding, which is done by scraping the surface of the ground and cutting the roots up. From this time on, constant weeding will have to be carried on all over the estate; but as the young Hevea make growth and extend their roots and their foliage, the weeding gets lighter and lighter, until, in the 6th year, 2 weedings will suffice to keep the estate clean. Weeding is the most costly item of cultivation excepting, perhaps, draining in low-lying lands.

donné surtout l'état touffu de son système de racines et sa tendance à s'enchevêtrer dès que l'espace lui manque.

La façon la plus efficace d'opérer est de faire une tranchée de 30 centimètres de profondeur au milieu des rangées d'arbres et à égale distance, soit 3 mètres des troncs, en retournant simplement la motte de terre sur le côté; la charrue est plus expéditive que le changkol; puis, avec une charrue plus légère on fait 2 ou 3 sillons parallèles au premier, mais d'une profondeur de 10 centimètres seulement, de façon à ne pas trancher les racines mères, qui souvent poussent près de la surface. A la charrue légère, ce travail se fait très vite, à raison d'un hectare et demi à deux hectares par jour.

La taille des racines n'est nullement une innovation, et on la pratique partout sur les vastes plantations d'orangers de la Californie du sud.

En passant, je puis faire mention d'un autre avantage de cette taille; c'est qu'en ouvrant la terre, on expose à l'air les larves et fungus souterrains, ce qui les tue, en même temps que les galeries des termites, et leurs nids sont ouverts et détruits.

Arrachage d'herbes. — Un des avantages d'une plantation en terre de forêt vierge, est, qu'après le brûlage du bois abattu, le terrain reste libre de mauvaises herbes, et peut être préservé pendant plusieurs mois contre leur envahissement, à très peu de frais. Les chicots lancent bien des drageons, une nouvelle végétation surgit de graines enfouies dans le sol ou apportées par les oiseaux, mais pendant 5 à 6 mois on peut facilement s'en rendre maître avec le « parang »; mais, au fur et à mesure, que cette végétation passagère est abattue et meurt, des plantes herbacées et peut-être même le lallang, s'il y en a autour de vous, s'implantent dans le sol et dès ce moment, commence ce travail de Sisyphe, qui ne pourra s'arrêter que vers la cinquième année et qui consiste à râcler la surface du sol pour en arracher les racines d'herbes nuisibles, qui, sans cela, envahiraient la plantation et étoufferaient vos arbres. C'est une lutte continuelle, mais, au fur et à mesure, que les arbres se développent et que leur feuillage s'étend et s'épaissit, l'envahissement des herbes se fait de moins en moins sentir, tant qu'enfin, à la sixième année, il suffit de deux légers nettoyages pour maintenir l'estate dans un état de propreté convenable.

Catch-crops. — We hear a good deal about catch-crops for Hevea, now-a-days, with the view to pay for the planting and for the upkeep of the estate during the first unproductive years. Citronella, Gambier, Cotton, Pineapple, Tapioca, Ground Nuts, are all put in a line as likely crops to help the planter tide over the 5 years of waiting. To several of these crops, radical objections can be opposed.

Citronella. — Citronella offers great risks of fire in dry weather; I have known of 2 fires occurring in 3 years on one estate; and everything above ground, within the burning area, reduced to ashes.

Tapioca. — Tapioca is looked on by many as the ideal catch crop. The yield of tubers is enormous, and two tons of flour have been obtained from one acre, which, at a price of 5 dollars per pikol, would bring a gross return of $ 160 per acre. Furthermore, the machinery and plant, to work the crop, is simple and the equipment of a factory would not run into large figures, but, worked on the system in use by the Chinese this crop is very exhaustive of the soil, and unless the planter is able to renovate his land by heavy manuring, after each crop, his rubber trees will have to make the best of an impoverished land; for a couple of tons of flour taken out of one acre per year, not counting the refuse after washing, represent an amount of plant food in organic and saline matters which translates itself in reduced capacity to produce woody fibre and starch which are essentials in the building up of a tree.

Cotton. — As regards Cotton, the repeated and exhaustive trials made by the Dutch government in Java, in Sumatra and in Borneo over a

L'arrachage des herbes et le nettoyage de la plantation est le plus dispendieux de tous les travaux de culture, sauf peut-être, en certains cas, le travail de drainage.

Récoltes intercalaires. — On entend beaucoup parler de cultures intercalaires pour utiliser les espaces qui séparent les rangs d'arbres pendant leur jeunesse, et aider à défrayer partie des dépenses d'entretien de la plantation pendant les années improductives.

La citronelle, le gambier, le coton, les ananas, le tapioca, les arachides ont tous été mis en avant comme cultures de rapport répondant à ce but, et nous allons examiner succinctement ce qu'il en est.

Citronelle. — Voici d'abord une culture, qu'il convient d'écarter d'une façon absolue à cause des risques d'incendie qu'elle apporte. J'ai personnellement connaissance d'une plantation de citronelle, qui a été dévastée par l'incendie, 2 fois en 3 ans; par un temps chaud et sec, un bout de cigarette allumée, une étincelle d'un feu de cuisine suffit pour embraser, en très peu de temps, toute une plantation.

Tapioca. — Beaucoup de personnes voient dans le tapioca la récolte intercalaire par excellence. Le rendement en tubercules est énorme, allant jusqu'à 5 tonnes de farine par hectare, ce qui donnerait brut, à $ 5 le pikol (63 kilos), $ 400 par hectare. Il est vrai aussi que les machines et le matériel pour le lavage de la récolte est simple et une fabrique ne coûterait pas de grosses sommes à monter. Mais telle qu'elle est pratiquée par les Chinois, la culture du tapioca est une des plus épuisantes pour le sol et à moins que le planteur n'ait d'abondants approvisionnement de fumiers pour régénérer sa terre après les récoltes successives qu'on lui enlève, ses Heveas seront condamnés à croître dans une terre inerte et appauvrie; car, à tirer du sol, chaque année, quelques 5 tonnes de farine par hectare, sans compter les déchets provenant du lavage on lui enlève une quantité de substances organiques et salines propres à la nourriture des plantes ce qui se traduit par une production moindre de fibre ligneuse et de fécule, qui entrent dans la fabrication d'un arbre et de son tissu cellulaire.

Coton. — En ce qui concerne le coton, les essais nombreux et complets qu'a entrepris le gouvernement des Indes Hollandaises, à Java, à Sumatra et

period of many years, and the repeated failures which have resulted, are a clear indication that our climate is absolutely unsuited for this crop.

Gambier. — Less objection can be made to Gambier which, in the shape of the waste after inspissation, affords some manuring material to make good the loss to the land. But it could only give one or two crops at the outside when the Hevea must be allowed to take sole possession for root space, and it further necessitates the erection of a somewhat costly plant of copper evaporating pans which would be rendered useless afterwards.

Pineapples are a safe crop on condition of being, like the plantations in Singapore Island, near the seat of the canning industry, but if they have to support land transport, transhipment and sea transport, they cannot possibly compete with the locally grown pineapple. This amounts to saying that, in order to pay, the pineapple grower in the Federated Malay States must be his own tinner and packer, which implies erecting a costly plant and apportioning a large capital to that purpose.

Fibrous plants, such as Sansiviera longiflora, or some varieties of fourcroya, F. Americana, for instance, which give the valuable Mauritius hemp, and are not heavy rooters, may be turned into a valuable catch-crop if cheap water power is procurable on the estate to work the decorticating machines and clean the fibre. These plants, moreover, afford an impassable obstacle to the incursion of wild animals and of cattle. They are easy to plant, and they keep the ground free of weeds.

Ground nuts. — Ground-nuts unless an oil mill is at hand, are hardly likely to pay.

Indigo. — Indigo, which would otherwise be, to my mind, the ideal catch-crop, is in the same case; in competition with aniline dyes, it can hardly pay its cost.

Bornéo, sur une période de plusieurs années et les résultats négatifs qu'ils ont donnés, sont une indication concluante que, d'une façon générale, le climat trop humide de la Malaisie rend ces pays-ci impropres à cette culture.

Gambir. — Il y a moins d'objections à élever contre cette culture, que contre le tapioca; car elle laisse après épuisement des feuilles par la cuisson, une quantité de matière végétale propre à servir d'engrais au sol.

Mais, étant donné le temps qui s'écoule avant d'atteindre la période de rendement, on ne peut guère compter que sur 2 récoltes de feuilles, 3 tout au plus, quant à la quatrième année il faudra réserver tout l'espace aux Heveas.

En attendant, on aura fait la dépense de tout un matériel coûteux qui sera rendu inutile.

Ananas. — Voilà une culture sure, à condition que la plantation soit, comme les plantations de l'île de Singapore, ou des îles environnantes, à proximité du centre de l'industrie des conserves d'ananas; mais si les récoltes ont à supporter des transports par terre, et des transbordements, elles ne peuvent concourir comme prix avec les produits locaux. Ce qui revient à dire, que, pour être rémunératrice, cette culture doit marcher de front avec la mise en boîtes, ce qui nécessite l'érection sur la plantation d'une fabrique et d'un matériel très coûteux, et l'affectation d'une grosse part du capital de l'entreprise à ce but spécial.

Plantes fibreuses. — Certaines variétés de Sansiviera ou de Fourcroya, F. Américana, par exemple, qui donne cette belle fibre que l'on appelle le chanvre de Maurice (Mauritius Hemp) peuvent être adoptées comme culture intercalaire si on a sur la plantation la force motrice d'eau pour actionner les machines à décortiquer les feuilles et à nettoyer la fibre. Ces plantes ont le grand mérite d'offrir un obstacle infranchissable aux incursions des animaux sauvages et au bétail. Elles sont faciles à planter, faciles à entretenir, et elles empêchent les mauvaises herbes de se propager.

Arachides. — A moins d'avoir un moulin à huile à portée, le produit de cette culture aura de la peine à payer ses frais.

Indigo. — Cette culture serait peut-être la culture intercalaire idéale, si les teintures d'aniline ne la rendaient si précaire.

In Europe and America, catch-crops are frequently grown in young fruit gardens; such light crops as fodder plants and more especially leguminous plants, such as clover, sainfoin, which are mown every year for 2 or 3 years, and finally, as green manure, dug into the soil, which they enrich with the nitrates stored in their tissues. These crops are light and inexpensive to grow, and they keep the soil in a healthy condition; moreover their cropping would replace with advantage the laborious weedings which are so costly an item of cultivation. But, again, there is no market for such crops in these countries.

But, a far greater objection to catch-crops, of any kind, is that they mean the employment of extra hands, and, at a time when the labour resources of the Federated Malay States are quite inadequate, and likely to remain so for many years to come, for the requirements of rubber alone, it seems quite idle to speak of diverting the best part of it for other work.

We know, for a fact, that, on some estates the crops of Coffee berries have been left unpicked because the labour force was too short for the work of tapping the rubber trees.

And now, the end has come; the " coup de grâce " has been given to coffee as a catch crop, by ruthlessly cutting down the trees, and the eyes of the traveller are made sore by the lamentable sight, all over the country, of thousands upon thousands of bare, beheaded stumps : all that remains of the once so proud " King Coffee ".

That seems to me to clinch the matter of catch-crops, as far as the Malay States are concerned.

To sum up the question, I would say that the 2 catch-crops which appear to me to offer the best paying prospects are 1st, fibrous plants, and 2nd, pineapples. They have the great advantage, more especially on hard clay lands, of improving the soil, by loosening it, and making it more responsive to the action of rains and of manures, without, appreciably exhausting it. But : 1st, they must be grown economically and for that, labour, must be fairly cheap; 2nd, there must be a safe and steady market close at hand.

Plantes améliorantes. — En Europe, en Californie, on a recours sur les jeunes plantations fruitières, aux plantes légumineuses et fourragères telles que le sainfoin, le trèfle, les lupins, que l'on fauche pendant 2 ou 3 ans et qu'on enfouit ensuite, comme engrais verts, au grand profit du sol, qui s'enrichit de l'azote accumulé dans leurs tissus; mais dans ces pays-ci les récoltes fourragères sont sans valeur.

Mais la plus grosse objection que l'on puisse faire aux cultures intercalaires est qu'elles exigent, même les moins coûteuses, un surcroît de main-d'œuvre, alors que les ressources de main-d'œuvre des États malais sont déjà tout à fait insuffisantes, et tendent à le devenir de plus en plus, pour les besoins de la seule culture du caoutchouc.

Il est notoire, par exemple, que sur plusieurs plantations de caoutchouc et de café intercalé, on néglige de faire la cueillette du café, les planteurs n'ayant pas assez de bras pour le saignage des Heveas.

Et maintenant, voici la fin; le café vient de recevoir son coup de grâce en tant que récolte intercalaire. Partout on abat les arbres et cela fait mal aux yeux de voir, par toute l'étendue du pays, des milliers et milliers de tiges de caféiers décapitées et voilà tout ce qui reste de ce qu'il y a dix ans encore, nous appelions le « Roi Café ». Cela me paraît résoudre sans réplique la question de récoltes intercalaires, en ce qui concerne les États Malais.

Pour conclure, je dirais que les deux récoltes intercalaires qui me paraissent offrir les meilleures chances de profits, profits pas bien gros, sont :

1° Les plantes fibreuses;

2° Les ananas.

Ces deux cultures ont le grand avantage, surtout sur les fonds argileux, de bonifier le sol, de le déliter et de le rendre plus apte à ressentir les effets des pluies et des fumures qu'on lui donne.

Mais elles demandent toutes deux une main-d'œuvre bon marché, et en second lieu, il faut qu'il y ait à portée, un marché sûr et constant.

LATEX. — FUNCTIONS OF THE LATEX. — LATICIFEROUS SYSTEM. — TENSION. — INCISION OF LOWER EDGE ONLY. — TAPPING. — SINGLE CUTS. — DRAWBACKS. — ILLUSTRATION OF SPIRAL CUT. — SPIRAL CUT VERSUS HERRING-BONE. — TAPPING EXPERIMENTS. — METHOD OF TRACING THE SPIRAL. — ADVANTAGES OF THE THIRD SPIRAL SYSTEM. — TAPPING INSTRUMENTS. — DEPTH OF CUT. — WIDTH OF CUT — COLLECTION OF THE LATEX.

Latex. — Latex or the milk of Hevea Braziliensis, is composed of minute globules of caoutchouc held in suspension in a colourless liquid. In suspension in the liquid are also resins, organic albuminous matter, and mineral matter. Some albuminous matter is also found in solution.

The chemical analyses of latex give very discrepant results, owing to the variability of its composition in different countries and at different times of the year or even of the day.

Hevea. — Latex of Ceylon, contains, according to Mr. Bamber's analysis:

Coutchouc	41,29 0/0	
Water	55,15 0/0	
leaving a balance of albuminous and mineral matter and resins ..	3,56 0/0	
	100 0/0	

Resins can only be extracted mechanically; the ordinary process of coagulation leaves them untouched.

The albuminous matters, " proteids ", which are held both in solution and in suspension in the watery medium of latex are the prime causes of the decomposition which occurs in rubber badly dried. The soluble proteids can be eliminated by washing : the removal of insoluble proteids can

---

CHAPITRE XII

LATEX. — FONCTIONS DU LATEX. — SYSTÈME LATICIFÈRE. — TENSION. — RÉSECTION DE LA LÈVRE INFÉRIEURE DE L'INCISION. — SAIGNAGE DES ARBRES. — MODES DE SAIGNAGE. — INCISIONS SIMPLES. — INCONVÉNIENTS DES INCISIONS SIMPLES. — INCISIONS EN V ET EN ARÊTE DE POISSON. — INCISIONS EN SPIRALES. — INCISIONS EN SPIRALE COMPLÈTE. — COMPARAISON DE L'ARÊTE ET DE LA SPIRALE. — RÉSULTATS COMPARÉS DES 2 SYSTÈMES. — MANIÈRE DE TRACER LA SPIRALE. — AVANTAGES DE L'INCISION EN TIERS DE SPIRALE. — COUTEAUX A INCISER. — PROFONDEUR DE L'INCISION. — LARGEUR DE L'INCISION. — RÉPONSE A LA BLESSURE. — COLLECTION DU LATEX.

Latex. — Le latex, ou lait de l'Hevea Braziliensis est composé de minuscules globules de caoutchouc en suspension dans un serum incolore, qui contient également, en suspension, des résines, des matières albumineuses organiques, et des matières minérales. En solution on y trouve aussi des matières albumineuses.

L'analyse du latex donne des résultats extrêmement variables, à cause de différences de composition suivant les pays, suivant l'âge de l'arbre, les époques de l'année ou même suivant le moment de la journée où on l'extrait. Du latex analysé à Ceylan par M. Bamber Keliway a donné. :

Caoutchouc...... ..	41,29 0/0
Eau...............	55,15 0/0
Matières albumineuses.....	2,18 0/0
Cendres et sucre..........	0,77 0/0

Une autre analyse de Scott donne 3,44 0/0 de matières résineuses.

Ces dernières ne peuvent être extraites que mécaniquement; elles sont englobées par la coagulation dans la masse du caoutchouc. Les matières albumineuses ou « proteïdes », que l'on trouve, à la fois, en suspension, et en solution dans le sérum, sont la cause première de la décomposition qui se produit dans le caoutchouc insuffisamment

only be done in the laboratory; it is, so far, impossible on a commercial scale. They remain an integral part of the rubber and, unless they are rendered inert by antiseptics, they may cause putrefaction.

Functions of the latex.

— Very little, if anything, is known of the functions of latex and its use to the plant.

The view that the latex plays some part in the nutrition of the tree, as a reserve of food material may, I think, be disregarded in presence of the fact that trees have been known to have their trunks completely stripped of bark, which made the secretion of latex impossible, without dying.

By some, the latex tubes are regarded as channels for holding water in reserve to be drawn upon during times of drought; but Mr. Ridley justly observes that, if such were the purpose of latex, the laticiferous plants would especially affect dry climates and localities, whereas a preponderant proportion of the Malaysian flora is laticiferous.

The suggestion that one at least of its functions, is a protective one against the attacks of insects, appears well-founded. Mr. R. W. Burgess gives instances in which he has found a number of small beetles, stuck and held quite fast, alive and dead, on coagulated drops of latex which had exuded from a leaf or twig bitten off. Mr. H. C. Robinson, Curator, State Museum, Selangor, has also observed the same fact.

Laticiferous system.

— The latex of Hevea is formed in the roots, whence it ascends to every part of the tree[1], but it is subject, in its upward course, to alterations in its composition which,

---

1. This is pretty well proved by the fact of a buried stump dug up from the ground after many years, showing abundance of fluid latex in its roots.

séché. Ces protéides solubles sont en parties retenues dans la liqueur mère qui reste après coagulation et ceux qui sont entraînés avec les globules de caoutchouc dans le coagulat peuvent être éliminées par le lavage à la machine : quant aux protéides insolubles, ils ne peuvent être séparés du caoutchouc que dans le laboratoire : commercialement, leur séparation demeure, jusqu'à présent, impossible. Ils forment partie intégrale du caoutchouc et, à moins d'être rendus inertes par des antiseptiques, ils peuvent provoquer sa putréfaction.

Fonctions du latex.

— Nous ne savons rien des fonctions du *latex* dans l'économie de la plante. Tout se réduit à des hypothèses. D'aucuns lui attribuent un rôle dans la nutrition de l'arbre, mais quand on considère, qu'un arbre peut donner, sans souffrir, jusqu'à 10 livres de caoutchouc en une année, et bien plus, qu'on peut dépouiller le tronc d'un arbre de toute son écorce, ce qui rend impossible la sécrétion du lait, sans qu'il en meure, il me semble, qu'on peut écarter cette hypothèse.

D'autres voient dans les tubes laticifères des conduits destinés à retenir l'eau comme provision de réserve pour les époques de grande sécheresse. Mais M. Ridley a très justement observé que si tel était le cas, les plantes laticifères affecteraient plutôt les pays et les climats secs, tandis que la plus grande proportion des plantes qui composent la flore de la Malaisie sont laticifères.

D'après une dernière hypothèse qui, celle-là, paraît fondée, le latex servirait à protéger l'arbre contre les blessures et entre autres, contre celles causées par les insectes. M. R. W. Burgess cite plusieurs cas où il a trouvé un nombre de petits scarabées, collés et emprisonnés, les uns morts, les autres encore vivants, sur des gouttelettes coagulées de latex, émises par exudation d'une feuille ou d'un bourgeon, qu'ils avaient mordu. M. H. C. Robinson, curateur du Musée de Selangor, a observé le même fait.

Système laticifère.

— Le latex se forme dans les racines d'où il monte aux autres parties de l'arbre[1], mais il subit, dans sa marche ascen-

---

1. Je ne sais si ce fait est généralement reconnu ; mais, de ce qu'on a trouvé d'abondantes quantités de latex fluide dans des racines d'arbres, abattus, et restées enfermés dans le sol pendant de longues années, il me paraît ressortir clairement que le latex est formé dans les racines.

partially, deprive the rubber of two of its essential properties, i. e. tensility and of strength.

What is the cause of this difference of quality between old latex, i. e. that obtained from the lower parts of the tree and young latex i. e. that obtained from the higher and younger parts?

Parkin has shown that by boiling young latex in alcohol, filtering it and adding water to it, very little precipitation takes place, which tends to prove that, contrary to a frequently expressed opinion, the difference of quality is not due to any excess of resinous matter in the young latex, but rather to a change of chemical composition of the caoutchouc globules themselves.

Be this as it may, it is proved by the stretching trials made by the Judges of the Ceylon Exposition, that young rubbers are deficient in strength. And this brings us to the conclusion that the best rubber can only be obtained from tapping the lower parts of the trunk, and that tapping of the higher parts and of the branches should be discarded.

The latex is contained in minute tubes, partly inter-communicating and running more or less vertically through the inner layer of the bark next the cambium, which is the growing part of the tree. New bark tissues are constantly being re-formed from the inside to replace the old bark, and in this process new tubes are formed to replace the old ones, which, owing to the pressure outwards of the growing cambium, get clogged and dry up.

Hence the necessity in tapping to make the cut sufficiently deep to reach the new tubes within it, as they alone contain latex. The depth of the cut will correspond to the thickness of the bark, i. e. about 3/8 of an inch for trees 10 years old, without, however, penetrating the cambium, which would delay the healing of the tapping scar.

The tubes which contain the latex running vertically, it follows that, in the tapping, the cut must be made across them, i. e. transversally, but for the purpose of collection and to obviate the formation of too much scrap, the cut is made obliquely, to allow the milk to run down to the collecting vessel.

dante, certains changements de composition, qui lui enlèvent en partie sa force et sa résilience, qui est une des propriétés essentielles du caoutchouc. Quelle est la cause de cette différence de qualité entre le lait provenant des parties basses ou vieilles de l'arbre, et celui provenant des parties hautes et plus jeunes? Parkin a montré, que du jeune latex, bouilli dans l'alcool, puis filtré et additionné d'eau, se trouble à peine, ce qui prouve que, contrairement à l'idée souvent émise, cette différence n'est pas due à un excès de matières résineuses, mais plutôt à un changement de composition chimique des globules de caoutchouc elles-mêmes.

Quoi qu'il en soit, il est démontré par les épreuves de tension, auxquelles ils ont été soumis par les jurés de l'Exposition de Ceylan, que les caoutchoucs jeunes manquent de force. Ce qui m'amène à conclure que, pour obtenir le meilleur caoutchouc, il faut s'en tenir au saignage des parties basses du tronc, et écarter l'innovation récente de certains planteurs qui, au moyen d'échelles, se mettent maintenant à saigner les parties élevées et les branches.

Le latex est contenu dans un réseau ramifié de tubes très minces, qui suivent une direction plus ou moins verticale à travers la couche intérieure de l'écorce, la plus voisine du cambium, qui constitue la partie activement croissante de l'arbre. De nouveaux tissus corticaux se forment tout le temps, de l'intérieur pour remplacer la vieille écorce, et donnent lieu à la naissance de nouveaux tubes, au lieu et place des anciens tubes qui, par suite de la pression exercée par le cambium, toujours en voie de formation nouvelle, finissent par s'obstruer et se dessécher. De là, il s'ensuit que les incisions que l'on fera aux arbres pour les saigner devront être assez profondes pour atteindre la nouvelle écorce et les nouveaux tubes qu'elle contient, puisque seuls ils contiennent du latex. La profondeur de l'incision devra donc correspondre à l'épaisseur de l'écorce (soit 1 centimètre pour un arbre de 10 ans) sans cependant pénétrer le cambium, ce qui retarderait la cicatrisation de la plaie faite par l'incision.

Les tubes, qui contiennent le latex ayant une direction à peu près verticale, il s'ensuit que, pour les couper, l'incision devra être transversale, mais, pour activer l'écoulement du latex et éviter la formation de *Scrap rubber* ou de caoutchouc coagulé spontanément sur l'arbre, on fera l'incision oblique,

Tension. — To make the latex flow out of its capillary tubes requires a force to impel it. Gravitation cannot account for it, since latex flows more freely from the lower edge of an incision than from the upper one.

This force is *tension*, partly the result of the constant growth of the wood, which causes it to press against the bark, partly the result of pressure of water in the stem, which is reduced when transpiration of the leaves is very active as it is in the heat of day, and is increased when transpiration is less active, as during the night or during rainy weather. The increase of pressure is followed by expansion, and decrease of pressure is followed by contraction of the tree.

Mr. Derry observed that, if a ligature is fixed tightly round a tree in the morning, it will slacken as the day gets hotter, and will brace up again towards evening. From a series of measurements, he found that a tree girth in the morning, contracts by as much as half an inch in the afternoon, and then gradually resumes its morning girth. On wet days, the tree is at its maximum of expansion.

From these observations, we can conclude that the tree is more turgescent in the morning or evening, owing to greater pressure and that the latex will therefore flow more abundantly at such a time, than in the day when contraction takes place.

Incision of lower edge only.

— I stated above that the milk flows more freely from the upper edge of an incision than from the lower edge. I do not know whether the fact is accepted, but it appears to come out clearly from the experiments of Doctor Tromp de Haas in Tjikeumeu.

4 Hevea were tapped with the following results of yield of rubber :

Incised on lower edge only.	Incised on both edges.
380 grammes	552 grammes
180 --	370 --
237 —	403 —
221 —	300 —
Totaux 1018 grammes.	1.625 grammes.

de façon que le lait puisse couler de lui-même dans les godets collecteurs.

Tension. — Pour faire sortir le latex de ses tubes capillaires, il faut une force pour le pousser dehors. Ce n'est pas la pesanteur, puisque le latex coule plus librement et plus abondamment du bord inférieur de l'incision, que du bord supérieur.

Cette force est due à la tension, résultant en partie de la croissance continue du bois, qui est cause de pression contre l'écorce, et en partie de la pression de l'eau dans le tronc, pression qui diminue quand la transpiration des feuilles est très active, comme cela a lieu pendant les heures chaudes du jour et qui augmente, quand la transpiration est moins active, pendant la nuit, ou par les temps de pluie. L'augmentation de pression est suivie d'une dilatation de l'arbre; la diminution de pression est suivie d'une contraction de l'arbre.

M. Derry a observé que si on attache un lien très fortement serré autour d'un arbre le matin, ce lien se desserre aux heures chaudes de la journée, et se resserre de nouveau vers le soir. D'une série de mesures prises, par cet observateur, il ressort, que la circonférence de l'arbre diminue de plus d'un centimètre entre le matin et l'après-midi et augmente d'autant avant le soir. Pendant les jours pluvieux, l'arbre est à son maximum de dilatation.

De ces observations, nous pouvons conclure, que l'arbre est plus turgescent le matin ou le soir, eu égard à la plus grande pression, et que, par conséquent, le latex coulera plus abondamment à ces moments là que dans la journée, lorsque la contraction a lieu.

Résection de la lèvre inférieure de l'incision.

— J'ai dit plus haut, que le latex coule plus librement de la lèvre inférieure de l'incision que de la lèvre supérieure. Ceci ressort clairement des expériences du Docteur Tromp de Haas à Tjikeumeu.

4 Heveas furent saignés et le rendement en caoutchouc fut le suivant :

Résection de la lèvre inférieure seulement.	Résection des deux lèvres.
380 grammes	552 grammes
180 —	370 —
237 —	403 —
221 —	300 —
Totaux 1018 grammes.	1625 grammes.

The double incision was very far from yielding double the amount of rubber.

In another experiment, on a larger number of trees, the following averages were obtained per square meter of tapped area :

Incision on lower edge only   Incision on both edges.
390 grammes.   414 grammes.

The conclusion to be drawn from this is that although the double incision of both edges yields more latex than the the single incision of the lower edge, the bigger yield is not commensurate with the disadvantages of the broadening of the wound by the double incision, and that it is advisable to incise the lower edge only.

Tapping. — I shall consider as settled the 3 points which I have endeavoured to develop in the preceding lines :

1. That the lower part of the trunk alone should be tapped to a height not necessitating the use of ladders, which make for unsteadiness of hand in the workers, and waste of time, without compensating profit;

2. That, as a general rule, the paring of the incision after the first tapping should be limited to the lower edge of the wound, in order to reduce the width of the wound.

3. That, as far as possible, incising should be practised in the afternoon to allow the milk to flow during the night, when the tubes are most turgescent, and the collecting of the latex should be done in the early morning.

Modes of Tapping. — I shall now review succinctly the divers modes of tapping :

Single cuts, as practised in Brazil, and as executed before us by Mr. Bonnechaux, the Amazonian Explorer, these cuts are made about 3 inches long with a hatchet, slanting downward from left to right; each cut separated by about 6 inches from the upper one.

Abstraction made of the yield of latex obtained by this method, as compared with other methods, a point not clearly established, the method of single cuts has 2 merits to recommend it :

On voit que la résection des 2 lèvres est loin de donner le double de caoutchouc. Dans une autre expérience sur un plus grand nombre d'arbres, on obtint les moyennes suivantes par mètre carré de surface saignée :

Résection de la lèvre inférieure.   Résection des deux lèvres
390 grammes   414 grammes.

La conclusion à tirer de ceci est que, bien que la double résection donne plus de caoutchouc que la seule résection de la lèvre inférieure, l'augmentation de rendement, ne compense pas le désavantage qui résulte de l'élargissement de la plaie, et qu'il est de bonne économie de ne réséquer que la lèvre inférieure.

Saignage des arbres. — Comme suite aux développements, que je viens de donner, je considère, comme établis les 3 points suivants :

1° Que seule la partie basse du tronc doit être incisée, jusqu'à une hauteur (soit 1^m,80 à 2 mètres) qui ne nécessite pas l'emploi d'échelles, lesquelles, outre le manque d'aplomb du travailleur, causent une perte de temps sans compensation de bénéfice;

2° Qu'en règle générale, une fois la coupure faite, on doit se borner, les jours suivants, à la résection de la lèvre inférieure seule, afin de réduire la largeur de l'incision;

3° Qu'autant que possible, la résection doit être faite l'après-midi de façon à provoquer l'écoulement du latex pendant la nuit, alors que les tubes laticifères sont le plus turgescents.

Modes de saignage. — Nous allons maintenant passer en revue brièvement les divers modes de saignage :

Les incisions simples, telles qu'on les pratique au Brésil, et telles que M. Bonnechaux les a exécutées devant nous, sont de petites coupures droites, d'environ 8 centimètres de long faites avec une hachette; ainsi que le montre la photographie ci-après, elles sont en biais de gauche à droite, l'extrémité droite en bas, et espacées de 15 centimètres environ les unes au-dessus des autres.

Abstraction faite du rendement obtenu par cette méthode, en comparaison avec les autres méthodes, point sur lequel les données manquent, le système des incisions simples se recommande par deux mérites.

1. It is the easiest;

2. It is the simplest and does not oblige the coolie, careless as he often is, to follow complicated lines and angles. Anyone familiar with the listless way of working of these men, will readily admit that simplification is an aim always to be kept in view.

1° C'est le plus facile de tous;

2° C'est le plus simple, et il n'oblige pas le coolie, généralement peu attentif à ce qu'il fait, à suivre des lignes et des angles plus ou moins compliqués. Tous ceux, qui ont observé la façon distraite et insouciante, dont le coolie accomplit son travail, seront d'avis que plus ce travail est

Herring-bone on top of straight-cut incisions, showing the warty surface caused by the latter.

Incisions en arête de poisson faites au-dessus d'incisions simples montrant le bossuage qui en résulte.

compliqué, plus il a chance d'être gâché; et qu'en un mot, la simplicité doit être recherchée en tout.

Drawbacks. — But there are serious drawbacks to it; it necessitates the use of one tin for every cut which means the employment, on a large estate, of tens of thousands of tins. Not only do these tins get lost, smashed, but they require washing and cleaning which all takes time. More-

Inconvénients des incisions simples. — Mais cette méthode a de très sérieux inconvénients; elle nécessite d'abord l'emploi d'un godet pour chaque coupure ce qui, sur un grand estate, porterait le nombre des godets à des chiffres presque fantastiques; de plus ces godets se dé-

over, the repetition of small scars close together, all over the surface of the trunk, tends to render the bark lumpy and warty, which makes future tappings almost impossible.

These reasons and the want of system in the

forment, se cassent, se perdent, et il faut les laver fréquemment ce qui occasionne une grosse perte de temps. En second lieu, ainsi qu'on peut le remarquer sur la photographie ci-dessus (page 138) la répétition de ces petites cicatrices, les unes près

Photo by H. Overbeck.

Herring-bone incisions.

Incisions en arêtes de poisson.

distribution of the cuts, have finally condemned the method of short straight cuts. It is, however, to be regretted that these drawbacks should have caused its abandonment without an effort to preserve the one sound principle of the straight line.

Herring-bone. — It has now given place to the system of broken angular lines in the shape of V cuts superposed, or the herring-bone, which to

des autres finit par produire un tronc bossué et verruqueux, qui, par la suite, devient impossible à saigner.

Ces raisons, jointes au manque de système dans la distribution des coupures, ont fait condamner les incisions simples. Mais il est, je crois, à regretter que l'on y ait renoncé sans avoir fait un effort pour conserver le principe juste de la ligne droite.

Incisions en V et en arête de poisson. — On a recours maintenant aux incisions par lignes brisées, angulaires en forme de V ou d'arête de poisson,

my mind, are not conducive to efficiency of work on a large scale, because there is too much finicking about it.

For that reason, I am inclined to look upon the newly-imagined method of tapping spirally or half-spirally, or third-spirally, as a step in the right direction. It has the simplicity of the straight

que reproduit la photographie ci-dessus, système qui, à mon avis, va à l'encontre de la bonne qualité du travail, parce qu'il manque, justement, de simplicité.

Incisions en spirales. — C'est pour cette raison, que je suis enclin à voir, dans la nouvelle méthode, d'incisions en spirales, ou plutôt en demi-

Complete spirale incision on young Hevea. The trees in background show herring-bone incisions.

Incision en spirale complète. Les arbres au second plan sont incisés en arête de poisson.

cut; it is in one continuous unbroken line, therefore easy to trace; it allows of a systematic distribution of the cuts per season, by apportioning a specified surface of bark for each tapping. Lastly, it makes a clean straight wound, and causes the minimum of deformity of the bark.

spirales, et mieux encore en tiers de spirale, comme un pas dans la bonne voie.

Elle a la simplicité de la ligne droite; elle est continue et sans angles et, par conséquent, facile à tracer; de plus elle permet de distribuer systématiquement les incisions par saisons, en attribuant une portion donnée de la surface de l'écorce pour chaque période de saignage.

Enfin la blessure, qui en résulte, est franche et produit le minimum de difformité du tronc.

Spiral cut. — The full spiral cut is shown in the two plates page 125 and 140. Each spiral runs completely round the tree.

For more clearness of description, we shall imagine the trunk of the tree to be a cylinder 6 feet high and 6 feet of girth (see figure). The visible part of it is the half of the cylinder showing 36 inches, or half of the surface. At a point, 12 inches to the right of the edge, a first spiral A is traced running downward to the left, at an inclination of 45°. A dotted line shows its course on the other side; 12 inches to the right of spiral A; a

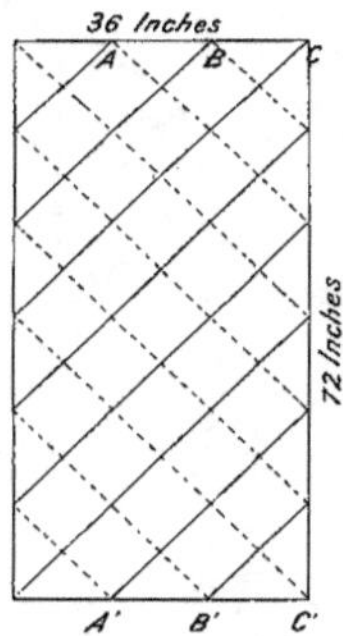

second spiral, B, is drawn parallel to the first, and 12 inches further, another spiral, C, runs parallel to the preceding one. We have thus 3 spirals on the front of the tree, and 3 on the back, also 12 inches apart, i. e. altegother 6 spirals all running parallel. Each spiral goes right round the tree and ends at a point A' at the foot of the tree, exactly vertically under A, B' under B, C' under C. As will be seen, this full spiral amounts virtually to a complete stripping of the bark, as far as the circution of the sap is concerned; it must act as a forlamidable check on the growth of the tree, if it does not permanently injure it. In any case, after such mutilation, the tree must be allowed a long rest to recover and to re-form its bark. This necessity for a long rest makes it doubtful whether such a method, notwithstanding the heavy yield of milk once obtained, will pay better than well regulated tapping. It looks like bad husbandry.

Incisions en spirale complète. — La spirale complète, représentée par les photographies pages 125 et 140 comporte 6 spirales dont chacune fait le tour de l'arbre. Pour plus de clarté, imaginons-nous que le tronc de l'arbre est un cylindre de 1^m,80 de haut et 1^m,80 de tour. La partie vivible ABCD est la moitié du cylindre et nous montre la moitié de sa surface, soit 1^m,80 sur 90 centimètres de largeur. A un point a à la droite et à 30 centimètres de AD limite visible du cylindre, nous traçons une première spirale, ab, qui se continue derrière l'arbre en bb' pour

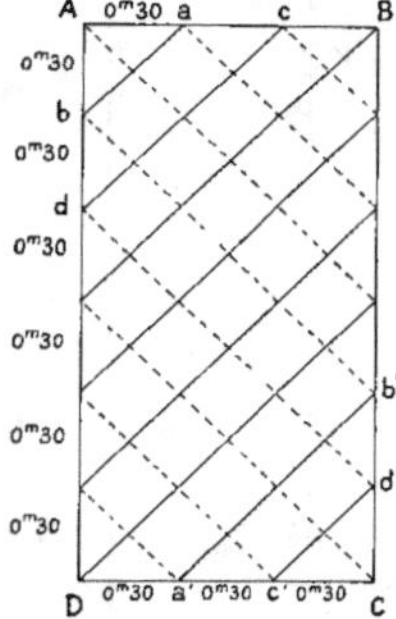

aboutir sur le devant en a'; à 30 centimètres de a, en c, nous traçons une seconde spirale cd, qui se continue par derrière en dd' pour aboutir sur le devant en c'; une troisième spirale partant de B, suit une marche parallèle aux 2 premières et pour aboutir en C. Nous avons ainsi 3 spirales sur le devant et 3 spirales sur le derrière de l'arbre, toutes distantes l'une de l'autre de 30 centimètres et toutes parallèles. Chaque spirale fait le tour complet de l'arbre et se termine en un point a', au pied de l'arbre, exactement verticalement en dessous de a; c' en dessous de c, et C en dessous de B.

Il est facile de voir que ce système de spirales pleines équivaut à un dépouillement complet de l'écorce, en ce qui concerne la circulation de la sève dans l'arbre, et qu'il doit en résulter un arrêt formidable de la croissance de l'arbre, ainsi traité, si même, il n'en résulte pas une atteinte permanente à sa vitalité. Dans tous les cas, il est évi-

But I do not think that the same reproach applies to a partial spiral cut embracing, say, the third of the surface of the trunk only.

dent, qu'après une pareille mutilation, l'arbre aura besoin d'un repos très long pour lui permettre de reformer son écorce, et cette impérieuse nécessité d'un long repos fait, que je doute très fort, malgré les gros rendements qu'on peut en obtenir en une fois, que cette méthode soit à la longue, plus profitable qu'un saignage réparti sur deux ou trois sai-

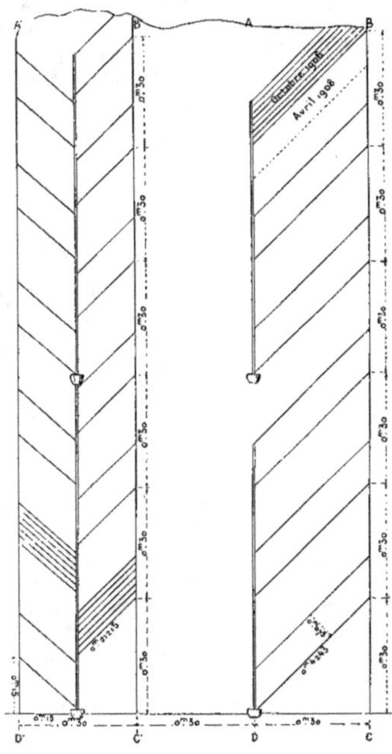

Herring-bone.
Length of cuts 8",49.

1/3 spiral : Length of cuts 17".
Tapped surface :
72 inches × 12 = 864 sq. inches
Surface of bark excised (cuts 3" broad) = 306" sq. inches.

Arête de poisson,
Longueur des incisions : 0^m,21245.

Tiers de spirale,
Longueur des incisions : 0^m,4243. Largeur : 0^m,075.

La surface drainée est la même dans les deux cas, soit 1^m,80 de hauteur par 0^m,30.

Surface d'écorce incisée (les incisions ont 0^m,075) : 1909 centimètres carrés, 350.

sons. A mon sens, cela équivaut presque à manger le fonds et le revenu. Mais je ne crois pas qu'on puisse faire le même reproche à une incision en spirale partielle, embrassant, seulement un tiers de la surface du tronc.

Spiral cut versus Herring-bone. — The figure above represents a height of 6 feet of the surface of the trunk of a tree of, say, 9 years old and 36 inches in girth.

Let us suppose the bark to be stripped off and laid flat. We shall have a surface of 72 inches (the height) multiplied by 36 inches, the girth, i.e. 2,592 square inches. Let us divide this surface into 3 vertical strips of 12 × 72 inches, which will give us, for each strip, 864 square inches, the third of the total surface. One strip ABCD, is tapped by 6 1/3rd spirals at an inclination of 45°, the first starting from the earth at D, and ending at E, and the other five parallel to DE at every foot up the trunk. We have thus 6 spirals draining the surface ABCD of 864 square inches.

On the left side of the figure is the strip A'B', C'D' of exactly the same surface, i. e. 864 square inches, tapped on the herring-bone system, i. e. one cut at every foot on both sides of a vertical channel, also at an inclination of 45°.

In both cases, the width of the incisions being the same, i.e. 3 inches, it is easy to see that the surface of bark cut out by the tapping is the same, i. e. 306 square inches. And yet does it not seem, by the mere look of it, as if there were less mutilation of bark in the first than in the second tapping? There is also the almost inevitable risk, in the herring-bone, of the bark, at the angles, being loosened or chipped off by the knife with the result that the healing of the wound will be slower than in the long straight cut.

Tapping experiments. — Now, I would draw attention to the results of tapping experiments carried on lately at Henaratgoda, which are recorded in Mr. Herbert Wright's work " Hevea Braziliensis ".

Two lots, of 25 trees each, were selected, of 15 to 20 years of age; both lots were tapped at the same season between 26th September 1905 to 13th February 1906. One lot on the half-spiral system, the other on the herring-bone system, and the results are as follows :

Comparaison de l'arête et de la spirale. — La figure ci-dessus, représente 1^m,80, du tronc d'un arbre de 9 ans, d'une largeur de 90 centimètres. Nous supposons l'écorce enlevée de l'arbre et mise à plat; nous aurons une surface de 1^m,80 × 90 = 16200 centimètres carrés. Si nous divisons cette surface en 3 bandes verticales égales, nous aurons 3 bandes de 5400 centimètres carrés chacune, soit le tiers de la surface totale.

Une bande ABCD est incisée par 6 coupures en tiers de spirales, à une inclination de 45 degrés, la 1re spirale partant de D et s'arrêtant en E, et les 5 autres spirales parallèles à la première et espacées de 30 centimètres les unes des autres. Nous avons ainsi 6 spirales drainant la surface ABCD de 5400 centimètres carrés.

A gauche de la figure, la bande A' B' C' D' d'exactement la même surface (4500 cent. carrés), est incisée en arête de poisson, c'est-à-dire par une coupure à tous les 30 centimètres de chaque côté d'un canal vertical, ce qui nous donnera 6 coupures de chaque côté, soit 12 coupures en tout.

Dans les deux cas, les coupures ont la même largeur, soit 0^m,075, et il est facile de voir, que la surface d'écorce excisée, est absolument la même.

Soit pour la 1re bande :

0^m,4243 × 0,075 × 6 = 1909, 350 cent. carrés.

Soit pour la 2e bande :

0^m,21215 × 0,075 × 12 = 1909, 350 cent. carrés.

Et pourtant ne semble-t-il pas, à première vue, qu'il y ait une mutilation moindre dans la première bande que dans la seconde? Il y a aussi, dans l'arête, le risque, qui se produit, du reste, très fréquemment, que le fragment de l'écorce aux angles, ne se fende et ne se détache tout à fait sous l'action du couteau ce qui élargit encore la plaie et retarde la cicatrisation.

Résultats comparés des deux systèmes (arête et spirale). — Nous devons maintenant attirer l'attention sur des saignages expérimentaux pratiqués récemment à Henaratgoda, et qui sont rapportés par M. Hubert Wright. On a choisi 2 lots d'arbres, chaque lot se composant de 25 arbres d'âges variant entre 15 et 20 ans. Les deux lots ont été saignés pendant la même période, du 26 septembre 1905 au 13 février 1906, l'un, par la coupure en arête, l'autre, par la coupure en demi-spirale, et voici les résultats obtenus :

SYSTEM OF TAPPING	NUMBER of times tapped	AREA excised in square inches	YIELD of Rubber in pounds
Half-spiral.........	41	5,003 1/4	35 lbs 2 oz
Herring-bone......	39	7,348 1/4	47 lbs

By working out these figures it will be found that the 306 square inches of bark stripped by tapping in the 2 cases which I have taken above for illustration, will yield :

In the 1/3rd spiral tapping $\dfrac{562 \text{ oz} \times 306}{5003} = 34 \text{ oz } 60$

In the Herring-bone tapping $\dfrac{752 \text{ oz} \times 306}{7248} = 32 \text{ oz } 70$

So far, therefore, experiments go to show that the advantage of yield rests with the simpler method of the long-straight cut. Results are often influenced by physical conditions, which cannot be determined, but the length of time, 6 months, over which the above experiments were carried, tells for the accuracy of the conclusion drawn.

One great advantage which I see in the spiral system is the ease and mathematical precision which it imparts to the work of the coolie.

Method of tracing the cuts. — There is no necessity for him to carry about triangular markers to trace out his herring-bones. A bit of string some 10 feet long and a piece of chalk is all he need carry with him. The string is marked at every foot with a piece of cotton attached to it; at the end a nail is fastened. The coolie fixes the nail to the trunk at a height of 6 feet, letting the string hang vertically; he traces with his chalk a line along the string right down to the ground. He next measures the girth of the tree and takes the third of that girth by doubling up the string. The length so obtained, he measures off the vertical line which he has traced with chalk, to the left or right of it. And he traces another vertical line down to the ground. The space between the 2 vertical lines will give him the third of the surface of

GENRE DE COUPURE	NOMBRE des incisions faites	SURFACE d'écorce excisée en centimètres carrés	RENDEMENT en caoutchouc, en kilo.
Demi-spirale.....	41	31268.75	16 k. 450
Arête de poisson .	39	45925	21.338

Si nous analysons ces chiffres nous verrons que les 1909 centimètres carrés d'écorce excisée dans les 2 cas que nous avons donnés plus haut devront rendre.

Avec incision en tiers de spirale. $\dfrac{16.450 \times 1909}{31268.75} = 1 \text{ k. } 004$

Avec incision en arête de poisson. $\dfrac{21.338 \times 1909}{45925} = 0 \text{ k. } 887$

Ainsi donc, nous en tenant à ces expériences, nous pouvons conclure, que la méthode la plus simple, celle des longues incisions en spirale particlle, donne, pour une surface égale d'écorce excisée, un rendement, plus fort que la méthode de l'incision brisée en arête. Les résultats d'expériences de ce genre sont souvent influencés par des conditions physiques, qu'il est impossible de déterminer; mais l'espace de temps, 6 mois, pendant lequel ont duré ces expériences, nous garantit suffisamment l'exactitude des conclusions, que nous avons tirées. Un des grands avantages de l'incision en spirale est la facilité et la précision presque mathématique qui en résulte dans le travail du coolie.

Manière de tracer la spirale. — Il n'est pas nécessaire, qu'il traîne avec lui des modèles découpés, comme il est d'usage sur certains estates, où l'on pratique l'incision en arête de poisson. Tout ce qu'il lui faut, c'est un bout de ficelle de 3 mètres de long et un morceau de craie. A tous les 30 centimètres on attache sur la ficelle un chiffon, et, à un bout, on y attache un clou. Le coolie plante le clou sur le tronc, à $1^{m},80$ de terre, et laisse pendre la ficelle, et le long de celle-ci, il trace une ligne à la craie, jusqu'à terre. Il prend la circonférence de l'arbre avec sa ficelle, et prenant le tiers de cette circonférence, il applique cette mesure à la droite ou à la gauche de la ligne verticale, qu'il a précédemment tracée, et il tire à la craie une seconde verticale jusqu'à terre. L'espace entre ces 2 verticales lui donnera le tiers de la surface du tronc, et

the trunk, and it ist his space which is to be tapped.

Supposing, for instance, the tree is 5'6" = 66 inches in girth. The first vertical line is traced; the coolie now takes the girth by circling the trunk with the string; he divides his string in 3 which gives him a length of 22 inches : at 22 inches from the first vertical line, another vertical line is chalked and, at each cotton strip of the string a chalk stroke is marked on the bark.

The space thus marked off is a surface of 72 × 22 inches = 1,583 square inches.

From the vertical line to his right (the coolie, as a rule, works better from right to left) he has

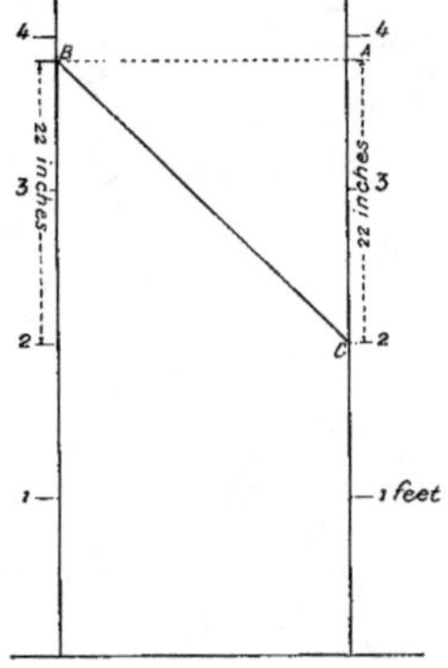

now, at every foot mark on the trunk, to trace with chalk an ascending line with an inclination of 45° right up to its intersection with the vertical line to his left.

To obtain an inclination of 45° is easy.

From chalk mark No. 2 (see figure) he measures 22 inches (the distance between the 2 vertical lines) and makes a chalk mark on A; he does the same on the other side and makes a mark at B. CB will give him his line of tapping : the 5 other lines will be made parallel to CB.

The above explanation may be a little long; but it is simple in the extreme, and there is nothing in it that the coolie cannot master after a little practice; and when he is trained to it, it insures an almost geometrical exactness tohis tapping, which

c'est cette surface qu'il va saigner. Supposons, par exemple, que l'arbre ait 1ᵐ,65 de pourtour. Il a tracé la première verticale; il prend le pourtour de l'arbre avec sa ficelle, et en la repliant sur elle-même en trois, il obtient le tiers du pourtour, soit 55 centimètres, il reporte ces 55 centimètres de ficelle à la droite de la verticale et, au bout, il trace une seconde verticale et laissant pendre sa ficelle, il fait une marque à la craie à tous les 30 centimètres indiqués sur la ficelle par des chiffons. Il a ainsi tracé sur l'arbre un rectangle de 1ᵐ,80 de haut sur 55 centimètres de large, soit une surface de 9.900 centimètres carrés.

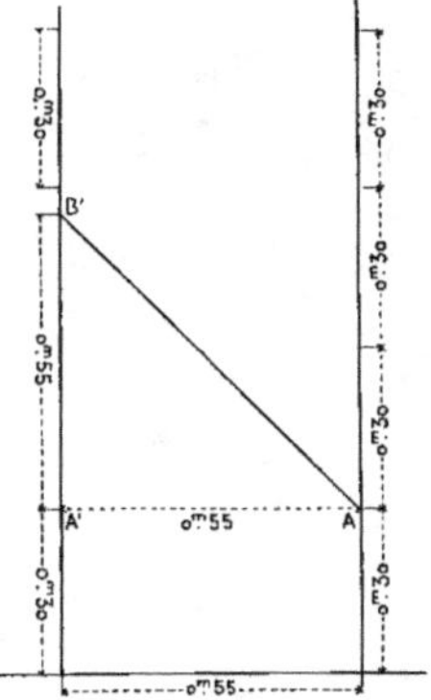

De la verticale à sa droite (le coolie travaille mieux de droite à gauche) il a maintenant à tracer, à la craie, à partir de chaque marque de 30 centimètres, une ligne ascendante inclinée à 45 degrés, jusqu'à son intersection avec la verticale à sa gauche :

Voilà qui est tout à fait aisé.

De la marque A', il mesure, avec sa ficelle, 55 centimètres (la distance entre les 2 verticales) sur la verticale à sa gauche, ce qui lui donne le point B' et de A il trace la ligne AB' qui aura l'inclinaison voulue de 45. Cette ligne AB', sera la ligne que devra suivre le couteau pour faire l'incision, les autres 5 lignes étant toutes parallèles à AB' seront faciles à tracer. Nous aurons ainsi, l'une au-dessus de l'autre, 6 tiers de spirales, em-

counteracts his inborn slovenliness and makes for efficiency.

Advantages of the third spiral cut. — Another advantage in having a fixed proportion of

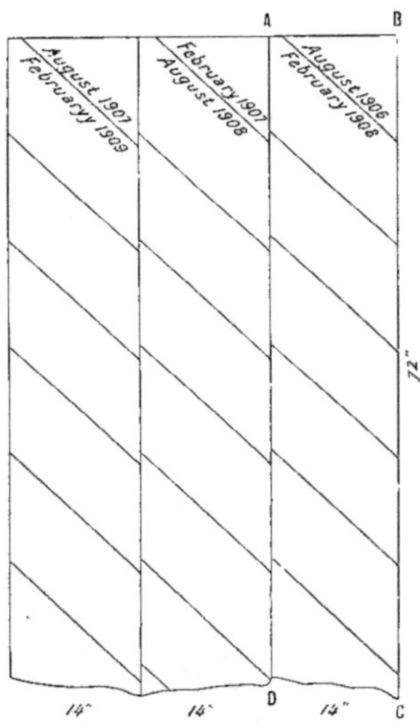

the trunk tapped is that the same lines of tapping can be followed as long as the tree lives. The tree may grow in girth, but the relative positions of the lines remain the same.

The object of tapping one third only of the surface, instead of one half as is done in the half-spiral system, is twofold :

1. To leave as much of the bark whole in order not to check the flow of the sap;

brassant le tiers de la surface totale de l'arbre, qui est comme nous l'avons dit 1ᵐ,80 × 1ᵐ,65.

Ces explications peuvent paraître un peu longues, mais la chose elle-même est la simplicité même, et il n'y a rien là que le coolie le plus stupide, ne puisse exécuter après un peu de pratique ; et, une fois qu'il y est fait, l'opération du saignage est réglée avec une précision géométrique, qui empêche le coolie de s'égarer dans le tracé des incisions, ce à quoi, il n'est que trop enclin par son insouciance naturelle.

Avantages de l'incision en tiers de spirale. — Un autre avantage de cette méthode est

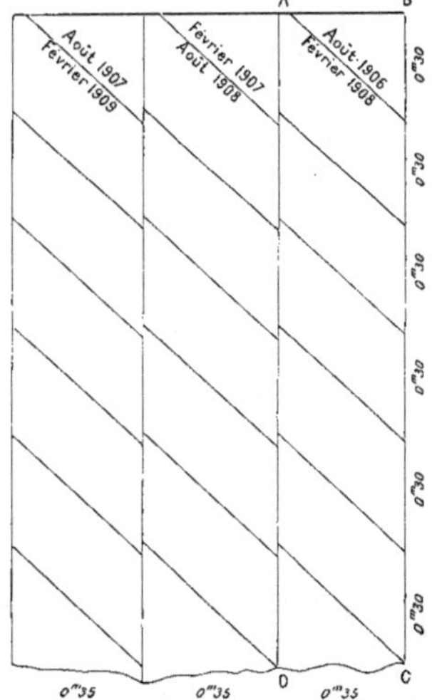

que les lignes des incisions restent les mêmes tant que dure la vie de l'arbre. L'arbre pourra croître en grosseur, mais la position relative des lignes reste toujours la même. L'objet que nous avons en vue, en limitant les spirales au tiers de la surface, au lieu de la moitié de la surface, ainsi qu'il a lieu avec la méthode de la demi-spirale, est double :

1° De conserver intacte autant de surface d'écorce, que possible, afin de ne pas faire obstacle,

2. It gives ample time to the bark and the latex tubes to renew themselves before the subsequent tappings; for, as the above schema shows the same surface is only tapped once in 18 months.

Having tapped the strip ABCD in august 1906, we shall not need to return to it before february 1907.

Tapping instruments. — A good tapping instrument should be :

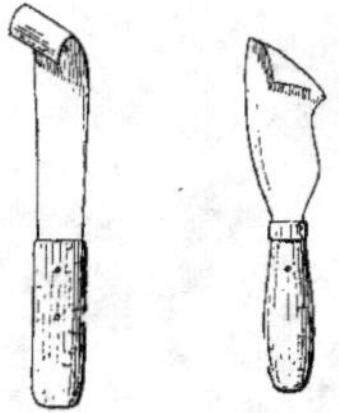

1. Very strong;
2. Simple in make ;
3. Cheap ;
4. Easy of adjustment so as to cut the exact depth.
It should need few or no repairs beyond sharpening the edge and lastly it should have a clean cutting action without pressing against the edges of the wound which would clog the milk tubes.
Some planters still use knives of the above pattern more or less modified, with semi-circular cutting edge, but I confess to no great liking for this form, owing to the difficulty of keeping the curved edges sharp enough, and without sharpness they produce a jagged cut. Of late, however, many new forms of tapping knives are to be found on the market as will be seen from the photo on the other side, but none, as far as I know, fulfill all the above conditions. Some, otherwise efficient enough, are much too expensive and delicate, considering that every coolie on the estate must be given one.

ou le moins possible, à la circulation de la sève ;
2° Nous donnons ainsi tout le temps voulu à l'écorce de se reformer entre un saignage et le saignage suivant, et avec l'écorce nouvelle se reforment de nouveaux tubes laticifères. Le diagramme ci-dessus montre que la même bande de surface est laissée au repos pendant 18 mois avant que le couteau n'y revienne.

Ayant saigné la bande ABCD en août 1906 nous n'y reviendrons qu'en février 1908, et la répartition des saignages successifs se fera, ainsi que nous l'indiquons sur la figure, de façon que chaque bande ait 18 mois de repos, avant le saignage suivant.

Couteaux à inciser. — Un bon couteau à inciser doit répondre aux conditions suivantes.

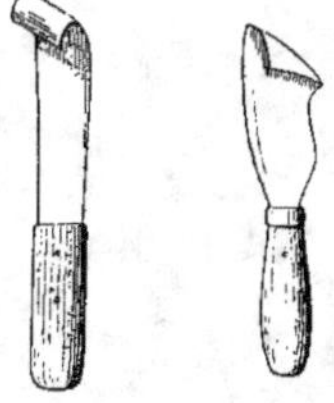

1° Être très solide ;
2° De fabrication simple ;
3° Bon marché ;
4° Facile à ajuster, si les pièces en sont mobiles ;
5° Être facile à réparer et aiguiser ;
6° Avoir une action coupante nette, sans pression sur les côtés, ce qui obstruerait les tubes à latex. Certains planteurs s'en tiennent à l'emploi de couteaux du genre ci dessus, avec lame tranchante recourbée, de modèle, plus ou moins modifié, mais, je ne suis pas grand partisan de cette forme à cause de la difficulté, très grande d'aiguiser la partie coupante, et à moins d'être très bien aiguisée, l'incision, qu'elle donne est trop déchiquetée. Dans ces derniers temps un très grand nombre de couteaux de tous modèles, ont été mis sur le marché, ainsi qu'on peut le voir sur la photographie ci-contre, mais, il n'en est pas un, que je sache, qui réponde à toutes les conditions voulues. Il y en a, qui donnent, certes, un bon travail, mais ils sont beaucoup trop chers et, beaucoup trop

19

A very simple one and, partly for that reason, an effective knife is Golledg's, a gouge and flat chisel combined with the sharp edge cut out in a V, and with side grooves.

But my preference would go to a tool which cuts from outside, like the chisel, but without necessit-

délicats a l'usage. Il faut se rappeler, que chaque coolie de l'estate, doit être muni de son couteau inciseur et que, sur un estate de 1.000 coolies, par exemple, il faudra, avec la casse, et les pertes certaines, au moins 1.500 couteaux, ce qui, au prix de certains de ces instruments (S 3), représenterait

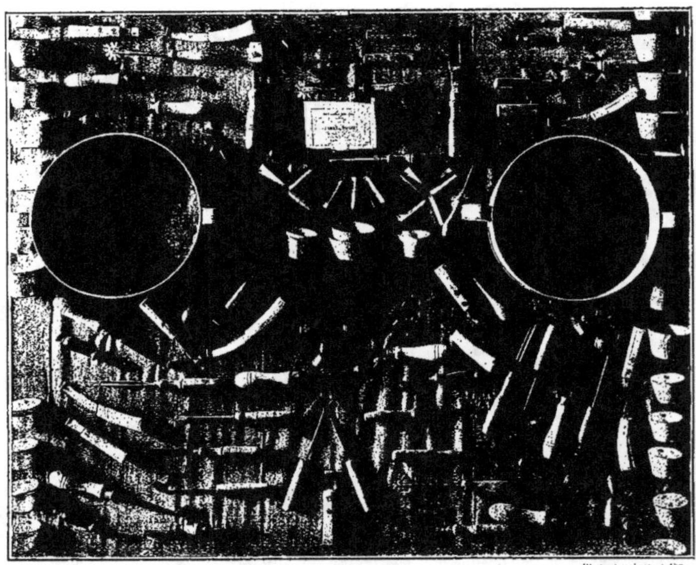

Photo Lambert et Cⁱᵉ

Tapping knives, collecting cups and strainers.

Couteaux d'incision et matériel de collection du latex.

ating hammering; some instrument with 2 parallel adjustable blades, set to the proper depth, which the coolie would have simply to run along the line of tapping, the pressure of the hand being sufficient to cause the cutting. Perhaps such a knife does exist, but I have not seen it. A clean cut and expeditiousness are the chief requirements of a tapping tool.

une dépense de 4.500 dollars, soit 13.500 francs. Un outil, qui se recommande par sa solidité et sa simplicité est l'inciseur de Golledge, espèce de ciseau à bois, et gouge tout ensemble, avec tranchant en forme échancrée en V, et rainures sur le côté. Mais ma préférence irait à un instrument, donnant une coupure perpendiculaire et droite comme le ciseau à bois, mais sans avoir à procéder par coup de marteau, ce qui est trop lent et donne une coupe d'une profondeur inégale; un instrument à 2 lames parallèles ajustables, qui puissent se régler à la profondeur voulue, et qu'il suffirait de

Depth of the cut. — As already explained in a previous chapter, the cut should only reach through the layer of bark next the cambium; the average thickness of bark of trees 10 to 12 years old is 3/8 of an inch.

Width of the cut. — The cut should be as narrow as possible yet of sufficient width to allow the free flow of the milk; a quarter of an inch with clean cut edges is sufficient.

To re-open the wound only the lower edge should be pared off, the upper edge being simply pricked with a pricker, so as to re-open the milk tubes.

The aim to be kept in view is to make the wound as narrow as possible so that, after the 30 incisions, or more, of one season, the cut be not more than 3 inches wide and if possible, less. In this connection, the photographs given above of divers modes of tapping, show far too broad a cut; the coolie should be trained to make narrow channels.

Not to forget before incising, to plane lightly the part, to be incised, so as to obtain a smooth surface.

Wound effect. — I stated above that the flow of milk from the tubes was caused by tension, but there is also another unexplained factor at work in the act of exudation. Tension, alone, would cause the latex to spurt out at the very moment of the severance of the tubes by the knife and gradually to lose its gush to a slow ooze. But as a matter of fact, it is the very reverse that happens when a tree is first tapped.

The exudation is often at first non-existent or feeble; but, at a second or subsequent tapping, the flow is greatly increased, and a steady increase is

glisser le long de la ligne d'incision, la pression de la main seule suffisant à assurer la pénétration des lames. Peut-être ce couteau existe-t-il, mais je ne l'ai pas encore vu.

Ce que l'on doit demander avant tout à un inciseur, c'est de donner une coupure franche et un travail rapide.

Profondeur de l'incision. — Ainsi que je l'ai dit dans un chapitre précédent, l'incision doit traverser la couche de l'écorce jusqu'au cambium sans toucher celui-ci; la profondeur moyenne de l'écorce d'un arbre de 10 à 12 ans est de 8 millimètres à 1 centimètre.

Largeur de l'incision. — L'incision doit être aussi étroite que possible, mais assez large, néanmoins, pour permettre le libre écoulement du latex; une largeur de 1 centimètre avec coupure franche des bords, est suffisante. Pour rouvrir la blessure, on doit se borner à rogner une lamelle très mince d'écorce de la lèvre inférieure et on se contentera d'exciter les tubes à latex de la lèvre supérieure par des piqûres au moyen d'une roue mobile étoilée et garnie de pointes, comme la molette d'un éperon. Il ne faut pas perdre de vue que plus la blessure est large, plus la cicatrisation est lente; il importe donc de faire des rognures aussi minces, que possible, de façon qu'après les 30 et quelques excisions d'une saison, la plaie n'ait pas plus de 6 à 8 centimètres de largeur. Les photographies, que nous reproduisons ici, montrent toutes des incisions beaucoup trop larges; avec un outil bien tranchant et des soins, le coolie arrive à beaucoup plus ménager l'écorce.

Avant de pratiquer la première incision, ne pas oublier de passer la partie à inciser au rabot ou à la plane, de façon à présenter une surface bien unie.

Réponse à la blessure. — Nous avons dit, précédemment, que l'écoulement du latex hors des tubes était dû à la force de tension, mais il y a encore un autre facteur à l'œuvre, qui influe d'une manière, encore mal déterminée, sur l'acte même de l'exsudation. La tension seule provoquerait, ce semble, un jaillissement du latex, au moment même de la coupure des tubes, jaillissement qui irait en diminuant de plus en plus. Or, en fait, c'est tout le contraire qui arrive lorsqu'on pratique la première incision.

L'exsudation est d'abord souvent faible, parfois

observable in the following tappings even as long as the 15th tapping. It has been found experimentally that, generally, a lapse of 24 to 48 hours is sufficient to determine this increase, and that it can best be maintained by repeating the incision every other day. But it is not safe to generalise too much, as disparity of physical conditions is apt to cause widely different results.

The one thing that is well established is that a " wound " kept open by successive tappings, has an ascending period of production of latex. What causes this wound effect? Is it the result of the temporary retraction of the milk tubes in consequence of the shortening of the fibres of the bast at the moment of cutting, or is it caused by the formation of a clot, which is cut off by subsequent excisions? Is it caused by the sap gathering up round the wounded spot and giving off by a gradual process of filtration some of its water to the laticiferous vessels and by and by making them more turgid, so that on further application of the knife a greater flow takes place? The question is yet unsolved, but as the fact is of interest to the planter, it rests with him to settle, by experiment on his own trees, the point as to the intervals of time to be observed between the tappings, so as to put to the best account, the period of increased flow without waste of labour.

From quite recent experiments, under the direct supervision of Mr. Herbet Wright, it comes out clearly that, in Ceylon at least, tapping on alternate days gives better results of yield than every day tappings.

Collection of latex. — The latex should be collected daily, if possible. The coolie goes round to every one of his trees with a zinc can, fitted with a strainer on the top. This strainer may be detachable or fixed by hinges to the can. Thus, on pouring the milk into the can, all solid impurities are held back.

A great object to be kept in view, is to reduce the proportion of scrap rubber to the lowest figure,

nulle, mais, à la seconde incision. à un intervalle de 36 à 48 heures, l'écoulement devient plus abondant, et cette augmentation continue ainsi, parfois jusqu'à la quinzième incision. A la pratique, on a observé qu'un intervalle de 36 à 48 heures est suffisant pour amener cette augmentation, et qu'elle atteint son maximum si on n'incise que tous les deux jours. Mais il est peut-être dangereux de généraliser dans un cas semblable, attendu que la disparité de conditions physiques de plantation à plantation peut amener des résultats différents : Ce qu'il y a de bien établi, c'est que la blessure maintenue ouverte par les incisions successives, qu'on y pratique, a une période de production ascendante de latex.

Quelle est la cause de cet appel progressif du latex ?

Est-ce le résultat de la rétraction temporaire des tubes, à la suite du raccourcissement des fibres de l'écorce au moment de la coupure, ou est-ce le résultat d'un caillot, qui se forme à l'extrémité du tube, caillot que les excisions suivantes font disparaître? Est-ce dû au rassemblement, autour du point blessé, de la sève qui, par une filtration graduelle, abandonne partie de son eau aux tubes à latex, et les rend de plus en plus turgescents, au point, qu'à une nouvelle application du couteau, le latex est, pour ainsi dire, poussé dehors. La question n'est pas résolue, mais, comme le fait lui-même a son importance pour la planteur, c'est à lui de se rendre compte, par des expériences répétées sur ses propres arbres, de l'intervalle de temps, qu'il devra réserver d'une excision à une autre de façon à tirer tout le parti possible de la période d'augmentation de l'écoulement, sans se donner un travail inutile.

D'expériences toutes récentes faites sous la direction de M. H. Wright, il résulte clairement qu'à Ceylan, du moins, on obtient un rendement plus grand de latex en excisant tous les deux jours, qu'en excisant tous les jours.

Récolte du latex. — Le latex devra être transvasé des godets, autant que possible, tous les jours. Le coolie fait la visite de chacun de ses arbres avec un seau en zinc muni d'un tamis à sa partie supérieure. Ce tamis peut-être détachable, ou fixé par une charnière au seau. De cette façon, aucune impureté solide ne tombe dans le seau même.

Une chose, que le planteur ne doit pas perdre de vue, c'est de réduire autant que possible la pro-

as scrap may contain not only bark impurities and colouring matter, but also all the albuminous matter held in suspension and, in solution, in the latex.

Spontaneous coagulation, which causes Scrap, takes place more readily during hot and dry weather, when the latex is thick. To prevent it, the coolie after having emptied the tins of their latex and rinsed them, pours a small quantity of water in the tin. Should it be found impossible, for some reason or another, to collect the latex daily, it is advisable, in order to reduce the amount of proteids in the coagulum, to let fall in the water of the tin a few drops of formaline (40 0/0 alcoholic solution) which will hold the proteids in solution while the rubber globules coalesce. Ammonia may also be used, as by neutralising acids, it arrests decomposition for a time.

portion de *scrap,* ou caoutchouc coagulé spontanément sur l'arbre, attendu que le scrap ramasse le plus souvent des impuretés et de la matière colorante provenant de l'écorce, ainsi que toutes les matières albumineuses contenues soit en suspension, soit en solution dans le latex. Cette coagulation spontanée a lieu surtout par les jours chauds et secs, quand le latex est épais. Pour l'empêcher, le coolie, après avoir vidé les godets, et les avoir rincés, y verse une petite quantité d'eau. Si, pour une raison ou pour une autre, on se trouvait dans l'impossibilité de récolter le latex journellement, il est bon, afin de réduire la quantité de protéides dans le caillot, d'additionner l'eau du godet, de quelques gouttes de formaline (solution alcoolique à 40 0/0), qui retiendra les protéides en solution pendant que les globules s'agglomèrent. On peut aussi employer l'ammoniaque qui, en neutralisant les acides, retarde la décomposition.

CHAPTER XIII

Coagulation. — Under certain agencies, the latex separates into an almost colourless serum for one part and a spongy white mass floating on the top of the liquid. This white mass is composed of the globules of caoutchouc, agglutinated together with a percentage of resin and of albuminous matter also held in suspension in the serum. How this agglomeration of the globules into a compact elastic mass takes place, we do not know : but hasard and research have brought to our knowledge the fact that heat and certain reagents do cause the globules to thus agglutinate or, in other words, to coagulate.

According to Mr. Bamber's analysis, the latex contains 2,8 0/0 of albuminous matter; which amounts, in the coagulated solid rubber, to almost 4 0/0. These proteids are apt to cause, in an imperfectly dry rubber, the development of bacteria and, thereby, the putrefaction of the solid rubber.

In causing the latex to coagulate, the planter should aim at eliminating, or neutralising as much as he can of these proteids, so as to produce the purest rubber possible, or one which will offer the least possible waste in the process of manufacture.

Unfortunately, there is yet a great deal of uncertainty as to the standard of quality required by European importers of rubber. Its market value appears to depend mainly on external characteristics of smell, colour, appearance, its approximate tensility as judged by stretching with the hands; the planter, is therefore, left very much to his own lights in this respect, and he has had to work in his own way to establish a standard of his own, which is as near as possible to absolute purity. His efforts, however, to produce a sample of purity previously unknown to the buyers, have not been in vain as we see by the prices realized by Straits Plantation rubber.

CHAPITRE XIII

Coagulation. — Sous l'action de certaines influences, le latex se sépare en un liquide, presque incolore, d'une part, et d'autre part, en une masse blanche et tant soit peu spongieuse, qui flotte sur le liquide.

Cette masse blanche, ou caillot, est composée des globules de caoutchouc agglomérés ensemble avec une certaine proportion de résines et de matières albumineuses, qui étaient en suspension dans le latex. Quelle est la cause de cette agglomération des globules en une masse élastique? Nous ne savons pas; mais le hasard, et l'expérience nous ont appris, que la chaleur et certains réactifs ont la propriété de provoquer cette agglomération des globules que nous appelons coagulation.

Ainsi que nous l'avons dit, dans un chapitre précédent, le latex de l'Hevea contient, d'après l'analyse de M. Bamber 2,8 0/0 de matières albumineuses, ce qui représente, dans le caoutchouc coagulé près de 4 0/0. Ces protéides peuvent provoquer, dans un caoutchouc imparfaitement séché, le développement de bactéries, et, par suite, la putréfaction du caoutchouc à l'état solide.

En opérant la coagulation, le planteur doit donc s'efforcer d'éliminer ou de neutraliser, autant qu'il pourra, de ces protéides, de façon à produire un caoutchouc de la plus grande pureté possible et qui dans le cours de la fabrication, donnera le moins de déchets possible.

Malheureusement, nous sommes encore loin d'être fixés sur le type et la qualité du caoutchouc que demande l'importateur en Europe. Sa valeur marchande paraît dépendre uniquement de caractères extérieurs, de l'odeur, de la couleur, d'une surface plus ou moins lisse, de la tensilité approximative, autant qu'on peut en juger en étirant l'échantillon entre les mains; sous ce rapport, le planteur a été laissé à ses seules lumières, et il a dû établir lui-même un type selon ses idées propres, qui l'ont amené à créer un produit aussi près que

Coagulation by acids. — The process of coagulation, adopted by the generality of planters, is that of coagulation by acids, which is explained in this way. The albuminous proteid of the Hevea latex is alcaline and soluble in an alcaline medium but insoluble in a neutral solution or in a weakly acid solution. By adding a small quantity of acid, it is made neutral and precipitated into a solid mass. During precipitation, the albuminous matter collects together the caoutchouc globules, and other bodies in suspension in the latex, in the same way that the white of egg collects the suspended particles in a syrup[1].

Very many acids can coagulate, but the one mostly used, as coagulant, is acetic acid which is to be preferred, because its use, as coagulating agent, is safe within a far larger range than the other acids; for instance, the necessary quantity of acetic acid to obtain complete coagulation is about 1 gramme to 1/10th litre of pure latex, i. e. 1 0/0, but much larger quantities can be used without preventing coagulation, which is not the case with other acids which, if used in excess of a very small margin, may fail to coagulate.

Process of coagulation. — The collected latex is brought to the coagulating shed and again strained before being poured into the receptacle.

The quantity of acetic acid is then poured in, and after gentle stirring, the latex is ladled out in shallow vessels or pans. Coagulation takes place in a short time, sometimes it is very rapid. The coagulum is seen to float in a white curd-like mass It is then taken out, put in clear clean water, and lightly kneaded with the fingers for a minute or so, to remove all any trace of acid or of soluble proteid which may adhere to the surface of the clot.

1. *Autho'rs note*. — From recent research and analysis, it would appear that coagulation can take place after the removal of the proteids, which would dispose of the above theory. Coagulation would be the result of the polymerisation of a liquid which is held in suspension in the latex, and which polymerisation changes into rubber.

possible de la pureté absolue. Il est bon de dire que ses efforts pour établir un étalon de pureté inconnue auparavant des acheteurs, ont été couronnés d'un plein succès, à en juger par les prix réalisés par le caoutchouc Para de Plantations.

Coagulation par les acides. — Le procédé de coagulation employé par presque tous les planteurs, est celui de coagulation par les acides, qui s'explique comme il suit.

Le protéide albumineux de l'Hevea est alcalin et soluble dans un médium alcalin, mais insoluble dans une solution neutre, ou dans une solution faiblement acide. En ajoutant au latex, une petite quantité d'acide, il est rendu neutre, et le protéide est précipité en une masse solide.

Pendant cette précipitation, les protéides rassemblent les globules de caoutchouc et les autres substances en suspension dans le latex, de même que le blanc d'œuf rassemble les particules en suspension dans un sirop[1].

Beaucoup d'acides peuvent coaguler, mais celui dont on use le plus est l'acide acétique, qui est à préférer parce que son emploi, comme coagulant, est sûr dans des limites beaucoup plus larges que les autres acides : ainsi on peut obtenir la coagulation complète en ajoutant un gramme d'acide acétique à 1 décilitre de latex pur, soit 1 0/0; mais la coagulation se produit encore si on emploie des quantités beaucoup plus fortes; ceci n'a pas lieu avec les autres acides, qui, si on les emploie en excès de la quantité précise voulue, peuvent empêcher la coagulation.

Mode de procéder. — Le latex récolté des arbres est apporté à la grange de coagulation, et tamisé à nouveau avant de le verser dans le récipient destiné à le recevoir.

La quantité voulue d'acide acétique y est versée et on distribue le latex dans des plats, peu profonds, généralement faits de métal émaillé.

La coagulation se produit en quelques heures, quelquefois elle est très rapide, et l'on voit alors le caillot se prendre en une masse ressemblant à un fromage blanc et flotter sur le sérum. On le tire du plat et on le lave quelques instants dans l'eau pure, où on le pétrit légèrement avec les doigts pour lui

1. *Note d'auteur*. — Il résulterait d'expériences récentes que la coagulation peut avoir lieu après l'élimination des protéides, ce qui renverserait cette théorie. La coagulation serait due à la polymérisation d'un liquide en suspension dans le latex, qui, par la polymérisation, se change en caoutchouc.

It is then pressed between the rollers of a mangle, and then put to dry, an operation which we shall refer to at greater length in a subsequent chapter.

On removal of the clot, the mother liquor should be quite clear; if it is at all turbid, it is owing to the presence of uncoagulated globules which a few drops more of acid will gather up.

Of course, the clot of rubber obtained by acid coagulation, contains all the proteids, which were in suspension in the latex, but the greater part which were in solution in the latex, remain in solution in the mother liquor.

It has just been stated that the proportion of acetic acid necessary to obtain coagulation is one gramme to 1/10 of a litre but this applies to pure latex. If the latex brought to the coagulating shed has previously been diluted in water, it follows that some test is required to find out what quantity of acid should be added. This can be done by using, as receptacle for the latex, a graduated vessel on the sides of which the volume is marked. A small known quantity of the diluted latex is acted upon by acetic acid dropped from a graduated gauge until the mixture is neutral, which is determined by dipping litmus paper in the mixture, the paper keeping its colour. Knowing the quantity of acid used to a known volume of latex, it is easy to calculate how much acid will be required for the whole.

enlever toute trace d'acide ou de protéide soluble adhérant à la surface du caillot. On passe alors celui-ci entre les rouleaux d'une essoreuse pour en exprimer le plus d'eau possible, puis on le met à sécher, opération sur laquelle nous reviendrons plus loin.

Après l'enlèvement du caillot, la liqueur mère doit être claire; si elle est trouble, cela tient à la présence de globules non coagulés, qu'une très faible quantité d'acide suffira à rassembler.

Il va de soi, que le caillot de caoutchouc obtenu par la coagulation à l'acide contient aussi les protéides qui étaient en suspension dans le latex, mais la plus grande partie de ceux qui y étaient en solution restent en solution dans la liqueur mère.

J'ai dit plus haut, que la proportion d'acide à ajouter au latex pour obtenir la coagulation était de 1 gramme pour 1 décilitre de latex, mais ceci s'applique au latex pur, non étendu d'eau. Or, comme le latex tel qu'on l'apporte à la grange est dilué dans une quantité d'eau inconnue, que le coolie a versée dans les godets, il s'ensuit, qu'il faut recourir à un essai pour arriver à déterminer la quantité d'acide à ajouter. Ceci s'obtient facilement si on emploie comme récipient un vase gradué sur les côtés, qui indique le volume du latex. On traite dans une éprouvette graduée une petite quantité connue de latex dilué, et on y ajoute goutte à goutte, l'acide acétique jusqu'à ce que le mélange soit neutre, ce dont on s'aperçoit en y plongeant du papier tournesol rouge, qui garde sa couleur.

Connaissant la quantité d'acide employée pour une quantité connue de latex, il est facile de calculer ce qu'il en faudra pour traiter le tout.

CHAPTER XIV

Objections to coagulation by acid. —
Coagulation by acids is clean, expeditious, cheap
and complete

It is objected by manufacturers that, by this
method, some of the coagulant acid may remain in
the rubber and affect the efficiency and duration
of the manufactured product. It is feared that,
during the process of vulcanisation chemical reac-
tions may occur, causing the generation of gases
which would result in bubbles in the finished article. Whether the objection is founded or not,
must be left to the future to decide by the practical
use of rubber so treated. But then, if it is true, as
we are asked to believe, that the coagulant re-agent
of smoke-cured rubber is acetic acid from palm-
nuts, the above objection applies also to Brazilian
Para Rubber, which is still considered the highest
class of rubber.

But there are other objections to the prevailing
mode of preparing rubber. Some of these objections are presented, in forcible terms, in a recent
letter of Messrs Lewis & Peat, of Mincing Lane
and I think I cannot do better than give here their
own words :

Advantages of the smoke-cure.

6. Mincing Lane, London, 22nd March, 1906.

" Sir,

" Our attention has been called to some lots of
" biscuits apparently well-cured arriving here in
" a heated and sticky condition, and the query has

CHAPITRE XIV

**Inconvénients de la coagulation par
acides.** — La coagulation par acide est propre,
expéditive, peu coûteuse et complète. Cependant
quelques fabriquants émettent l'objection, que par
cette méthode, il se peut que certaines quantités
de l'acide coagulant restent dans le caoutchouc et
soient une cause de rapide détérioration dans le
produit manufacturé, à l'usage. Ils expriment, notamment, certaines craintes que, pendant l'opération de la vulcanisation, il ne se produise des réac-
tions chimiques, suivies de génération de gaz ,dont
le résultat serait des bulles dans l'article manufacturé. C'est à l'avenir à démontrer, par la façon,
dont se comportera, à l'usage le caoutchouc coagulé à l'acide, si cette objection est fondée. En tout
cas, si c'est vrai, comme on voudrait nous le faire
croire, que le coagulant du caoutchouc traité par
la fumée, d'après la méthode brésilienne est l'acide
acétique, qui se dégage de la fumée de noix de
palmiers, cette objection des fabricants s'applique
aussi bien au « Fine Para » provenant du Brésil,
qui est encore le caoutchouc le plus haut classé
sur les marchés d'Europe.

Mais il y a des objections plus sérieuses à la coagulation par acides, objections qui sont exposées
clairement dans la lettre ci-dessous, adressée par
MM. Lewis et Peat de Londres, aux planteurs de
caoutchouc de rubber.

Avantages de la coagulation par la fu-
mée. — « Notre attention a été appelée sur quel-
« ques lots de biscuits de caoutchouc, en apparence
« très bien préparés, et qui sont arrivés ici, échauf-
« fés et collants, et la question s'est posée de sa-
« voir, si le mode actuel de préparation, et la forme
« même des biscuits sont bien les meilleurs; et en

" been ventured as to whether the present mode
" of curing and the biscuit forms are the best, and
" if rubber so prepared will keep for any length of
" time without deteriorating, and further whether
" Plantation prepared rubber is as strong as it
" might be made by other modes of curing.

" In view of the increase of this rubber, we
" think it is of the greatest possible importance to
" planters that at this stage the comparative value
" or merits of Plantation rubber as against smoke
" cured fine Para, should be ascertained and tho-
" roughly threshed out. The reasons, it will be
" seen, are vital, and our object in addressing the
" planters through your medium is to impress upon
" them the necessity of doing everything possible
" to establish Plantation grown rubber on a sound
" basis, as a competitor of Amazon grown smoke-
" cured, which, of course, is still the standard and
" has a record of 50 years, and has maintained its
" character as the " best " up to this day, viz, for
" elasticity, strength, and durability for general
" purposes.

" Firstly. — It is essential that Plantation rub-
" ber should be so prepared and cured that it
" can be used for all sorts of purposes by manu-
" facturers; at present, as far as we can ascertain
" it is only used for solution and small special
" purposes, and is not strong enough or suitable
" for water proofing or tyres and many other
" purposes that fine Para is used for. "

" Secondly. — We have from time to time called
" attention to cases arriving here with the biscuits
" all sticking together and in some cases actually
" more or less in a congealed state of heat, which
" never occurs in fine Para. We have hithertto
" attributed this to want of proper curing and
" drying, but after consulting a gentleman of great
" experience and knowledge, greatly interested
" in rubber, the very serious question has arisen
" as to whether the present mode of curing
" rubber in Ceylon and the Straits will prove the
" right one as quantities increase. The theory
" our friend puts forward is this, that Ceylon
" pancakes and Straits sheets are at present
" made too pure ", that is to say, too much mois-
" ture etc., is taken out, with the result that the
" elasticity and strength is reduced and that it
" will be found the rubber in this form will not
" keep, but will inevitably become soft and tacky
" if stored for any time, or subjected to pressure

« second lieu, si le caoutchouc préparé comme on
« le fait sur les plantations est aussi fort, que celui
« préparé suivant d'autres procédés.

« En vue de l'augmentation de production de ce
« caoutchouc, nous sommes d'avis, qu'il est de la
« plus grande importance, pour les planteurs eux-
« mêmes, d'être bien fixés sur les mérites compa-
« rés du caoutchouc, préparé sur les plantations
« et celui préparé par la méthode indigène au
« Brésil, c'est-à-dire, coagulé à la fumée.

« Cette enquête est d'importance vitale, et notre
« but, en nous adressant aux planteurs, est de bien
« les pénétrer de l'absolue nécessité, qu'il y a pour
« eux de présenter le produit de leurs plantations
« sous une forme qui le mette à même de soute-
« nir la concurrence avec le caoutchouc du Brésil
« préparé à la fumée lequel est encore le plus
« haut classé et a maintenu, à travers 50 ans, sa
« réputation comme le plus élastique, le plus fort
« et le plus durable pour les divers usages de l'in-
« dustrie.

1º « Il est essentiel, que le caoutchouc *planta-
« tion* soit coagulé et préparé de telle sorte, qu'il
« puisse se prêter à tous les emplois de la fabrica-
« tion. Jusqu'à présent, autant que nous sachions,
« il n'est guère employé que comme solution, et
« quelques autres usages limités, n'étant pas assez
« fort, se prêtant mal à la fabrication des objets
« waterproofés, ou des pneumatiques, ou de bien
« d'autres articles, où, seul, le « fine Para » peut-
« être employé.

2º « Nous avons, à diverses occasions, appelé
« l'attention sur des caisses, qui nous sont parve-
« nues, dans lesquelles les « biscuits » étaient tous
« collés ensemble ou même, comme congelés par
« la chaleur, ce qui n'arrive jamais au « fine Para »
« du Brésil.

« Nous avons jusqu'ici attribué ceci à une pré-
« paration mal soignée, on a un séchage incomplet,
« mais, après consultation avec un expert de très
« grande expérience en cette matière, un doute
« très grand est survenu dans notre esprit; à sa-
« voir, si au fur et à mesure, que les arrivages aug-
« mentent, la méthode de préparation, actuelle-
« ment en usage à Ceylan et dans les Détroits, est
« bien la bonne.

« La théorie, qu'avance notre ami, est que les
« biscuits et feuilles provenant de Ceylan et des
« Détroits sont trop « purs », c'est-à-dire, que l'on
« en a extrait trop d'humidité, au détriment de la
« force, et de l'élasticité du produit, et qu'il en ré-

" and a raised temperature. He further believes
" that it is the extra moisture left in the fine Para
" smoke-cured " that renders it fit and strong
" enough for all purposes, and accounts for it not
" deteriorating if kept for any length of time. His
" argument is that the only remedy is for planters
" to smoke-cure their rubber and make it into
" large balls, bottles or cakes like they do in Para.
" He further states that there are plenty of nut
" producing trees in Ceylon of the Borassus fa-
" mily, that when burnt can produce the thick
" heavy smoke containing the active principle
" Creosote " which is the antiseptic that cures
" the Para rubber in Brazil.

" He predicts that Plantation rubber so cured
" would fetch rather less than the biscuits and
" sheets do, but that the gain in weight of the
" moisture left in the rubber would more than
" make up for the slightly lower price. He thinks
" that biscuits and sheets will have to abandoned
" in favour of balls or other forms like " Fine
" para " comes over in. He argues that the very
" form of their biscuits lends itself to heating
" when under pressure, where as the ball shape
" and thick biscuits are far less liable, and he
" prophesies that, when the article is coming in
" tons, the defect will be very evident by the state
" the biscuits and sheets arrive in. He adds that
" even if the rubber does not get heated on the
" voyage, it would inevitably do so, if stored for
" any length of time in warehouse. He gives as
" proof of his theory that the same thing occurred
" to certain other rubbers, and the remedies in
" their case was making it into large balls and no
" further trouble has been experienced. This
" remedy is " smoke curing " and he is very
" positive and emphatic. We ourselves have
" seen Rangoon and Assam rubber washed and
" cleaned in India and very nicely prepared, arrive
" in London a mass of heat, and with it the same
" rubber native-cured and a little mixed with earth
" etc., quite sound and free of heat, the idea being
" that the cleaning etc., weakened and destroyed
" the fibre of the rubber and rendered it too weak
" to stand the heat of a ship's hold or variations
" of the temperature.

" Apologising for the length of this letter,
" We are, dear Sir, Your Obedient Servants,
" LEWIS and PEAT. "

« sultera une détérioration plus rapide du caout-
« chouc, qui devient mou si on le garde quelque
« temps, ou s'il est soumis à une forte pression à
« une augmentation de température. Il croit même,
« que c'est ce restant d'humidité qui rend le « fine
« Para » plus fort, mieux adapté à tous les usages,
« et moins sujet à se détériorer si on le conserve
« même pendant très longtemps en magasin. La
« conclusion est que le seul remède des planteurs
« est de préparer leur caoutchouc par la fumée et
« de le produire en grosses boules ou gâteaux,
« comme on le fait au Brésil. D'après lui, aussi,
« il ne manque pas de noix d'arbres de la famille
« des Borassus, qui donnent à la combustion la fu-
« mée épaisse qu'il faut et qui contient le principe
« antiseptique « la créosote », qui conserve le caout-
« chouc ainsi préparé. Il prédit que le caoutchouc
« « Plantations » ainsi préparé se vendrait à un
« prix un peu moindre que les « biscuits », mais
« que le gain en poids provenant de l'humidité res-
« tant dans le caoutchouc, compenserait et, au
« delà, la légère différence de prix.

« La forme actuelle de « biscuits » devra forcé-
« ment être abandonnée pour celle de boules; elle
« se prête trop à l'influence de la chaleur, tandis
« que la forme en boules, ou en grosses masses
« s'y prête très peu, et il prédit, que, quand les ar-
« rivages de Rubber Plantations prendront des
« proportions plus considérables, ce défaut se ma-
« nifestera d'une façon beaucoup plus évidente
« par l'état, dans lequel arriveront les biscuits et
« les feuilles minces. Comme preuve à l'appui de
« ce qu'il avance, il dit que le même fait s'est pro-
« duit avec d'autres caoutchoucs, et que le mal a
« été rémédié en préparant le caoutchouc en gros-
« ses boules. Le vrai remède est la coagulation par
« la fumée; de cela il est absolument convaincu.
« Nous avons nous-mêmes reçu des lots de caout-
« chouc, provenant d'Assam et de Rangoon, lavé
« et très bien préparé aux Indes, arrivant ici tout
« échauffé et, avec le même envoi, des caoutchoucs
« de même provenance, préparés par les indigènes
« et mélangés, tant soit peu, avec de la terre, etc.
« arrivant en très bonne condition et nullement
« échauffés; et nous attribuons ce fait à ce que le
« nettoyage trop complet, affaiblit et détruit en
« partie la fibre du caoutchouc, le mettant hors
« d'état de supporter la chaleur de la cale du na-
« vire et les variations de température en cours de
« route ».

Il me sera peut-être permis de faire remarquer,

I may be allowed to point out that I have consistently held the view that the Brazilian method is the one best adapted to the twofold object : 1st, of producing the highest class of rubber; 2nd, of producing it in sufficient quantities to be able to cope with the largest output of any estate. My views were expressed in a letter published by the " Straits Times " in March 1905, which is reproduced below.

Limitations of smoke cure. — But first it is necessary to formulate certain reservations, and to clear the question of certain obscurities.

1° *As to the applicability of smoke coagulation to work on a large scale.* As practised by the Brazilian seringuero, it is a one man affair, i. e. it is carried on by each individual separately and, on a large estate, it would exclude all possibility of control. Smoke curing is therefore only possible, on the condition that some device be found which will allow of the latex being treated simultaneously, in one place, by 1, 2, or 3 attendants by means of some apparatus which will permit of large quantities being handled in one operation, under proper control.

2° It has been taken for granted that acetic acid, contained in the smoke of palm nuts, is the coagulant agent in the smoke cure. As a matter of fact, this is anything but proved, whilst it is well established by many who have witnessed, *de visu*, the seringuero at work, that he uses, most of the time, any wood at hand, susceptible of giving smoke and, thereby heat. Mr. Rob' Cross thus describes the operation as he saw it : " The " dense white smoke rose abundantly, but the milk " would not thicken on the mould. After a little " while, the jar became heated and the operation " went on quite satisfactorily. I put my hand " above the mouth of the jar, but could bear " the heat scarcely a second, and although the " temperature of the smoke was apparently less " than boiling water, yet I judged it must have " been at least 180 degrees Fahrenheit. Therefore, " the coagulation of the milk is simply produced " by the high temperature of the smoke. "

que j'ai toujours soutenu que la méthode Brésilienne de préparation par enfumage est préférable à tout autre :

1° Pour produire la meilleure qualité de caoutchouc ;

2° Pour traiter, comme il s'agira de le faire sur de grandes plantations, les plus grosses quantités possibles de latex. Mes vues, sur ce point, sont exprimées dans la lettre publiée par le Straits Times en mars 1905, que je donne, ci-dessous, le sujet étant, plus que jamais, d'actualité.

Réserves sur l'enfumage. — Mais d'abord, il est nécessaire de formuler quelques réserves, et de déblayer la question de certaines obscurités.

1° *Quant à l'application de l'enfumage à la production d'une grande plantation.* Dans la méthode de l'enfumage, telle que la pratique le seringuero du Brésil, chaque individu prépare séparément sa quantité de caoutchouc et échappe à toute possibilité de contrôle; d'où, forcément, inégalité de production et de qualité. La préparation du caoutchouc par enfumage n'est possible, quand il s'agit de produire de grandes quantités et d'assurer l'uniformité du produit, qu'à la condition de trouver un moyen de traiter tout le latex simultanément et dans un même endroit, par un ou deux, ou trois ou même quatre coolies, avec un appareil, qui permette de traiter de grandes quantités à la fois, sous un contrôle convenable.

2° Il est tenu pour prouvé, que c'est l'acide acétique contenu dans la fumée des noix de certains palmiers, qui est le principe actif de la coagulation du caoutchouc par enfumage. En fait, cela n'est pas prouvé du tout, tandis qu'il est parfaitement établi par beaucoup de ceux qui ont réellement vu le seringuero à l'œuvre, qu'il emploie, la plupart du temps, n'importe quel bois à sa portée, qui donne assez de fumée et de chaleur. M. Robert Cross décrit ainsi l'opération :

« La fumée épaisse sortit abondamment, mais le « lait se refusa à se solidifier sur le moule. Peu de « temps après, quand la jarre fut suffisamment « chauffée, l'opération marcha à souhait. Je passai « ma main au-dessus de l'ouverture de la jarre, « mais ne pus supporter la chaleur qu'une seconde, « et bien que la température de la fumée fût apparemment au-dessous du point d'ébullition, je crois « qu'elle ne devait pas être au-dessous de 180 degrés Fahrenheit (82 centigrades). Donc la coagu-

3° It is quite evident that smoke has antiseptic properties, as is shown, for instance, by the long keeping of smoked meat, that most perishable of all matters.

Formic aldehyde. — But until lately, it was not known which of the substances contained in smoke was the active agent of its preserving quality. Thanks, however, to the researches of Mr. Trillat, which were made known a couple of years ago, it would appear that *all* smokes owe their antiseptic properties to *formic aldehyde,* which is produced in all combustions but, in greatest quantities, in the combustion of sugars and resins in wood.

Mechanical application of the brazilian method. — From the above remarks it is permissible to conclude that, by combining the action of heat, the true coagulant, and of formaldehyde, the true antiseptic agent of smoke, in a mechanical action similar to that of the Seringuero, but of largely increased capacity of out-put, the application of the smoke process is adaptable to work on a large scale.

If, moreover, it can be shown that the present mode of treatment of rubber in biscuits or sheets is unsuited to a large output, which the letter below endeavours to show, perhaps we shall have made good our reasons for advocating a return to the Brazilian method, applied mechanically, as an efficient substitute for the present inadequate process of preparing biscuit or sheet rubber.

« lation rapide du latex est tout simplement le ré-
« sultat de la température élevée de la fumée. »

3ª Il est tout à fait reconnu que la fumée a des propriétés antiseptiques, ainsi que le prouve, par exemple, la conservation de la viande fumée, une des substances les plus sujettes à décomposition qu'il y ait.

Aldehyde formique. — Mais on ignorait, jusqu'à très récemment, laquelle était, parmi les substances contenues dans la fumée, celle, qui est le principe actif de cette propriété antiseptique. C'est il y a 2 ans environ, que nous avons appris par les recherches de M. Trillat, que *toutes* les fumées doivent leurs propriétés antiseptiques à l'Aldehyde formique, qui est produit par toutes les combustions, mais surtout par la combustion de sucres et de résines dans le bois.

Application mécanique de la méthode brésilienne. — Des observations que nous venons de présenter, il nous semble permis de conclure, qu'en combinant l'action de la chaleur, le vrai coagulant, et du formaldehyde, le vrai principe antiseptique de la fumée, dans une action mécanique analogue à celle du seringuero, mais capable de traiter une quantité énormément accrue de latex, l'application de l'enfumage doit pouvoir se faire sur une grande échelle.

Si, de plus, je puis montrer que le mode actuel de préparer le caoutchouc en biscuits, ou en feuilles, ne peut pas se prêter à une grande production, ce que la lettre ci-dessous tend à prouver, peut-être aurai-je réussi à convaincre ceux qui me lisent à adopter la méthode brésilienne, appliquée mécaniquement, de préférence à la méthode tout à fait insuffisante de préparation actuelle sous forme de biscuit ou de feuilles.

CHAPTER XV

To the Editor of the " Straits Times ".

Dear Sir,

" As your esteemed paper has shown for some
" time an enlightened interest in Agricultural sub-
" jects, and particularly in the momentous question
" of rubber planting, perhaps you will spare me
" space to present here some views on the methods
" of preparation of rubber as followed by the ge-
" nerality of planters in Ceylon and the Malay
" States.

" The methods now in use for the coagulating of
" rubber milk, and for drying the resultant bis-
" cuits have so far, served the purpose of a small
" output, but as many of the estates of the Malay
" States are gradually approaching the stage of an
" enormous aggregate production, it is time, I
" think, to enquire how far these methods will be
" able to meet the requirements of the increased
" production.

" To put it concretely, how will they work on a
" fairly large estate of say, 1.000 acres.

" At present, as we all know, the milk is collect-
" ed in small tins tacked on the bark of the tree,
" thence transferred by the coolie in a pail to the
" shed and, there, is, poured into shallow basins,
" where it is left to coagulate, with, or without,
" the aid of acids; then finally the resulting sponge
" is pressed and hung to dry. This sounds very
" simple, but yet, let us see.

" A 1,000 acre estate planted 15 feet by 15, the
" distance generally adopted, I believe, in the Ma-
" lay States (although much too close to my
" thinking) would show 200,000 trees. Let us
" suppose that these trees have all reached the age
" of production, viz 8 to 10 years. Under fair
" average conditions, such an estate should yield
" over 1 pound of dry rubber per tree annually.
" Last year, on Kalutara Estate (Ceylon) 50,000
" trees yielded 52,500 pounds of rubber, while

CHAPITRE XV

M. l'Éditeur du « Straits Times » à Singapore.

« Cher Monsieur,

« Puisque votre estimé journal montre un in-
« térêt si éclairé dans les questions d'Agriculture
« et particulièrement à tout ce qui touche le caout-
« chouc, peut-être me permettrez-vous d'exposer
« ici mes idées sur les méthodes de préparation
« du caoutchouc en vogue parmi les planteurs de
« Ceylan et des États malais.

« Ces méthodes ont suffi, jusqu'à présent, pour
« les besoins d'une petite production, mais comme
« beaucoup des plantations de la Malaisie attei-
« gnent petit à petit leur période de rendement,
« nous pouvons, dès maintenant, prévoir un sur-
« croît énorme de production de caoutchouc et, il
« se fait temps, à mon avis, de rechercher si les
« méthodes en usage sont bien à hauteur des be-
« soins nouveaux. Pour poser la question d'une fa-
« çon concrète, comment ces méthodes fonctionne-
« ront-elles sur une plantation, d'étendue moyenne,
« mettons 400 hectares, en plein rendement ? Jus-
« qu'à présent, ainsi que nous savons tous, le lait
« est récolté dans des godets attachés à l'écorce
« de l'arbre, que le coolie vide dans un seau, le-
« quel est apporté au hangar de coagulation. Le
« contenu du seau est réparti entre de petits bas-
« sinets peu profonds, pour s'y coaguler avec ou
« sans l'aide d'acide ; et le caillot qui en résulte est
« finalement pressé et mis à sécher. Voilà qui a
« l'air bien simple, mais voyons un peu, dans la
« pratique, ce qui va se passer.

« Un estate de 400 hectares plantés à 4^m,50 par
« 4^{m}50, la distance généralement adoptée (bien
« que beaucoup trop rapprochée à mon avis) con-
« tiendrait, à peu de chose près, 200.000 arbres.
« Nous supposons que ces arbres aient de 8 à
« 10 ans d'âge. Sous des conditions normales, ces
« arbres devront donner un rendement d'au moins
« (1 livre) 454 grammes chacun. La plantation de

" Kepitigalla Estate Matale, M. Holloway's Estate,
" produced over 2 pounds per tree. To remain
" well within the mark, let us say that each tree of
" our 1,000 acre estate yields 1 pound of rubber,
" which will give us 200.000 as our annual yield.
" Now what quantity does that mean, of milk, to
" collect and treat? A man very well versed in the
" matter, who has lived himself the life of a Serin-
" guero on the Amazon, M. Bonnechaux, states
" that the quantity of milk collected by a seringuero
" on an Estrada (not to be confounded with estate)
" of about 175 to 200 trees is from 8 to 12 litres
" (average ... 10 litres) in a day.

" The result after smoking of 8 litres (the lowest
" intake of milk) was a roll of 7 kilos 150 to 7 ki-
" los 500 gr., which in a few days, dried down
" to 4 kilos of merchantable dry rubber. This
" shows 2 litres of milk to 1 kilo of rubber, or as
" 1 cubic centimetre of milk weighs 1 gramme, we
" find finally that the weight of rubber obtained
" is 50 0/0 of the weight of milk ; about 6 0/0 have
" to be deducted for smoke and other impurities
" leaving 44 0/0 net.

" In Ceylon with various samples of rubber
" dried in a dessicator until constant in weight,
" the figures varied from 45 to 50 grammes of rub-
" ber to 100 cubic centimetres of milk, so that 45 to
" 50 0/0 of crude rubber were obtained; deducting
" 4 0/0 of proteid this leaves 41 to 46 0/0 which
" consisted almost wholly of caoutchouc.

" In Singapore, M. Ridley (vide Agricultural
" Bulletin, vol. 1, page 21) gives the following
" results obtained from 3 different samples :

Weight of milk	Weight of dry rubber.
25½ ounces	13 ounces = 51 0/0
22¾ —	18 — = 57 0/0
29 —	11½ — = 40 0/0

" An average of 55 per cent.

" As a matter of fact, the percentage of rubber
" obtained from the milk would probably be found
" to be considerably lower than this average : so-
" mewhere about 42 0/0.

" If we work this out, we find that one acre of
" 200 trees, bringing in, yearly, as shown above,
" 200 lbs of rubber, we shall have to collect and
" coagulate 44 gallons of milk during the year.

" This output of milk of 1 acre is obtained from
" 2 tappings, one every six months, each tapping
" lasting an average of 20 days. Each tree is there-

« Kepitigalla, l'année dernière, a donné plus de
« 900 grammes par arbre. Mais, pour rester dans
« des limites absolument sûres, nous adopte-
« rons, le rendement de (1 livre) 454 grammes
« par arbre, ce qui nous donnera comme rende-
« ment annuel (20.000 livres) soit 9.080 kilos de
« caoutchouc. Voyons ce qu'il va nous falloir trai-
« ter de lait pour obtenir cette quantité de caout-
« chouc. M. Bonnechaux qui a vu, de très près,
« le seringuero à l'œuvre nous dit qu'un homme
« tire d'un « Estrada » de 175 à 200 arbres, envi-
« ron de 8 à 12 litres de lait qui donnent un rou-
« leau de caoutchouc de 7 kilos 150 à 7 kilos 500,
« lesquels, après séchage laissent 4 kilos de caout-
« chouc sec marchand. Ceci nous montre que 2 li-
« tres de latex nous donnent 1 kilo de caoutchouc
« et comme 1 centimètre cube de latex pèse
« 1 gramme, nous avons comme résultat final
« que le latex donne la moitié de son poids en
« caoutchouc, sous déduction de 6 0/0 en impuretés
« ce qui laisse 44 0/0 net.

« A Ceylan avec divers échantillons de caout-
« chouc séchés dans un dessiccateur jusqu'à ce
« que leur poids fût constant on obtint de 45 à
« 50 grammes de caoutchouc pour 100 centimètres
« cubes de latex, de sorte que dans ce cas, le
« latex donna, de 45 à 50 0/0, de son poids en
« caoutchouc, dont il y eut à déduire 4 0/0 de
« protéides albumineux, ce qui laisse net, de
« 41 à 46 0/0 de caoutchouc sec.

« A Singapore, M. Ridley donne les résultats
« suivants obtenus de 3 échantillons différents.

Poids du latex en grammes.	Poids du caoutchouc sec en grammes.
717,800	366 = 51 0/0
640	506,700 = 57 0/0
816,400	323,700 = 40 0/0

« Soit une moyenne de 55 0/0.

« Dans la pratique, le pourcentage de caout-
« chouc pur extrait du latex ne s'élève pas à plus
« de 42 à 44 0/0. Poursuivant notre calcul, nous
« trouvons qu'un hectare de 500 arbres, nous
« donnant comme nous l'avons dit plus haut,
« 454 grammes de caoutchouc chacun, soit 207 ki-
« los par hectare; ce qui, sur le pied de 44 0/0,
« revient à dire, qu'il nous faudra récolter 516 li-
« tres de latex par hectare dans l'année.

« Cette récolte de latex est obtenue de 2 sai-
« gnées, une saignée tous les 6 mois, chaque

" fore tapped or milked 40 times each year. The
" 44 gallons of milk which form the yearly crop of
" one acre being the result of 40 collections, it fol-
" lows that, on every one day of the tapping season
" 1 1/10 gallon of milk is collected from one acre.
" For the purpose of coagulation, the pans used
" must not be too deep, or otherwise the sheets
" would be too thick and difficult to dry; they must
" also be of a size easy to handle, and to clean.
" M. F. J. Holloway, the Superintendent of the
" famous Kepitigalla Rubber Estate, in Matale,
" uses basins 7 inches square by 2 inches deep and
" we can trust his experience to have found this
" size to answer best the needs of the planter.
" Such a pan contains 98 cubic inches or 28 pints
" or 1 litre 60 centilitres. The 1 1/10 gallon of
" milk collected daily off one acre would, if they
" were filled to the brim, fill 3 pans of the size
" employed by M. Holloway (7 by 7 by 2) but, in
" practice, the pans cannot be filled to the brim
" but only to about two thirds of their capacity.
" We shall therefore require 4 pans to receive the
" milk drawn daily from each acre. Therefore,
" our daily collection of milk over the 1.000 acres
" will amount to 1.100 gallons requiring 4.000 pans.
" But again, in practice, we shall find that when,
" (the coagulation having taken place) our pans
" are available, they need to be washed, cleansed
" and scalded to be quite fit to receive a further
" supply of milk. Thus coagulation, cleaning,
" and putting the pans in place again, will take
" one day or more during which time they cannot
" be used. We must, therefore, for the following
" day's supply of 1,100 gallons of milk, have a
" further reserve of 4,000 pans or altogether 8,000.
" We are yet far off from the practice of Mr. Hol-
" loway who, according to his own statement (vide
" Straits Times March 2nd) has to use 6,000 pans
" on an estate of 500 acres.

" Now, it must not be forgotten that I have based
" my calculations on a yield of 1 lb per tree per year,
" but let the estate grow another two years when
" the yield will have doubled; we shall then have
" a collection of milk amounting daily to 2,200
" gallons necessitating 16,000 pans or, if we follow
" Mr. Holloway's practice, 24,000 pans. Evident-
" ly, should the shallow pan method be the last
" word of the planters' ingenuity, there are still
" fine days in store for the tin-plate industry. But

« saignée durant au moins 20 jours. Chaque arbre
« en moyenne se trouve ainsi être incisé 40 fois par
« an. Les 516 litres de lait récolté étant le produit
« de 40 incisions, il s'ensuit que pendant la période
« d'incision, il faudra récolter et traiter journelle-
« ment 13 litres de lait par hectare. Pour la coa-
« gulation, les plats employés devront être peu
« profonds sans quoi les « biscuits » seraient trop
« épais et difficiles à sécher : il les faut aussi de
« dimension qui les rendent faciles à manipuler
« et à nettoyer.

« L'expérience des vieux planteurs les a amenés
« à employer des plats carrés de 17 centimètres
« et demi de côté sur 5 centimètres de profon-
« deur, soit d'une contenance de 1531 centimètres
« cubes. 25, ou, autrement dit, 1 litre 531 centilitres.
« Les 13 litres récoltés journellement par hectare
« rempliraient donc, si on les emplissait jusqu'au
« bord, 8 plats et demi, mais dans la pratique,
« on ne peut guère les emplir qu'aux 2/3, de
« sorte qu'il faudra, en fin de compte, employer à
« peu près 11 plats. Notre récolte journalière sur
« 400 hectares, s'élevant à 13 × 400 = 5.200 litres,
« il nous faudra 4.400 plats.

« Mais les plats d'une journée seront rarement
« prêts à recevoir la récolte de la journée sui-
« vante, de sorte qu'il nous faut un stock de plats
« en double. Ce qui fait 8.800. Et nous sommes
« encore bien loin de la pratique de M. F. J. Hol-
« loway, le Surintendant de la fameuse plantation
« de Kepitigalla, qui, pour 290 hectares, emploie
« 6.000 plats.

« Maintenant, il ne faut pas oublier que j'ai basé
« mes calculs sur un rendement de 454 grammes
« par arbre; et que 2 ans plus tard, le rendement
« aura au moins doublé, que notre récolte de
« latex s'élèvera alors à plus de 10.000 litres
« qui nécessiteront l'emploi de 17.600 plats ou, si
« nous adoptons la pratique de M. Holloway, de
« 24.000 plats !

« Évidemment, si cette méthode était le dernier
« mot de l'ingéniosité des planteurs, il y aurait
« encore de beaux jours pour l'industrie des plats
« émaillés. Mais, sûrement, avec l'énorme sur-
« croît de production, qui s'annonce de Ceylan et
« des États malais, l'absurdité du système ne
« peut pas tarder à éclater. L'idée de M. Holloway
« d'effectuer la coagulation en longs rubans, dans
« de longues auges est un signe que le besoin
« se fait sentir d'une méthode améliorée. Ce qui

" surely, with the huge increase of production
" which is now in sight from Ceylon and the Malay
" States, the rudeness and cumbersomeness of this
" finicking system must soon be manifest. The
" idea of Mr. Holloway of long troughs wherein
" the milk is made to coagulate into long sheets,
" which are afterwards passed between two rollers,
" is a sign of the want that is making itself felt of
" an improved method. The wonder is that the idea
" has not occurred to others before now. But that,
" even, cannot be, and is not the last word for it
" leaves unsolved the problem of drying the rub-
" ber, an operation which may take any time from
" several weeks to several months, and which,
" even under the best conditions, does not give the
" best rubber obtainable.

" Is it to be supposed, then, that we have reach-
" ed the limit of practical knowledge in the treat-
" ment and preparation of rubber? The time has
" come when machinery or other devices must
" have their say and sweep away acids, pans,
" rollers, and calcium chloride.

" As all other industries, the rubber industry will
" have to follow the lines of practice which nature
" has traced, and I contend that these lines are
" pretty plainly indicated in the practice of the
" Brazilian seringuero. Under the crudeness of
" this method, there underlies, I believe, the secret
" of making quickly the best and purest marketable
" rubber obtainable, and that secret lies in pre-
" senting the latex in very thin films to the coagu-
" lating agent : heat.

" The seringuero's practice is a very near copy,
" but an improvement on Nature's way of coagula-
" ting. Perhaps his process, although so often
" described, will bear repetition. He first digs a
" hole in the ground about one foot in depth and
" in diameter, which he fills with light wood and
" resinous chips to start a blaze. The fire is after-
" wards kept up with green twigs or oily palm
" nuts, which give an abundant smoke. Over the
" burning heap, the seringuero places his
" " boiao. ", an earthenware brasier very much
" resembling a tampayan (earthenware jug) with
" the bottom knocked out. The smoke accumu-
" lates inside the boiao, and issues by the narrow
" opening at the top.

" When the seringuero judges, by passing his
" hand over the opening that the heat is sufficient,
" he takes hold of a « taniboca », a wooden pallet
" very much like a Malay paddle with a broad and

« a lieu de surprendre, c'est que personne n'en ait
« déjà eu l'idée depuis longtemps. Mais même
« cette idée de coagulation en longs rubans ne
« peut pas être le dernier mot, car elle ne résout
« par le problème du séchage, opération qui peut
« prendre, avec cette méthode, de plusieurs se-
« maines à plusieurs mois. Est-ce à dire, alors, que
« nous avons atteint la limite de l'expérience prati
« que dans le traitement et la préparation du caout-
« chouc? Je ne suis pas de cet avis. Le temps est
« venu où acides, plats et assiettes, et tout ce petit
« travail puéril doit faire place à la machine et aux
« procédés plus simples. Comme toutes les indus-
« tries, l'industrie du caoutchouc devra suivre les
« lignes de pratique que la nature nous a tracées,
« lignes qui sont très clairement indiquées par le
« procédé du seringuero brésilien : Sous des dehors
« grossiers, cette méthode nous livre le secret de
« la production du plus pur et du meilleur caout-
« chouc qui puisse se faire, et ce secret consiste
« à présenter le latex en lamelles excessivement
« minces à l'agent coagulateur, qui est la chaleur.
« La méthode du seringuero est une application
« fidèle, mais améliorée de la manière, dont la
« nature opère pour coaguler. Peut-être, malgré
« qu'il ait été tant de fois décrit, nous sera-t-il
« permis d'y revenir, afin de bien établir la pos-
« sibilité d'en reproduire, mécaniquement, toutes
« les actions. Il creuse un trou d'environ 20 cen-
« timètres de profondeur et de largeur et, à l'aide
« de quelques brindilles de bois sec, il allume un
« feu, qui, entretenu ensuite avec des bois verts
« et résineux, fournit une fumée abondante. Quand
« le feu est bien pris, il place au-dessus du trou
« son « boïao », espèce de cruche sans fond et à
« goulot resserré, par lequel la fumée s'échappe.
« Quand il juge, en passant la main au-dessus de
« l'ouverture, que la chaleur est suffisante, il se
« munit d'une sorte de pagaie à lame large et
« courte, qu'il place au-dessus du récipient conte-
« nant le latex; avec une calebasse, il puise de la
« main gauche une certaine quantité de latex,
« dont il arrose la lame de sa pagaie. Partie du
« latex retombe dans le récipient, partie adhère à
« la pagaie, qui est aussitôt exposée, sur toutes
« ses faces, à la fumée sortant du boïao. Instanta-
« nément, la chaleur coagule le latex en une mince
« pellicule de caoutchouc. La pagaie reçoit une
« seconde couche de latex, qui est, de nouveau,
« passée à la fumée, et ainsi se trouve formée une
« seconde pellicule de caoutchouc, au-dessus de

" short blade. This he places over the recipient
" holding the milk and with his free hand (the left)
" he takes out a calabashful or tinful of the milk
" which he lets drop over the two surfaces of the
" taniboca. Part of the milk so ladled drops back
" in the recipient, part adheres in a thin coating to
" the taniboca, which is at once exposed on both
" its sides to the hot smoke issuing from the top
" opening of the boiao. Almost immediately, the
" heat coagulates the milk adhering to the tani-
" boca into a thin film of rubber. The taniboca is
" then withdrawn from the smoke, and again
" spread over with milk, and once more, exposed
" to the smoke which determines the formation of
" a second film of rubber over the first one and
" so on, until all the milk is finished. The mass
" of rubber is then slit with a knife just as one
" would slit a glove to get it off a swollen hand.
" This process is mighty slow, I agree, but it is
" easy to see that, if the operation is performed
" with a regular motion of the hand, and at the
" proper degree of heat, almost every molecule of
" the milk must come in contact with the heat, and
" is instantly subjected to a double process of eva-
" poration and semi-pasteurisation by the smoke
" which, but for the dirt left in it by the careless
" seringuero, and the impure particles brought in
" with the smoke itself, would leave an almost
" pure product.

" The action of the day heat on scrap rubber
" is the same, excepting that the heat acts on
" lumps, hardening and tightening the outer skin,
" leaving the inside molecules imperfectly coagu-
" lated. The danger of the seringuero's treatment
" is that, in a moment of listlessness, he may
" heat the film of milk too much, or too little. But
" if means were found to keep the heat constant
" throughout at the proper degree, the danger
" would not exist.

" I have endeavoured to put my ideas in prac-
" tical shape in an apparatus for the coagulation of
" rubber in large quantities, by means of heat
" alone, and in doing so, my guiding thought has
" been to follow as closely as possible the mani-
" pulation of the milk as practised by the Brazilian
" seringuero. In fact, the principle of the appa-
" ratus is exactly the same, viz : to bring the milk
" in very thin films to the action of a heated surface
" kept at a constant degree ".

« la première. L'opération continue ainsi par pelli-
« cules successives, jusqu'à ce que le latex soit fini.
« La masse de caoutchouc est alors fendue au
« couteau comme on fendrait un gant, pour dé-
« gager une main enflée.

« Ce procédé est évidemment très lent, mais
« il est facile de voir que, si l'opération est bien
« conduite, avec un mouvement bien régulier de
« la main, et à condition aussi que la température
« soit au point voulu, chaque molécule du latex
« est mise en contact avec la chaleur, et instan-
« tanément soumise à une double action d'évapo-
« ration et d'antiseptisation par la fumée, qui,
« n'étaient les impuretés laissées dans le latex par
« l'insouciant seringuero, et les parcelles solides
« apportées par la fumée elle-même, laisseraient
« un produit d'une pureté presque absolue.

« L'action de la chaleur solaire sur le « scrap »
« (caoutchouc coagulé spontanément) est identique.
« sauf, que la chaleur agit sur des surfaces plus
« épaisses, durcissant et raidissant la pellicule
« extérieure et laissant les molécules intérieures
« imparfaitement coagulées. Le danger de la mé-
« thode du seringuero est que, dans un moment
« d'inattention, la pellicule de latex soit trop, ou
« trop peu, chauffée. Mais s'il existait un moyen
« de maintenir la chaleur constante au degré
« convenable, ce danger n'existerait pas.

« J'ai voulu essayer de mettre en pratique le
« procédé de l'enfumage par un appareil destiné
« à traiter le latex par grandes quantités et, pour
« cela, je me suis laissé guider par l'action même
« du seringuero. En fait, le principe de l'appareil
« est exactement le même, à savoir : soumettre
« le latex, en très minces pellicules, à l'action
« d'une surface chauffée à un degré constant. »

CHAPTER XVI

Mathieu's coagulator. — The accompanying schema will serve to show the working of the apparatus.

The latex is poured over a strainer in the Recipient R. In the body, and, at both ends of the

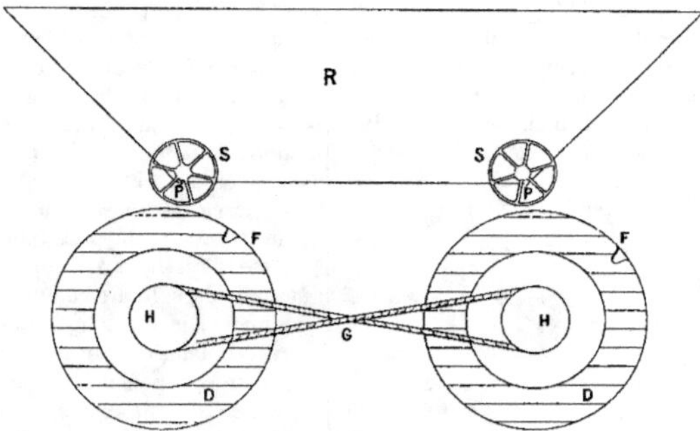

R. *Recipient.* P. *Slit in Recipient.*
S. *Wheel turning tap.* H. *Pulley.*
DD, *Drums.* G. *Endless rope.*
F. *Funnel for hot water. The lined part is filled with water.*

R. Récipient pour latex. P. Fente d'écoulement du latex.
S. Manette servant à régler la cannelle à l'intérieur du récipient. H. Poulie.
DD. Tambours. G. Corde sans fin. F. Goulette pour introduire l'eau chaude.
La partie ombrée, seule, est remplie d'eau.

Recipient, is an elongated tap which can be turned by means of the wheel S so as to let the latex flow out through a slit P, 2 feet long (the width of the recipient) : the latex runs out in the shape of a sheet 2 feet broad (the length of the slit P), the thickness of which can be regulated to a mere film by turning the wheel S to the proper position.

The 2 drums DD, below the recipient, are heated with hot water at a temperature of 120 to 130 Fahrenheit, which is introduced by the funnel F,

---

Coagulateur Mathieu. — Le schéma ci-contre montre comment l'appareil fonctionne.

Le latex est versé en R, récipient recouvert d'un tamis fin. A l'intérieur du récipient et à chaque extrémité, se trouve une cannelle allongée, qui

traverse le récipient d'un côté à l'autre, et que l'on tourne, à droite ou à gauche, par la manette S. A un moment donné, la fente de la cannelle se trouve faire face à une fente P, pratiquée dans le récipient et par laquelle s'échappe le latex en une lamelle de 60 centimètres de largeur (la longueur de la fente) ; l'épaisseur de cette lamelle se règle à la minceur d'une pellicule en tournant la manette S à la position convenable.

Les tambours DD, simplement formés de 2 cy-

provided with a screw stopper. They are made to revolve round their axis by turning a handle in H. On turning the wheel S, the latex flows on the 2 drums beneath and immediate coagulation takes place, caused by the heat of the water inside the drums, acting on the thin film of latex.

As soon as coagulation, by the heat, has taken place, antiseptisation is effected by a spray of formalin issuing from a small reservoir close to the drum which strikes the film just below the point of coagulation.

This is a close imitation of the Brazilian smoke cure, wherein, as soon as heat from the boiao has effected coagulation, antiseptisation takes place by the action of formic acid contained in the smoke particles.

As the drum revolves, the coagulated film revolves with it, and, film after film is thus wound round the drums, until a coating of ¼ of an inch thickness has been obtained; the rubber is then cut through and unrolled from off the drum in a sheet which will have for length the circumference of the drum, i. e. 3 feet 1/10 inch, and for width the length of the drum, i. e. 2 feet. The same operation is repeated until the latex is exhausted, and is, throughout conducted by one man.

Messrs. W. F. H. Thompson in their circular of 4th August 1906, commenting on a consignment of smoke-cured Ceara Rubber taken from trees growing on a Estate in South India, say :

" The Rubber is in the form of very thin wafers " and realized 5/9d per pound. Although very " lightly packed, the parcel showed not the slight- " est trace of heat. The rubber was of a very " strong nature stretching almost transparent..... " As the raw Fine Para (Brazilian) is cured in very " thin layers previous to becoming one large ham- " shaped biscuit, we are of the opinion the thinner " the rubber the better it is cured, allowing as it " does the antiseptics contained in the smoke to " more thoroughly permeate the rubber. "
The action of the smoke-cure could not be better expressed.

lindres en tôle galvanisée, concentriques, recoivent le latex à sa sortie de la fente P.

Ils sont chauffés à une température de 50 à 55 degrés centigrades par de l'eau chaude, qu'on introduit entre les 2 cylindres par une goulette en F, qui se ferme à l'aide d'un obturateur à pas de vis.

Au moment où elle touche le tambour, la pellicule de latex se coagule sous l'effet de la chaleur de l'eau à l'intérieur, et aussitôt que la coagulation est effectuée, l'antiseptisation a lieu par un jet de formaline extrêmement divisé, qui s'échappe d'un réservoir situé de telle manière, que le jet frappe la pellicule de caoutchouc, juste au-dessous du point de coagulation. Cette action est une copie de l'action, qui a lieu dans l'enfumage brésilien, dans lequel, aussitôt la coagulation effectuée par la chaleur, l'antiseptisation se produit par l'acide formique contenu dans la fumée.

Quand les cylindres ont fait un tour complet sur leur axe, ils se trouvent entièrement recouverts d'une couche de caoutchouc très mince ; et comme on continue à tourner la manivelle en H, une deuxième couche mince se forme au-dessus de la première, puis une troisième et ainsi de suite, jusqu'à ce qu'on ait obtenu une couche de caoutchouc, composée de couches superposées, épaisse de 4 à 5 millimètres. On passe une lame de canif dans la masse d'un bout à l'autre du cylindre et on la déroule du cylindre en une feuille, qui aura, comme longueur, le diamètre du cylindre, et comme largeur, la longueur du cylindre, soit 60 centimètres.

On recommence la même opération jusqu'à ce que la latex soit épuisé.

MM. W. F. H. Thompson, dans leur circulaire du 4 août 1906, commentent de la façon suivante sur un lot de caoutchouc de Ceara provenant d'une plantation du Sud de l'Inde et préparé par enfumage :

« Le caoutchouc est présenté sous la forme de « cachets très minces et il s'est vendu 5/9 par livre « (7. fr. 93 le demi kilo). Bien qu'emballé sans « soin spécial, le lot ne montre pas la moindre « trace d'échauffement. Le caoutchouc est extrême- « ment fort et peut se tendre jusqu'à transparence... « Le caoutchouc « fine Para » du Brésil est pré- « paré par pellicules très minces et nous sommes « d'avis que plus la pellicule est mince, plus le trai- « tement est parfait, les antiseptiques contenus « dans la fumée pénétrant plus intimement la « masse entière du caoutchouc. »
Ce qui fait l'efficacité du procédé de l'enfumage,

In the above apparatus, the action of the spray of formalin (the antiseptic agent of smoke) on the thin film, penetrates the whole substance of the rubber through and through, and combined with the action of heat, pasteurises, so to say, the whole mass. The result being that the proteids are deprived of their septic properties and all risk of decomposition is avoided.

Dickson's coagulating machine. — A coagulating machine invented by Mr. Dickson of Ceylon, of which the description is given in Mr. H. Wright's work, embodies the same idea of smoke cure, in imitation of the Brazilian method.

In this apparatus, the smoke brought from a flue below, acts directly on the latex, which is presented to it by a small roller partly immersed in the latex. As this roller revolves, in the latex, the upper part of its surface, which is exposed, is coated with a thin film of the latex, which is taken on by a large drum revolving in contact with the small roller in the smoke chamber.

The imitation of the Brazilian method appears perfect, and if the temperature can be regulated, which I understand is the case, the product of the machine should be equal to the best that Para can give.

Moisture preserved. — Moreover, if plantation rubber suffers depreciation from the lack of moisture refered to in the above letter of Messrs. Lewis and Peat, the reason is that rubber obtained by acid coagulation must, of necessity, be sent in the driest possible state, moisture being the prime cause of the development of bacteria and consequent putrescence. In the processes described above, a certain proportion of moisture may be retained in the rubber without incurring risk of bacteria, which cannot develop in the antisepticised mass.

c'est justement cette pénétration intime de toute la masse par les antiseptiques.

Dans l'appareil, que je viens de décrire, l'action du jet, très divisé, de formaline (l'agent antiseptique de la fumée) pénètre le caoutchouc de part en part, et, combinée avec l'action de la chaleur, elle provoque une antiseptisation complète de la masse. Il s'ensuit, que les protéides albumineux pris dans la masse se trouvent privés de leurs propriétés septiques et tout risque de décomposition est écarté.

Machine à coaguler de Dickson. — Une machine à coaguler le caoutchouc par enfumage a été inventée par M. Dickson de Ceylan, qui me paraît reproduire d'une façon très ingénieuse, le procédé d'enfumage brésilien. La fumée y est amenée du foyer à la partie supérieure de l'appareil et s'y trouve en contact direct avec le latex, qui lui est présenté par un petit rouleau partiellement immergé dans le latex. Ce rouleau tourne sur son axe, dans le latex, et sa surface supérieure, qui émerge, se trouve enduite d'une couche de latex que ramasse, à son tour, un gros cylindre, parallèle au petit rouleau et en contact avec lui : l'action de la fumée, qui emplit la boîte, ou chambre, où tourne le cylindre, coagule le latex sur sa surface; et la coagulation marche ainsi automatiquement tant qu'il y a du latex.

Le travail de cet appareil est la reproduction parfaite du procédé d'enfumage brésilien et, si la température peut être réglée et maintenue à un degré constant, son produit doit être au moins égal au meilleur Para.

Préservation de la moiteur dans le caoutchouc. — Si le caoutchouc « plantation » subit une certaine dépréciation du fait de trop grande sécheresse, ainsi que l'indique la lettre que nous donnons ci-dessus de MM. Lewis et Peat, cela tient à ce que, dans le cas de coagulation par acides, le planteur est obligé d'expédier son caoutchouc dans l'état le plus sec possible, l'humidité étant la cause première du développement des bactéries et de la putréfaction qui en résulte. Mais, dans les procédés décrits plus haut, il est possible de laisser au caoutchouc un certain degré de moiteur sans encourir le moindre risque des bactéries, qui ne peuvent se développer dans la masse antiseptisée.

CHAPTER XVII

DRYING RUBBER. — HYGROSCOPIC SUBSTANCES. — DRYING IN VACUO. — PASSBURG VACUUM DRYING CHAMBER. — CREPE RUBBER. — RUBBER WASHING MACHINE. — WASHED SCRAP RUBBER. — WASHED SHAVINGS. — OBJECTIONS TO WASHED RUBBER. — PLANTATION RUBBER. — BLOCK RUBBER.

Drying rubber. — So far, the greater part of plantation rubber is produced in the form of biscuits or slabs obtained by coagulating the latex in round enamelled vessels or in rectangular pans which give them their shape. It is to this form of rubber that we are referring at present.

After washing and pressing between rollers, to express as much moisture as possible, the biscuits or slabs have to be dried. This is done by exposing them in a drying room, kept somewhat dark, on a frame of wire netting or any contrivance which makes them most exposed to the action of dry air. The most effective way is to suspend the sheets with small patent spring pinchers, which just nip the edge of the sheet, and a further improvement, which I would suggest, is to suspend the sheets from wooden frames, so geared together, that they can be pulled like punkahs, thus creating, all round the sheets, a constant movement of air, conducive to quick evaporation. Mould, which is apt to settle on the surface of the rubber, should be wiped off with a cloth slightly humected with alcohol, and, afterwards the sheets may be lightly brushed with a brush of soft steel wire, the effect of which is to keep the pores of the rubber open and to help the exit of moisture to the surface, where it is evaporated. The thinner the sheet and the greater the amount of surface exposed to the air, the quicker the drying.

Hygroscopic substances. — Hygroscopic substances, such as unslaked lime, and calcium

CHAPITRE XVII

SÉCHAGE DU CAOUTCHOUC. — SUBSTANCES HYGROSCOPIQUES. — SÉCHAGE DANS LE VIDE. — CHAMBRES DE SÉCHAGE A VIDE. — CAOUTCHOUC CRÊPE. — LAVAGE DU CAOUTCHOUC A LA MACHINE. — LAVAGE DU SCRAP-RUBBER. — DÉSAVANTAGES DU CAOUTCHOUC LAVÉ MÉCANIQUEMENT. — AVENIR DU CAOUTCHOUC « PLANTATION ». — CAOUTCHOUC EN BLOCS.

Séchage du Caoutchouc. — Jusqu'à présent, la plus grande partie du caoutchouc de plantation est sous la forme de biscuits ou plaques obtenues par la coagulation dans des plats émaillés ronds ou rectangulaires qui lui donnent sa forme. C'est cette classe de caoutchouc, qui nous occupe ici. Après lavage et pressage entre les rouleaux d'une mangle ou essoreuse, pour en exprimer le plus d'eau possible, les biscuits ou plaques doivent être séchés. Ceci se fait en les exposant, dans un hangar « ad hoc », sur des claies en bambou ou en grillage de fer galvanisé, qui permet d'exposer le plus possible de leur surface à l'air. Un moyen plus pratique est de les suspendre à l'air au moyen de petites pincettes spéciales à ressort et, pour activer encore plus le séchage, je conseillerais de les suspendre à des cadres de bois mobiles et reliés ensemble de façon à pouvoir recevoir un mouvement de va-et-vient, comme des « punkahs », ce qui cause un mouvement d'air constant et accélère l'évaporation. Lorsqu'on voit des traces de moisissure sur le caoutchouc, on doit les enlever avec un chiffon humecté d'alcool, et il est bon aussi de brosser légèrement la surface avec une brosse de fils d'acier, dont l'effet est de maintenir ouverts les pores du caoutchouc et de faciliter la sortie de l'humidité intérieure vers la surface, où elle s'évapore. Il va de soi, que plus la plaque est mince plus le séchage est rapide :

Substances hygroscopiques. — On emploie aussi certaines substances hygroscopiques,

chloride are also employed to hasten drying, and if used with due care, they fulfil their object satisfactorily. Sir W. Thistleton Dyer, however, condemns the use of the latter, on account of its destructive effect should even small particles of it come in contact with the rubber. But an installation can easily be devised in which the chemicals could be kept in separate chambers and the air, after passing over them, be driven through a fine gauze, to the room where the rubber is suspended.

Drying in vacuo. — This is a quick and economical way of drying rubber.

Some samples of block rubber, each block weighing 24 lbs and 6 blocks to a case, were recently exhibited by Lanadron Estate, at the Singapore Agricultural Show, which I was informed, by Mr. Zacharias, Secretary of the U. P. A., were composed of sheets dried in a Passburg Vacuum drying chamber, and afterwards pressed together with a hydraulic press.

The rubber appeared very tough and not to have been, in the least, affected by the heat of the drying chamber. The process of drying, which only takes a few hours, is described as follows by Mr. Emile Passburg, of Berlin, the maker.

Passburg drying chambers. — The Rubber sheets or biscuits or washed rubber as the case may be, are placed in equal quantities upon perforated trays which are put between the heating shelves of the drying chamber. The swing-hinged door is closed, and the small air pump set to work to evacuate the chamber; for the first few moments the pump requires about $1\frac{1}{2}$ horsepower, but in 4 or 5 minutes, when a vacuum of 28′ and upwards is secured, $\frac{3}{4}$ of a horse power suffices for the pump. In the case of the Bukit Rajah plant, the air pump is fitted with a steam cylinder of $4\frac{4}{10}$ diameter $\times$ $6\frac{4}{10}$ stroke and when the steam has driven the pump it is passed to the heating shelves of the drying chamber and effects the evaporation

When the wet Rubber reaches 90° to 100° Fahrenheit, then, on account of the atmospheric pressure having been removed, evaporation sets in most rapidly, and the rubber remains at this low temperature for a considerable time, rising slowly

telles que la chaux vive, ou le chlorure de calcium pour activer le séchage; et, à condition, qu'il ne puisse y avoir aucun risque de contact, la pratique me paraît recommandable. Toutefois, Sir Thistleton Dyer, la condamne absolument, à cause de l'effet délétère sur le caoutchouc du chlorure, même à dose infinitésimale; mais il me semble, qu'il doit être possible de faire une installation, qui permettrait d'isoler complètement ces substances dans des chambres séparées et d'amener l'air, préalablement desséché par elles, à travers une gaze métallique dans la chambre où sont suspendues les plaques de caoutchouc.

Séchage dans le vide. — Voici un mode très rapide de sécher le caoutchouc, en même temps que très économique une fois qu'on a fait les premiers frais d'installation et de moteur. Nous avons vu, à l'Exposition récente qui s'est tenue à Singapore, des blocs de caoutchouc, séchés dans une chambre à vacuum, système Passburg, puis passées ensuite à la presse hydraulique. Le caoutchouc nous a paru très fort, et ne donnant pas le moindre signe d'avoir souffert de la température élevée de la chambre à vacuum. Le séchage est complet au bout de quelques heures seulement, ce qui est un immense progrès sur les procédés antérieurs, qui demandent des semaines, et, parfois des mois.

Chambres de séchage à vide. — M. E. Passburg décrit comme suit son procédé :

Les biscuits ou plaques, ou feuilles lavées, de caoutchouc sont posées sur des plateaux perforés, qui sont placés entre les rayons de chauffage de la chambre. La porte est fermée hermétiquement et la petite pompe à air est mise en fonctionnement pour évacuer l'air. Pendant les premiers moments la pompe demande un cheval-vapeur et demi, mais au bout de 4 à 5 minutes, lorsqu'on a atteint un vide de 28′, il suffit de 3/4 de cheval vapeur pour actionner la pompe. La vapeur, qui a servi à l'actionner, passe aux rayons de la chambre à vide et opère l'évaporation. Quand le caoutchouc mouillé arrive à une température de 32 à 38 centigrades, il se produit ceci : la pression atmosphérique ayant été enlevée, l'évaporation marche très rapidement, et le caoutchouc reste à cette température, pendant assez longtemps; puis, la température s'élève, au fur et à mesure que le séchage se complète, ce qui demande environ 2 heures pour les « bis-

towards the completion of the drying which takes about two hours as I am informed by the Bukit Rajah Co., for their Rubber biscuits. In the Rubber factories, with washed Rubber, the time is from $1\frac{1}{4}$ to $1\frac{3}{4}$ hours.

In the vacuum chamber, owing to the low temperature and the absence of air with its oxygen the wet surface of the warm rubber does not become oxydised as happens with air-dried rubbers.

In the Rubber factories the difference is very marked, the washed Rubber sheets from the ordinary drying room being quite hard, whilst the same sheets vacuum-dried remain soft and pliable and of a lighter colour.

The vapour arising from the drying rubber passes to a small surface condenser, where the moisture is condensed and collected, the air pump being a dry one. The condenser is also fitted with a patented arrangement of Mr. Passburg's by which it can be told when all moisture has been removed from the material in the drying chamber.

The space occupied is very small.

Crepe rubber. — Among other exhibits at the Agricultural Show held in Singapore in August 1906, were also to be seen various samples of crepe rubber. Crepe has a rough granulated surface, giving it the appearance of much-washed and much-worn flannel, caused by the tearing and grinding which it undergoes in the process of mechanical washing. For this is washed rubber.

Rubber washing machine. — The freshly coagulated latex is thrown in chunks between 2 fluted rollers, geared to $1\frac{1}{4} \times 1$ ratio, actioned by steam, and quickly flattened and elongated to a long strip which, as it drops from the rollers, is again put back to undergo a second rolling and tearing, and again a third, and a fourth, according to the degree of purity and cleanness of the latex. Cold water is all the time playing from above over the surface of the rollers, and carries away all the solid impurities which are projected from the rubber, and probably, also, most of the soluble proteids contained in the coagulum. The result is a long strip of rubber, pale yellow in colour, and of a great degree of purity.

cuits ». Dans les fabriques où on opère sur du caoutchouc lavé et étiré à la machine, l'opération ne demande guère que 1 heure 1/4 à 1 heure 3/4. Dans la chambre à vide, à cause de la température basse et de l'absence d'air et d'oxygène, la surface mouillée du caoutchouc chauffé ne s'oxyde pas comme il arrive dans les caoutchoucs chauffés à l'air sec.

Cette différence est très marquée dans les fabriques, les plaques de caoutchouc séchées dans les chambres ordinaires devenant dures, tandis, que les mêmes plaques séchées dans les chambres à vacuum restent molles et souples et de couleur claire.

La vapeur, que développe le caoutchouc pendant qu'il sèche, passe à un petit condensateur de surface ou l'humidité se condense. Ce condensateur est muni d'un appareil spécial, qui indique le moment, où toute l'humidité a été extraite du caoutchouc dans la chambre à sécher.

Caoutchouc crêpe. — Parmi les produits exposés à l'exposition, se trouvaient aussi des échantillons variés de caoutchouc crêpe (crêpe-rubber). Ce crêpe a une surface rugueuse et granulée, qui lui donne l'aspect d'une flanelle, qui a été très longtemps portée et fréquemment passée à l'eau, ce qui provient du broyage et déchiquetage auquel le caoutchouc est soumis pendant l'opération du lavage à la machine ; car le crêpe est un caoutchouc lavé mécaniquement.

Lavage du caoutchouc à la machine. — Le latex fraîchement coagulé est divisé en morceaux plus ou moins gros, que l'on passe entre les 2 rouleaux cannelés de la machine, actionnés par la vapeur ; le morceau aplati s'allonge en un long ruban que l'on ramasse et que l'on repasse une deuxième fois entre les rouleaux, puis une troisième et quatrième fois selon le degré de propreté et de pureté du latex.

Pendant tout le temps, un fort jet d'eau, venant d'en haut, tombe avec force sur les rouleaux entraînant les parcelles solides ainsi, qu'une bonne partie des protéides contenus dans le coagulat, lesquels sont séparés de la masse par la tension du caoutchouc causée par le mouvement différentiel des rouleaux. Le résultat de l'opération est un ruban allongé de caoutchouc, d'un grand degré de pureté.

Washed scrap rubber. — The work performed before us was entirely satisfactory as in every regards scrap rubber, which is, in fact, turned out way equal to the rubber obtained from the newlycoagulated latex.

Washed shavings. — In the treatment of shavings, i. e. the parings fallen from the tree at tapping time, a satisfactory yield of 3 to 5 0/0, we were told, is obtained of rubber more or less darkly coloured, according to the quantity of bark contained in them.

The machine which we saw at work in this instance is made by the Federated Engineering Co., of Kuala Lumpur.

Lace rubber, worm rubber are other forms of washed rubber.

Advantages of washed rubber. — The great advantage of washed rubber, besides its greater purity, is that it dries much quicker as it offers a greater surface to the action of the air. Three days, under suitable conditions, are generally sufficient to effect a complete drying.

Objection to washed rubber. — It is said that the home buyers look with disfavour on crepe rubber, and truly, we cannot wonder at it. There may be a good deal of stubborn conservatism in the attitude of mind of manufacturers, but the plain fact is that this form of rubber opens the door to

Lavage du scrap-rubber. — Le scrap-rubber, est le caoutchouc coagulé sur l'arbre, sous forme de larmes ou de pellicules le long des lèvres des incisions, ou de bavures provenant de blessures du tronc; c'est le « sernamby » de l'Amazone. Le sernamby est plus ou moins chargé d'impuretés et de matières colorantes provenant d'éclats de l'écorce, de poussières, etc. Passé à la machine à laver, ce caoutchouc perd ses impuretés et, nous l'avons vu, après 2 ou 3 broyages entre les rouleaux, sortir dans un état de pureté presque égal à celui du latex fraîchement coagulé et filtré au tamis fin. Il en est de même des déchets provenant des lamelles d'écorce excisées chaque fois qu'on rouvre la blessure pendant la période du saignage. Ces déchets contiennent un certain pourcentage de caoutchouc emprisonné dans le tissu desséché des lamelles d'écorce. En les passant à la machine, on arrive à leur faire rendre de 3 à 5 p. 100 de caoutchouc, plus au moins foncé en couleur, et de qualité inférieure, il est vrai, mais qui a cependant une valeur marchande.

La laveuse mécanique offre certainement aux planteurs une nouvelle source de profits en leur permettant de tirer parti de déchets jusqu'ici inutilisables et son emploi deviendra, à ce titre, de plus en plus général. Mais je ne crois pas que ce traitement de broyage et de déchiquetage puisse s'appliquer, avec avantage, aux latex frais et purs tels qu'ils sont récoltés à la sortie de l'arbre, et qui sont destinés à fournir les caoutchoucs forts et de la plus haute qualité. Pour ceux-ci le procédé de l'enfumage, appliqué mécaniquement, suivi du séchage dans les chambres à vacuum, me paraît être le vrai procédé de l'avenir. Ce broyage et étirage répété du caoutchouc soumis au lavage mécanique, lui enlève certainement de sa force et de son nerf et c'est pour cette raison, que je crois que l'emploi de la laveuse mécanique doit être limité au traitement du sernamby ou des déchets d'incisions qui ont absolument besoin d'être lavés, et qui y gagnent en pureté, mais restent, néanmoins, des caoutchoucs de seconde marque.

Désavantages du caoutchouc lavé mécaniquement. — Du reste, il est reconnu, je crois, que les acheteurs ne se montrent que médiocrement entichés du caoutchouc lavé et, franchement, cela ne nous surprend pas. Il peut y avoir une certaine dose d'entêtement routinier dans l'es-

a possibility of adulteration by admixture with inferior rubber, and a certain flavour of suspicion attaches to it which does not attach to forms of rubber more readily classified.

Moreover, admitting that the good faith of the planter is wholly above suspicion, the manufacturer of certain classes of finer goods will not, and cannot, dispense with the washing of the rubber himself, for the reason that, although the rubber may have left the estate in a perfectly clean state, it may collect, "en route", small particles of sand or other impurities, which would unfit it for special uses, without further washing. Why, then, should he pay a higher price because the product has undergone a previous process of lacerating which he is obliged to repeat himself? the more so that this double operation cannot but tell, to some extent, on the fibre and elasticity of the rubber.

Plantation rubber on the market. — Plantation Rubber has not said its last word. is yet young in the world, and it will take some time before it can establish its claim to pre-eminence among all the rubbers of the world. So far as these countries are concerned, the planters have worked on a sound line in aiming at turning out the purest product, and it is sure, given their spirit of research, that they will, at no distant date, establish standards of rubber to meet all the requirements of the trade, and break down the shreds of prejudice that may yet linger in manufacturing circles.

Block-rubber. — In this respect, block-rubber is a first step in the right direction in producing a standardised article of given weights to a given volume, and when such products are covered by names or marks known for efficient and scrupulous work, they will take their due place on the markets, and we were not surprised to hear that, at the sales which took place in London on 17th August 1906, Lanadron Block-rubber topped the market with a price of 5/10 1/2 per pound, while No. 1 sheet, crepe and biscuits sold at 5/9 d per pound.

prit des manufacturiers, mais le fait est que cette forme de caoutchouc se prête, plus que d'autres, à la falsification par l'admixtion de caoutchoucs inférieurs et bien que jusqu'ici la pureté des lots présentés n'ait pas été mise en question, les acheteurs ne peuvent se défendre, en présence du caoutchouc lavé, d'un levain de suspicion, qu'ils n'attachent pas aux autres formes de caoutchouc plus faciles à identifier et à classifier.

D'ailleurs, mettant de côté toute question de bonne foi, le fabricant de certaines classes de produits de caoutchoucs de qualité spéciale ne peut pas, et ne veut pas, se dispenser de laver son caoutchouc lui-même, pour la simple raison que, même le caoutchouc aurait-il quitté la plantation dans l'état le plus propre et le plus parfait possible, il se peut, qu'il ramasse en route des parcelles mêmes minimes de sable ou autres impuretés, qui le rendraient impropre à certains usages spéciaux, sans un nouveau lavage. Pourquoi, alors, faut-il qu'il paie un prix plus élevé pour un produit qui a subi un procédé de lavage, qu'il est obligé de refaire lui-même? d'autant plus que ce double lavage et déchiquetage ne peut que nuire, dans une certaine mesure, à la force et au nerf du caoutchouc.

Avenir du caoutchouc « plantation ». — Le caoutchouc de plantation n'a pas dit son dernier mot. Il est encore jeune, et il lui faudra quelque temps pour prendre la place qui lui revient de droit, de par sa haute qualité, parmi les premiers caoutchoucs du monde. Les planteurs ont visé, avec raison, à produire, avant tout, un caoutchouc de la plus grande pureté possible ; il leur reste maintenant à le mettre sous la forme la plus marchande possible, sous une forme qui réponde à tous les besoins de la fabrication et balaie les derniers lambeaux de préjugés des manufacturiers.

Caoutchouc en bloc. — A ce point de vue, le caoutchouc-bloc, dont nous parlions plus haut, et qui est d'invention toute récente, est un grand pas de fait. En établissant une relation exacte et constante de poids à volume (24 livres pour 1 pied cube) il facilite énormément la manipulation, l'examen par l'acheteur, et quand un pareil produit se présente sous la garantie de marques ou de noms connus pour la parfaite probité de leur travail, il attire forcément la faveur des acheteurs. Aussi n'avons-nous pas été surpris d'apprendre qu'aux ventes,

The Gold Medal awarded at the Ceylon Exhibition to Block-rubber of Lanadron Estate as the beset sample of commercial rubber, definitely places this form of rubber, whether obtained from sheet or from crepe rubber, at the head of all the rubber products of the day.

qui ont eu lieu à Londres le 17 août 1906, le caoutchouc-bloc de Lanadron Estate, qui faisait sa première apparition, s'est vendu 5/10 1/2 la livre, soit 8 francs le demi-kilo, tandis que tous les autres caoutchoucs, biscuits et crèpes n° 1, ne se sont vendus que 5/9, soit fr. 7.87 le demi-kilo.

La médaille d'or obtenue à l'exposition de Ceylan par le caoutchouc-bloc, classe définitivement cette forme de caoutchouc à la tête de tous les caoutchoucs marchands.

CHAPTER XVIII

Mode of packing rubber. — Messrs. Gow, Wilson and Stanton, Limited, Rubber Brokers, 13, Rood Lane, London, E. C. have made public the following suggestions for the packing of plantation rubber :

Preparations for packing. — The rubber must be quite free from moisture, as the slightest trace might alter its appearance during transit. All heated rubber must be kept separate, otherwise the bulk will be spoilt. Keep the rubber away from dust when drying. A strong light is harmful. The use of paper in packing should be avoided.

Form of rubber. — *Sheet* form is now most liked. Sheets from 2 to 3 feet long and 1 to 2 feet wide make a convenient size. They should be as uniform as possible, so that they can be neatly packed in cases each of equal size and shape. Sheet rubber packs closer than any other sort and therefore effects a small saving in freight.

Biscuits are also much appreciated. They should be a uniform size, say 12 inches in diameter.

Crêpe is liked, if very pale in colour, otherwise some buyers have a slight prejudice.

Scrap should be carefully collected and graded in 2 or, when necessary, 3 qualities (see appendice F).

Colour. — All fine qualities must be clear. For sheets and biscuits, a rich amber colour is most desired; some of the rather darker shades are now selling quite as well as the very pale ones.

CHAPITRE XVIII

Mode d'emballage du caoutchouc. — MM. Gow, Wilson et Stanton, Importateurs, 13, Rood Lane, Londres ont publié l'avis suivant au sujet de l'emballage du caoutchouc Para de plantation.

Préparation en vue de l'expédition. — Le caoutchouc doit être sec, toute trace d'humidité pouvant altérer son apparence pendant le transit. Tout caoutchouc échauffé doit être expédié à part, sous peine de voir le tout se détériorer. Pendant le séchage, tenir le caoutchouc à l'abri de la poussière, et de la lumière trop forte. Ne pas employer de papier dans l'emballage.

Forme du caoutchouc. — La forme de caoutchouc *en plaques* est celle que l'on préfère actuellement. Des plaques de 60 à 90 centimètres de long et de 30 à 60 centimètres de large sont commodes à manipuler. Il les faut aussi uniformes que possible, de façon à ce qu'elles puissent s'emballer dans des caisses de dimensions égales et de formes semblables. Le caoutchouc en plaques peut s'emballer en lots compacts et ainsi il y a économie de frêt.

Les *biscuits* sont aussi très appréciés. Ils doivent être uniformes de dimension et d'un diamètre d'environ 30 centimètres.

Le *crêpe* doit être de couleur très claire, sans quoi les acheteurs n'en veulent pas.

Le *scrap* (sernamby) doit être récolté avec soin et trié en 2, ou même 3 qualités (voir appendice F).

Couleur. — Toutes les belles qualités de caoutchouc doivent être claires en couleur. Pour les plaques et les biscuits, on préfère une riche couleur ambrée, mais il y a aussi acheteurs pour les nuances plus foncées.

Cases. — Should be strong and well hooped, and capable of holding at least 1½ cwt. of Rubber, so as to minimise :

1° Draft allowance.

2° The loss occasioned by the method of weighment.

3° Freight.

Draft allowance. — Packages weighing gross 28 lbs. or under, carry no draft allowance, over 28 lbs. gross, one pound draft is allowed, but if the tare is over 28 lbs., two pounds have to be allowed.

Weighing. — The method of weighing for sale purposes is as follows : The case is weighed gross to the pound, no account being taken of odd ounces, thus 197 lbs. 12 ozs. would be called 197 lbs. The tare is then taken, but any odd ounces count as a full pound, thus 26 lbs. 4 ozs. is taken as 27 lbs. It will be seen that the turn of the scale, in both cases, is given in favour of the buyer. This loss may be, in a measure, obviated by careful packing.

The net is never taken on the scale, but is arrived at by substracting the tare from the gross.

Example showing only slight loss :

Gross weight.... $197\frac{1}{4}$ lbs. taken as 197 lbs.

Tare .... $26\frac{3}{4}$ —   —   27 —

Actual weight of rubber $170\frac{1}{2}$ lbs. taken as 170 lbs.

Example showing heavy loss :

Gross weight..... $197\frac{3}{4}$ lbs. taken as 197 lbs.

Tare .... $26\frac{1}{4}$ —   —   27 —

Actual weight of rubber $171\frac{1}{2}$ lbs. taken as 170 lbs.

Thus it will be seen that it is to the advantage of producers that the gross weight should be only a few ounces over the pound and the tare (nails, hoops etc., included) a few ounces under the pound.

Note. — In endeavouring to obtain the best results on weighment, Managers should always make an allowance of say a few ounces for loss by evaporation during transit.

Marking. — It is better that Sheets or Biscuits

Les caisses doivent être fortes et bien cerclées et contenir au moins 1 1/2 cwt = 80 kilos, 812 gr. de façon à réduire :

1° La compensation de pesage.

2° La perte, qui résulte du mode de pesage.

3° Le frêt.

Compensation de pesage. — Les colis pesant (28 livres) 12 kilos, 700 ou au-dessous, ne donnent pas droit à la compensation de pesage; ceux pesant au-dessus de 12 kilos, 700 donnent droit à 454 grammes de compensation, mais si *la tare* est au-dessus de 12 kilos, 700, ils donnent droit à 908 grammes de compensation.

Pesage. — La méthode de pesage en usage aux ventes est la suivante : La caisse est pesée, poids brut, à la livre (454 gram.), sans tenir compte des fractions, ainsi 197 livres 12 onces, compte pour 197 livres. On prend alors la tare, mais alors toute fraction compte pour une livre, ainsi 26 livres 4 onces compte pour 27 livres. Dans les 2 cas, le pesage est en faveur de l'acheteur, mais on peut parer à cette perte par un emballage bien calculé.

On ne prend pas le poids net, à la balance; on y arrive en soustrayant la tare du poids brut.

Exemple d'un emballage où la perte est minime :

Poids brut........ 197 1/4 livres comptant pour 197 liv.

Tare.............. 26 3/4 —   —   27 —

Poids réel du caoutch. 170 1/2 livres comptant pour 170 liv.

Exemple d'un emballage causant forte perte :

Poids brut .... 197 3/4 livres comptant pour 197 liv.

Tare.............. 26 1/4 —   —   27 —

Poids réel............ 171 1/2 livres comptant pour 170 liv.

On voit par là, qu'il est de l'avantage des producteurs que le poids brut soit seulement de quelques onces au-dessus de la livre, et que la tare (clous, cercles compris) soit de quelques onces au-dessous de la livre.

Note. — Il ne faut pas oublier dans les pesages sur la plantation d'allouer quelques onces pour perte par évaporation en cours de route.

Marques. — Les plaques ou biscuits doivent

should be marked with the full name of the estate or the initials of the producing company. The cases should be similarly marked.

Remarks. — Although the above instructions date only from March 1906, some of them are already out of date. As regards, for instance, the form of rubber, I believe it is a fact that the unanimous opinion of planters, since the recent Ceylon Exposition, is that rubber " biscuits " are irretrievably condemned. And, as regards the preparation of rubber, the opinion was expressed by the Judges that the smoke-cure is the best to insure rubber of full strength, and, as the smoke-cure is inseparable from the preservation of a certain proportion of moisture in rubber, it follows that the directions about sending the rubber in an absolutely dry state are not to be taken to the letter.

Charges on rubber exported. — A correspondent of the " Ceylon Observer ", of March 12th, 1906, works out as follows the actual costs of shipping and selling Rubber in the London market :

Charges on 500^{lbs} Rubber selling in London at 6 shillings per lb.

		Rupees.
Colombo charges.	Cost to wharf	0.50
	Shipping	0.60
	Harbour dues	0.60
	Bill of lading and stamps	1.00
	Freight to London	12.83
	Insurance	7.50
	$\frac{1}{16}$ per cent bill brokerage	1.40
	Total Colombo charges.. R^{ees}	24.43

		£ .s.d
London charges.	Draft allowance 1^{lb} per case for 10 cases = 10^{lbs} at 6 shillings.	3. 0.0
	Discount. 2 1/2 0/0 on 500^{lb} à 6/ — (= £150)	3.15.0
	Dock charge	18.0
	Fire Insurance	2.6
	Printing and advertising charge.	5.0
	Brokerage at 1 per cent	15.0
	Loss on weight 3 per cent on 500^{lbs} = 15^{lbs} a 6 shillings	4.10.0
	Total of London charges. £ 13. 5.6 =	199.00
	Total of charges. R^{ees}	223.43

être marquées chacun en relief, du nom en toutes lettres ou des initiales de la Compagnie qui a produit le caoutchouc. Les caisses doivent être marquées des mêmes marques.

Observations sur la note ci-dessus. — Bien que récentes, puisqu'elles datent du mois de mars 1906, et bien qu'émanant des personnes les plus compétentes en cette matière, certaines des recommandations ci-dessus sont dès aujourd'hui sujettes à modification. En ce qui concerne la forme du caoutchouc, par exemple, le verdict unanime des planteurs, à la suite de l'exposition de Ceylan, est que la forme « biscuits » est condamnée sans retour. En ce qui concerne la préparation et le séchage du caoutchouc, l'avis a prévalu parmi les membres du Jury de l'Exposition que l'enfumage est le mode de préparation le plus propre à assurer au caoutchouc toute sa force et, comme l'enfumage ne va pas sans la conservation d'une certaine proportion de moiteur dans le caoutchouc, il s'ensuit que la recommandation ci-dessus d'exclure toute trace d'humidité n'a plus sa raison d'être.

Frais d'exportation et de vente du caoutchouc. — Un correspondant du « Ceylon Observer », du 12 mars 1906, établit comme suit les frais de frêt et commission de vente sur le marché de Londres :

Compte de frais sur 500 livres de caoutchouc vendues à Londres au prix de 6 shillings la livre (454 grammes).

		Roupies.
Frais à Colombo.	Transport au wharf	0.50
	Embarquement	0.60
	Droits de port	0.60
	Connaissement et timbres	1.00
	Frêt sur Londres	12.83
	Assurance	7.50
	$\frac{1}{16}$ pour cent de courtage de traite	1.40
	Total des frais à Colombo.... R^{ies}	24.43

		£ .s.d.
Frais à Londres.	Compensation de posage : 1^{lb} (454 gram.) par caisse sur 10 caisses = 10^{lbs} à 6 schellings.	3. 0.0
	Escompte 2 1/2 0/0 sur 500^{lbs} à 6/ par livre	3.15.0
	Frais d'entrepôt	18.0
	Assurances contre Incendie	2.6
	Impression et frais d'annonces.	5.0
	Courtage 1 pour cent	15.0
	Perte de poids : 3 pour cent sur 500 livres = 15 livres à 6 schellings	4.10.0
	Total des frais à Londres.... £ 13. 5.6 =	199.00
	Total général des frais. R^{ies} =	223.43

The total cost, from the time the rubber leaves the Estate, amounts to Rupee 0.45 per pound.

The charges are for 10 cases of rubber, each of 50 pounds net, and, by this account, the actual difference in price between London and Colombo is about 43 cents (Rupee) per pound.

Le coût total, à partir du moment où le caoutchouc quitte l'estate, s'élève à 0.45 de roupie par livre. Ces chiffres sont pour 10 caisses de caoutchouc pesant chacune 50 livres net, et, d'après ce compte, la différence de prix entre Londres et Colombo est d'environ 43 cents de roupie par livre.

CHAPTER XIX

Yield of Hevea. — Given ten estates under coffee or tea cultivation, under similar conditions of soil, climate and weather, we can expect a certain uniformity in the yield of fruit or leaf on those ten estates and say, with some approach to correctness, that in the district Coffee gives an average of so many piculs per acre. Year in and year out the Coffee-tree fulfils its apportioned work in nature, which is to bring forth Coffee-berries. When the crop has come, you see it and, let the weather be what it will, you can get it, in your own good time, and when you have cropped your berries, you know that there is no more to be had.

Difficulty of estimation. — With Hevea, matters are different; the crop is inside the tree, and you have to get at it. When you start cropping it, you cannot say how much it will give you of rubber, and when you leave off tapping, you cannot say how much or how little, latex is left.

A rain, the time of day, and above all, the method of tapping may influence the yield considerably. It is, therefore, impossible to put down a hard and fast figure for the yield of Hevea, and it will remain so, until we have, through selection, brought somewhat under control the unexplainable idiosyncrasies of the tree, and until experience, by teaching us what are the best methods of work, has brought uniformity of cultivation and of modes of tapping.

. We hear of trees 15 to 20 years old, giving only 1 lb. 7 of rubber in Henaratgoda [1], and others in Perak, of the same age, giving 12 and 18 pounds each on Gapis-estate. But I do not see that any conclusion can be drawn from such figures and hundreds of others, except their discrepancies.

1. These same trees, tapped on more modern methods, have since given up to 15lbs in 12 months which shows the paramount importance of a proper method of tapping.

CHAPITRE XIX

Rendement de l'Hevea. — Étant donné 10 plantations de café ou de cacao, placées dans un même district, dans des conditions semblables de sol, de climat et de saison, nous nous attendons à une certaine uniformité de rendement de fruits, sur ces 10 plantations ; et nous pouvons dire, que, dans le district, le café donne tant de pikuls, ou tant de kilos à l'hectare. D'une année à l'autre, le caféier remplit sa fonction dans la nature, qui est de donner des fruits. Quand la récolte est venue vous la voyez, et à votre heure, vous faites votre cueillette ; la cueillette faite, vous savez, qu'il ne reste rien de plus à cueillir.

Difficulté d'estimation. — Avec l'Hevea, il n'en va pas de même, la récolte est dans l'arbre et il faut que vous alliez l'y chercher. Quand vous commencez vos saignées, vous ne pouvez pas dire combien vous en tirerez de caoutchouc ; et quand vos saignées sont finies, vous ne pouvez pas dire s'il reste encore dans les arbres peu ou beaucoup de latex. La pluie, la sécheresse, l'heure de la journée et par-dessus tout, la méthode de saignage peut influer, du simple au quintuple, sur le rendement d'une plantation à une autre. Il est donc impossible de fixer un chiffre invariable de rendement de l'Hevea, à moins de connaître soi-même les arbres auxquels on a affaire ; et il en sera ainsi, tant que, faute de sélection, les arbres resteront soumis à des écarts de végétation et de rendements, qui les soustraient à toutes nos prévisions, et à tout contrôle, et aussi tant que l'expérience, en nous enseignant les meilleures méthodes de travail, n'aura pas apporté, avec elle, l'uniformité dans les modes de culture et dans les modes de saignage. Nous apprenons, par exemple, que des arbres de 15 à 20 ans ont donné à Henaratgoda 1 livre 7 onces de caoutchouc, tandis que 2 arbres du même âge, à Perak ont donné 12 et 18 livres chacun [1].

1. Ce rendement phénoménal a été obtenu par M. Baxendale, de Gapis-estate ; les 2 arbres mesuraient respectivement 1m,40 et 2m,23 de tour à 3 pieds de terre.

We must go, for our figures, to estates of fairly large acreages, where cultivation has been carried on systematically, and where trees have been regularly tapped for some years.

Ascertained yields in Ceylon. — In the "Times of Ceylon", of February 1905, we find a Statement of Mr. F. J. Holloway, the well-known Superintendent of Kepitegalla-estate, that in Kalutara 52,500 pounds of rubber were obtained from 50,000 trees.

In 1905, Kepitegalla-estate, from 10,000 trees aged 8 to 15 years, an average of 3 pounds per tree was obtained on land planted, partly 12 × 12, partly 15 × 15 feet.

It is, probable, not to say certain (from figures of yield obtained on some of the older estates) that the Malay States, with most of their land, virgin soil, will yield larger crops than Ceylon, where the estates are for the most part, old coffee or tea estates; and it is equally certain, that the figures for the Malay Peninsula will, themselves, be far exceeded by the new estates in Deli and Serdang (Sumatra) for the same reason, better soil.

The last Report of the "United Planters' Association" contains these words : " Your Committee would be rash to prophesy the future " output in pounds. It is sufficient to say that " the yields of 5 to 6 years old trees have far sur- " passed our most sanguine hopes, but what the " ultimate yields will be of these trees, as they " get older, we cannot say. " This subdued cry of triumph is being justified from day to day, and it shows that by adopting the Ceylon figures, we shall be erring too much on the side of moderation.

Taking, therefore, into account well-ascertained figures from old estates, we shall base our figures for an estimate in the Malay Pininsula on the following yields :

5th year	1/4 pound.	
6th year	1/2	—
7th year	1	—
8th year	1 1/2	—
9th year	2	—
10th year	2 1/2	—
11th year	3	—

Mais il n'y a rien à tirer de pareils chiffres. Nous sommes obligés, pour baser notre estimation, de recourir aux chiffres de rendements obtenus de plantations d'une certaine étendue où la culture a été menée systématiquement pendant longtemps, et où les arbres ont été régulièrement saignés depuis plusieurs années déjà.

Rendements obtenus. — Par le « Times of Ceylon », de février 1905, M. F. J. Holloway, le surintendant bien connu de « Kepitigalla-estate », nous apprend que de 50.000 arbres, il a été obtenu 52.500 livres de caoutchouc à Kalutara. En 1905, sur, Kepitigalla-estate, 10.000 arbres âgés de 8 à 15 ans ont donné une moyenne de 3 livres de caoutchouc par arbre, sur une plantation où les arbres ne sont espacés que de $3^m,60$ à $4^m,50$. Il est certain, d'après les chiffres de rendements obtenus sur quelques-unes des plantations les plus anciennes, que les États Malais, avec leur sol de forêt vierge, donneront des rendements plus forts que ceux obtenus à Ceylan où le caoutchouc est presque partout planté sur de vieilles terres à café ou à thé. Il est également certain aussi que les nouvelles plantations de Deli et Serdang (Sumatra) donneront, à leur heure, des rendements plus forts que les États Malais, toujours pour la même raison : meilleure qualité du sol. Le dernier rapport de la « United Planters' Association » se termine par les mots suivants :

« Il serait téméraire de la part de votre comité, « de prophétiser sur les rendements à venir du « caoutchouc. Qu'il suffise de dire, que les rende- « ments obtenus d'arbres de 5 à 6 ans ont de beau- « coup dépassé les prévisions les plus optimistes, « mais nous ne pouvons dire, quels seront les ren- « dements de ces arbres au fur et à mesure, qu'ils « prennent de l'âge. » Ce cri de triomphe discret se justifie, de jour en jour, et montre qu'en adoptant les chiffres de Ceylan, nous serions bien au-dessous des rendements à prévoir pour les États Malais.

Ainsi donc, prenant des chiffres de rendements bien contrôlés de vieilles plantations nous établissons nos devis d'estimation sur les bases suivantes :

5me année	1/4 livre anglaise	=	113 grammes.		
6me année	1/2	—	=	227	—
7me année	1	—	=	453	—
8me année	1 1/2	—	=	680	—
9me année	2	—	=	908	—
10me année	2 1/2	—	=	1.135	—
11me année	3	—	=	1.360	—

Estimates. — Most estimates referring to rubber, which I have seen, make provision for the conduct of the work until the end of the 5ᵗʰ year only, on a capital outlay of $ 150 to 180 per acre for the 5 years.

Such estimates appear to me somewhat misleading in that they seem to imply that, from that time, the estate is self supporting, whereas, far from this being the case, this is a time when a large expenditure of capital has to be incurred to secure a sufficient labour force. The mere upkeep of an estate of Para Rubber from the 5th year onward, under ordinary conditions is about $ 18 to $ 20 per acre, including management, and one coolie is sufficient for the work of 8 to 10 acres.

But the moment the time for tapping has come, your requirements of labour increase at a very rapid rate, which means also an increase of staff for adequate supervision.

Provision must be made for this increase of expenditure until the crops will be large enough to cover the working expenses not only of the current year, but also of the year following, which will certainly not happen in the 5 th year.

I consider, therefore, that it is unsafe to provide only up to the end of the 5 th year, and that the working expenses of the 6 th year, including (over and above the cost of upkeep) the cost of increased labour required for crop, and for the handling of rubber, should figure in an estimate of the working capital of a Para Rubber estate.

Devis. — La plupart des devis que j'ai vus font provision pour la conduite du travail d'une plantation d'Hevea jusqu'à la fin de la cinquième année seulement, avec un capital variant de 1.100 à 1.350 francs par hectare.

Ces devis peuvent induire en erreur en ce qu'ils donnent à entendre qu'à partir de cette époque, l'entreprise peut se suffire à elle-même, tandis qu'au contraire c'est justement le moment où une grosse dépense de capital est indispensable pour parer au surcroît de main-d'œuvre dont on va avoir besoin pour les récoltes.

Le seul entretien d'une plantation de caoutchouc à partir de la cinquième année, dans les conditions ordinaires, ne coûte guère que 135 à 150 francs par hectare par an, y compris tous les frais, et un seul coolie peut se charger de 3 à 4 hectares. Mais, dès l'instant où il va falloir commencer à saigner les arbres, les besoins de main-d'œuvre augmentent très rapidement ce qui implique aussi un surcroît de surveillance.

Il est de toute nécessité de pourvoir à ce gros surcroît de dépenses jusqu'à ce que les récoltes de caoutchouc deviennent assez fortes pour payer non seulement les frais de l'année en cours, mais aussi les frais de l'année qui suit, ce qui, certainement, n'aura pas lieu pendant la cinquième année.

J'estime donc qu'il est dangereux de ne pourvoir qu'aux dépenses des cinq premières années, et qu'un devis est tronqué, qui ne comprend pas les dépenses de la sixième année avec l'augmentation de la main-d'œuvre, que comporte la récolte et la manipulation du caoutchouc.

CHAPTER XX

ESTIMATE

Estimate of expenditure and returns of 3.000 acres of virgin land in the Malay Peninsula planted in Para Rubber, divided in 3 estates 1,000 acres each.

The trees planted in quincunx 20 feet by 17′ 4″ = 120 to the acre.

Yearly Permanent expenditure.

(Rate of exchange. $1 = 2 sh. 4d.)

Rent	$ 3.000
1 General Manager	6.000
2 Managers	7.200
1 Bookkeeper	2.400
2 Assistants	3.600
1 Doctor	6.000
1 Dispenser-Dresser	1.200
Medicines	1.600
6 Conductors	3.600
	$ 34.600

1st year (1908), 1500 acres, 180.000 trees.

Permanent expenditure	$ 34.600
Engagement of 600 coolies à $ 60 each ($ 30 recoverable)	36.000
Felling, burning and stacking à $ 15 per acre	22.500
Draining à $ 5 per acre	7.500
Road levelling à $ 2 per acre	3.000
Nurseries : 200.000 seeds à 5 per thousand	1.000
2 changkolings (hoeings) 4 acres à $ 30 per acre	120
Making 800 beds à 10 cents per bed	80
Covering for nurseries	100
Upkeep of nurseries 6 women à $ 6.25 per month	450
Cutting pickets and lining à $ 1 per acre	1.500
Holes 2′×2′ and filling up à 1/2 cent each	2.700
Planting out 180.000 stumps à 50 cents per 1000	900
Weedings : 7 months à $ 1 per acre and per month	10.500
3 Managers' houses à $ 850 : 2 houses for assistants à $350	3.250
1 House and office for bookkeeper	600
20 Coolie houses for 30 men in each, à $ 200 each house	4.000
Hospital	1.600
Tools and Implements : $ 1.200 — Transports and Contingencies $ 10.000	11.200
2 Conductors' houses	450
Expenditure 1st year	$ 142.050

CHAPITRE XX

DEVIS

Devis des frais d'établissement et d'entretien d'un domaine, planté en caoutchouc Para (Hevea Brasiliensis) de 1.200 hectares, en pays de forêt dans la Péninsule malaise. Les arbres plantés en quinconce à 6ᵐ × 5ᵐ,20 sont au nombre de 300 par hectare (en tenant compte des routes et chemins), soit, pour 1.200 hectares, 360.000 arbres en tout.

Dépenses permanentes annuelles.

(Cours du change : $ 1 = 3 francs.)

Location du terrain	fr. 9.000
1 administrateur en chef	18.000
2 administrateurs	21.600
1 comptable	7.200
2 assistants	10.800
1 docteur	18.000
2 infirmiers	3.600
Médicaments	4.800
6 surveillants (Eurasiens)	10.800
Total :	103.800

1ʳᵉ année (1908), 1ᵉʳ bloc de 600 hectares.

Dépenses permanentes		fr. 103.800
Engagement de 600 coolies (contrat de 2 ans) à fr. 180 par tête dont 90 fr. recouvrable		108.000
Abattage de la forêt, brûlage, entassage, défrichement 600 hectares à fr. 112.50 par hectare		67.500
Drainage à fr. 37.50 par hectare		22.500
Nivelage des routes à fr. 15 par hectare		9.000
Pépinières 200,000 graines à fr. 15 le mille		3.000
2 labours 1 hectare et demi pour pépinière		360
Façon de 800 platebandes fr. 240. Couverture de la pépinière fr. 300		540
Entretien des pépinières : 6 femmes à 18 fr. 75 par mois		1.350
Piquets et piquetage fr. 7.50 par hectare fr. 4.500 — Trous et remplissage fr. 13.50 8.100 — Transplantation 180.000 plants à 1 fr. 50 par mille 2.700		15.300
Sarclages : 7 mois à fr. 7.50 par hectare et par mois		31.500
2 maisons d'assistants fr. 2.100 ; 2 maisons de surveillants fr. 1.350		3.450
3 maisons d'administrateur à fr. 2.550 l'une = 7.650 : maisons et office de comptable fr. 1.800		9.450
1 hôpital fr. 4.800 ; — 20 maisons de coolies pour 30 hommes, chacune à 600 = fr. 12.000		16.800
Outils et matériel : 6 fr. par coolie		3.600
Transports et imprévu		30.000
Dépenses 1ʳᵉ année fr.		426.150

2nd year (1909) 2ᵈ block of 1.500 acres.

Permanent expenditure..................	$ 34.600
Clearing 1.500 acres (second lot reduced)	18.000
Drains and roads	10.500
Nurseries.............................	1.750
Pickets, lining, holes..................	4.200
Planting.............................	900
Weeding 7 months as above...........	10.500
Tools and Implements	1.200
1.500 acres (first block) :	
Upkeep of roads and drains............	1.500
Weeding 12 months à $ 1.25 per month and per acre.........................	22.500
Supplying dead plants..................	500
Upkeep of houses, etc.................	250
Transports and Contingencies..........	5.000
Expenditure 2nd year.......	$ 111.400

3rd year (1910).

Permanent Expenditure.................	$ 34.600
Engagement of 400 coolies to replace the 600 (contract expired) : 400 à $ 60.....	24.000
Upkeep of roads drains and supplying .	3.500
Weeding 3.000 acres a $ 1 per month and per acre	36.000
Transports and Contingencies..........	5.000
Expenditure 3rd year.......	$ 103.100

4th year (1911).

Permanent Expenditure.................	$ 34.600
Other items as in 3rd year.............	44.500
Plus : Manuring à $ 6 per acre (1.500 acres)................................	9.000
Expenditure 4th year.......	$ 88.100

Credit : from 3rd year: 50 % of the recoverable advances on 600 coolies engaged in 1908

$$\frac{600 \times 30}{2} = \$9.000 \text{ with 1 year}$$

interest à 5 % = $ 9.450

5th year (1912).

Permanent Expenditure.................	$ 34.600
Engagement of 600 coolies to replace the 400 engaged in 1910 : 600 à $60.......	36.000
Weeding : 3.000 acres à 0.75 cents per acre per month.....................	27.000
Roads and drains : $ 3.000; general upkeep, contingencies $ 5.000..........	8.000
Manuring : 1.500 acres à $ 4.50 (reduced the pits being already dug)............	6.750
1 Brick factory and drying shed........	4.000
Congulators and machinery to clean rubber, acids etc......................	7.000
Collecting tins : 1.000.000 à 1/2 cent each.	5.000
Tapping knives : 1.500 à $ 2 = $ 3.000	
Enamelled pails and strainers : 1.500 à $ 2,50 = $ 3750.....................	6.750
Brought forward : Expenditure.........	$135.100

2ᵉ Année (1909), 2ᵉ lot de 600 hectares.

Dépenses permanentes..................... fr.	103.800
Défrichement 600 hectares réduit à 90 fr. par hectare...............................	54.000
Drainage et routes (comme à la 1ʳᵉ année).......	31.500
Pépinières; graines; labour et entretien (comme à la 1ʳᵉ année)......................	5.250
Piquets; trous et remplissage; transplantation comme à la 1ʳᵉ année...................	15.300
Sarclages, comme à la 1ʳᵉ année..................	31.500
Outils et matériel.............................	3.000
600 hectares du 1ᵉʳ bloc défriché en 1908 :	
Entretien des routes et drains.................	4.500
Sarclage, 12 mois à fr. 9.375 par mois et par hect.	67.500
Remplacement des plants morts fr. 1.500. Entretien des maisons fr. 750......................	2.250
Transports et imprévu	15.000
Dépenses de la 2ᵉ année fr.	334.200

3ᵉ Année (1910).

Dépenses permanentes..................... fr.	103.800
Engagement de 400 coolies pour remplacer les 600 libérables = 400 à 180 fr...............	72.000
Entretiens des routes et drains.................	9.000
Sarclages (réduits) à 7 fr. 50 par mois, par hectare..	108.000
Remplacement des plants morts.................	1.500
Transports et imprévu.........................	15.000
Dépenses de la 3ᵉ année fr.	309.300

4ᵉ Année (1911).

Dépenses permanentes..................... fr.	103.800
Autres chapitres comme à la 3ᵉ année...........	133.500
Plus : fumage à fr. 45 par hectare 600 × 45.....	27.000
Dépenses de la 4ᵉ année fr.	264.300

5ᵉ année (1912).

Dépenses permanentes..................... fr.	103.800
Engagement de 600 coolies remplaçant les 400 de 1910 : 600 × 180...........................	108.000
Sarclages : 1.200 hectares à fr. 5.625 par hectare et par mois	81.000
Routes et drains : fr. 9.000; entretien général et imprévu : fr. 15.000......................	24.000
Fumage 600 hectares réduit à 33 fr. 75 (les fosses étant déjà faites)...........................	20.250
Construction d'une fabrique et séchoir...........	12.000
Coagulateurs et machines à nettoyer le caoutchouc.......................................	21.000
Godets à latex : 1 million à 15 fr. le 1.000 = 15.000; couteaux à inciser : 1.500 à 6 fr. = 9.000.......	24.000
Seaux émaillés et cribles : 1.500 à 7 fr. 50 la pièce..	11.250
A reporter : Dépenses...........	405.300

Brought forward $135.100
Collecting, preparing, drying, pressing, packing, freight, etc. 50 cents = 1s., 2d. per lb. on 45.000 lb of rubber (from 180.000 trees planted in 1908) à 4 ounces per tree 22.500

Expenditure 5th year .... $ 157.600

Credit : From 4th year ($ 9450) with interest à 5 % .... $ 9.922
50 % of the recoverable advances on 400 Coolies (1910) $\frac{400 \times 30}{2}$ = ... 6.000
Crop 1912 : 45.000 lb of rubber à 3 s. per lb (= $ 1.285) 57.825

Total Amount of Credit .... $ 73.747

6th year (1913).

Permanent Expenditure, plus increase of staff :

2 assistants
4 conductors } $ 5.000 .... $ 39.600
2 dressers

Weeding : 3.000 acres, reduced to 30 cents. 10.800
Upkeep of roads and drains : $ 3.000, contingencies : $ 5.000 .... 8.000
Engagement of 400 Coolie à $ 60 .... 24.000
Collecting, preparing etc. 135.000 pounds of rubber :
180.000 trees (1908) à 1/2 pound per tree = 90.000 = 135.000 lb. à 50 c. per lb.
180.000 trees (1909) à 1/4 pound per tree = 45.000 } 67.500

Expenditure 6th year ...... $ 149.900

Credit : From 1912 : $ 73.747 + interest à 5 %. $ 77.434
Crop 1913 : 135.000 lbs rubber à $ 1..285 per lb 173.475

Total amount of Credit.... $ 250.909

Total working capital expended at the end of 6th year.

1st year................. $142.050
2nd yer................. 111.400
3rd year 103.100
4th year................ 88.100
5th year................ 157.600
6th year................ 149.900

$ 752.150

= $ 250 per acre.

The Estate from this date is self supporting, with a credit of $ 250.909 which will defray the greater part of the expenditure of 7th year (1914).

7th year (1914).

Crédit .... $ 250.909
Permanent Expenditure including all (staff, upkeep, etc.) .... $ 60.000
Engagement of 1.000 coolies à $ 60 ..... 60.000
(The coolie force now stands (600 to be liberated end 1914) at 1.400 ....
Renewal of matériel and repairs 10.000

Brought forward Expenditure... $130.000
Brought forward Credit 250.909

Report.................... 405.300
Collection, préparation, séchage, pressage, caissage, fret, etc. 45.000 livres anglaises de caoutchouc (= 20.430 kilos) à fr. 1.50 par livre anglaise 45.000 × 1.50............... 67.500

Dépenses de la 5e année fr. 472.800

Crédit de la 3e année avec deux ans d'intérêt à 5 0/0.
— 50 0/0 de l'avance recouvrable sur 600 coolies libérés en 1910 .... 600 × 90 = fr. 27.000
Intérêts 2.766
Crédit : 50 0/0 de l'avance recouvrable sur 400 coolies libérés en 1912 .... $\frac{400 \times 90}{2}$ = fr. 18.000
— Récolte 1912. 45.000 livres à fr. 3.855 la livre. 173.475

Total au Crédit.............. fr. 221.241

6e année (1913).

Dépenses permanentes : augmentation de personnel : 2 assistants, 4 conducteurs, 2 infirmiers, fr. 118.800
Sarclages : 1.200 hectares à 2 fr. 25 par hectare et par an...................... 32.400
Entretien de routes, etc. et imprévu.............. 24.000
Engagement de 400 coolies à fr. 180............. 72.000
Collection, préparation etc. à 135.000 livres de caoutchouc :
180.000 arbres plantés en 1908 1/2 livre par arbre = 90.000 liv. = 135.000 à 1 fr. 50 par livre.
180.000 arbres plantés en 1909 1/4 livre par arbre = 45.000 liv. } 202.500

Dépenses 6e année................ 449.700

Crédit : Reporté de 1912 : fr. 221.241 plus intérêt à 5 0/0........................... 232.302
Crédit Récolte 1913 : 135.000 livres caoutchouc à fr. 3.855 la livre.............................. 520.425

Total au Crédit............. fr. 752.727

Capital de travail dépensé à la fin de la 6e année.

1re année................... fr. 426.150
2e — 334.200
3e — 309.300
4e — 264.300
5e — 472.800
6e — 449.700

Fr. 2.256.450

Soit fr. 1.878 à l'hectare.

La plantation peut désormais se suffire à elle-même grâce au crédit de fr. 752.727 qui paiera en grande partie les dépenses de la 7e année (1914).

7e année (1914).

Crédit..................................... 752.727
Dépenses permanentes couvrant tous les frais fr...................... 180.000
Engagement de 1.000 coolies à 180 fr.... 180.000
(Les coolies sont maintenant au nombre de 1.400), dont 600 libérables fin 1914...
Renouvellement de matériel et réparations 30.000

A reporter : Dépenses.... 390.000
Crédit........................... 752.727

Brought forward : Credit.............. $ 250.909
        Expenditure.............. $ 130.000
Collecting, preparing, etc.
270.000 lbs of rubber :
180.000 trees (1908) à 1 pd = 270.000 lbs
per tree = 180.000 lb. à 50 c. } 135.000
180.000 trees (1909) 1/2 pd
per tree = 90.000 lb.

        Expenditure 7th year... $ 265.000

Credit : Crop 1914, 270.000 pounds of rubber à
$1.285 per lb............................. 346.950

        Total credit................. $ 597.859
The expenses of the 7th year being paid........ 265.000

There remains a credit balance of............. $ 332.859

8th year (1915).

Crédit.............................. $ 332.859

Permanent Expenditure.............. $ 60.000
Engagement of 600 coolies à $60 (the
force is now 1.400)................. 36.000
Coll. etc. 450.000 lbs
of rubber : 180.000
trees (1908) à 1 1/2
lb per tree = 270.000 = 450.000 lb.
lb .... à 50c. } 225.000
180.000 trees (1909) à
1 per tree = 180.000
lb ....

        Expenditure 8th year....... $ 321.000

Credit : Crop 1915 : 450.000 pounds of rubber
à $1.285 per lb......................... $ 578.259

        Total credit........ $ 911.109
The expenses of the 8th year being paid 321.009

There remains a credit balance of............. $ 590.100
From this sum a dividend may be distributed of. $ 140.100

Leaving a credit for the 9th year of........... $ 450.000

9th year (1916).

Credit.............................. $ 450.000
Permanent expenditure (increase).... $ 70.000
Engagement of 600 colies à $60 (the
force is now 2.000)................. $ 36.000
Collect. etc. 630.000
pounds of rubber :
180.000 trees (1908)
à 2 lbs per tree = = 630.000 lb.
360.000 lb........ à 50 c. } $ 315.000
180.000 trees (1909) à
1 1/2 lb per tree =
270.000............

        Expenditure 9th year........ $ 421.000

Credit : Crop 1916 : 630.000 pounds of rubber
à $1.285 per lb .... $ 809.550

        Total credit................. $ 1.259.550
The expenses of 9th year being paid........... $ 421.000

There remains a credit balance of............. $ 838.550
From this sum, a dividend may be distributed of. $ 238.550

Leaving for the 10th year a credit of.......... $ 600.000

Report : Crédit..................... fr. 752.527
        Dépenses.............. 390.000
Collection, etc. à 270.000
livres de caoutchouc :
180.000 arbres de 1908 = 270.000 à
1 l. par arbre = 180.000 1.50 la livre } 405.000
180.000 arb. de 1909 1/2
liv. par arbre = 90.000

        Dépenses 7e année.......... fr. 795.000

Crédit : Récolte 1914. 270.000 livres caoutchouc
à fr. 3.855 .... fr. 1.040.850

        Total au crédit.............. fr. 1.793.577
Après avoir payé les dépenses de la 7e année. 795.000

Il reste un solde de crédit de .... fr. 998.577

8e année (1915).

Crédit............................. fr. 998.577

Dépenses permanentes................ 180.000
Engagement de 600 coolies à fr. 180
(Il y a maintenant 1.400 hommes) ... 108.000
Collection, etc. à 450.000
livres de caoutchouc :
180.000 arbr. de 1908,
1 1/2 livre par arbre = 450.000 à
= 270.000.......... 1 fr. 50 } 675.000
180.000 arbr. de 1909
1 livre par arbre =
180.000

        Dépenses 8e année..... fr. 963.000

Crédit : Récolte 1915 : 450.000 livres caoutchouc
à fr. 3.855 la livre..................... fr. 1.734.750

        Total au Crédit................. 2.733.327
Après avoir payé les dépenses de la 8e année... 963.000

Il reste un solde de crédit de............. 1.770.327
Sur cette somme, on pourra prélever un dividende de................................. 420.327

        Laissant pour la 9e année un crédit de fr. 1.350.000

9e année (1916).

Crédit............................. fr. 1.350.000
Dépenses permanentes (augmenta-
tion.).................................. 210.000
Engagement de 600 coolies à 180 (le
chiffre des coolies est de 2.000)...... 108.000
Collection, etc. à 630.000
livres de caoutchouc :
180.000 arbr. de 1908,
2 livres par arbre = 630.000 à
360.000 livres....... 1 fr. 50 } 945.000
180.000 arbr. de 1909
1 1/2 livres par arbre
= 270.000 livres.....

        Dépenses 7e année........ 1.263.000

Crédit : Récolte 1916 : 630.000 livres de caoutchouc à fr. 3.855 la livre.................... 2.428.650

        Total au Crédit...................... 3.778.650
Après avoir payé les dépenses de la 9e année... 1.263.000

Il reste un solde de crédit de............. 2.515.650
Sur cette somme, on prélevera un dividende de. 715.650

        Laissant pour la 10e année un crédit de.... 1.800.00

<table>
<tr><td valign="top" width="50%">

10th year (1917).

Credit... $ 600.000
Permanent Expenditure.............. $ 70.000
Engagement of 1.000 coolies (to replace
the 1.000 of 1914) à $ 60............ 60.000
Collect. preparing,
etc. 810.000 pound
of rubber :
180.000 trees 1908 à
2 1/2 lbs per tree =   = 180.000 lb.   405.000
450.000 lbs.......   à 50c
180.000 trees 1909 à
2 lbs per tree =
360.000...........

Expenditure 10th year....... $ 535.000

Credit : Crop 1917. 810.000 pounds of rubber
à $1.285.............................. $ 1.040.000

Total credit.................. $ 1.640.850
The expenses of 10th year being paid........ 535.000

There remains a credit balance of............. $ 1.105.850
From this sum, a dividend may be distributed
of.. 505.850

Leaving for the 11th year a credit of.......... 600.000

11th year (1918).

Credit.. $ 600.000
Permanent Expenditure............. $ 70.000
Engagement of 600 coolies à $60...... 36.000
Collecting, etc. 990.000
pds of rubber :
180.000 trees 1908 3
lbs, per per tree =   =990.000 lbs   495.000
540.000 lbs........   à 50c.......
180.000 trees 1909
2 1/2 per tree =
450.000...........

Expenditure 11th year.. 601.000

Credit : Crop 1918 = 990.000 pounds of rubber
à $1.285 per pound....................... $ 1.272.150

Total Credit................. 1.872.150
The expenses of the 11th year being paid... 601.000

There remains a Credit balance of........... $ 1.271.150
From this sum, a dividend may be distribut-
ed of..................................... 671.150

Leaving for the 12th year a Credit of. $ 600.000

</td><td valign="top" width="50%">

10ᵉ année (1917).

Crédit........................... fr. 1.800.000
Dépenses permanentes............ fr. 210.000
Engagement de 1.000 coolies rempla-
çant les 1.000 coolies de 1914. 1000
×180................................. 180.000
Collection, etc.à 810.000
livres de caoutchouc;
180.000 arbres 1908 à
2 1/2 livres par arbre   810.000 li-
= 450.000..........   vres à   1.215.000
180.000 arbres 1909 à   1 fr. 50
2 livres par arbre
= 360.000..........

Dépenses 10ᵉ année...... fr. 1.605.000

Crédit : Récolte 1917. 810.000 livres caoutchouc
à fr. 3.855 la livre........................ fr. 3.122.550

Total au crédit.... 4.922.550
Après avoir payé les dépenses de la 10ᵉ année. 1.605.000

Il reste un solde de crédit.................... 3.317.550
Sur cette somme on pourra prélever un divi-
dende de................................ 1.517.550

Laissant pour la 11ᵉ année un crédit de.... fr. 1.800.000

11ᵉ année (1918).

Crédit........................... fr. 1.800.000
Dépenses permanentes................. 210.000
Engagement de 600 coolies à 180 fr..... 108.000
Collection etc. à 990.000
livres de caoutchouc
180.000 arbres 1908
à 3 livres par arbre   990.000 liv.   1.485.000
= 540.000..........   à 1 fr. 50..
180.000 arbres 1909 à
2 1/2 livres par arbre
= 450.000...........

Dépenses 11ᵉ année.. 1.803.000

Crédit : Récolte 1918. 990.000 livres caoutchouc
à fr. 3.855 la livre........................ fr. 3.816.450

Total au crédit.... fr. 5.616.450
Après avoir payé les dépenses de la 11ᵉ année. 1.803.000

Il reste un solde de crédit de.................. 3.813.450
Sur cette somme on pourra prélever un divi-
dende de................................ 2.013.450

Laissant pour la 12ᵉ année un crédit de..... fr. 1.800.000

</td></tr>
</table>

12th year (1919).

Crédit............................. $ 600.000
Permanent Expenditure............ $70.000
Collecting, etc. ou 1.080.000 pounds
  of rubber (360.000 trees, à 3 lb
  per tree) à 50c................. $540.000

  Expenditure 12th year. $610.000

Credit : Crop 1919 : 1.080.000 pounds of rubber
  à $1.285.............................. $ 1.387.800

  Total Credit......... $ 1.987.800
The expenses of the 12th year being paid..... 610.000

  There remains a Credit of....... $ 1.377.800
From this sum, a dividend may be distributed of.................................. 677.800

  Leaving for the 13th year a Credit of.. $ 700.000

From this period, the annual expenditure will average $650.000 and the net profit, available for dividend will average a like sum.

Remarks on the above Estimate. — The estimate shows that the working capital required to bring an estate of 3,000 acres to the period of self-support totals to $ 750,000 or $ 250 per acre.

The Estate, at this period (end 1913), will have to its credit a sum of $ 250,909 and by the end of the 8th year, a first dividend of $ 140,000 will be available for distribution.

The figures of the estimate apply to an estate planted 20 × 17'.4" apart, i. e. with 120 trees to the acre. On a closely-planted estate, the labour force would have to be considerably increased and the expenditure for collecting, preparing, etc. would swell accordingly. If we take, for instance, an estate planted 12 × 12, with ± 200 trees to the acre, we shall require, at the 9th year, at least 2 coolies per acre which would bring the labour force an 3,000 acres to 6,000 men.

This enormous increase of expenditure, coupled with a diminished yield, the inevitable result of overcrowding and stoppage of growth, will put a heavy handicap on closely-planted estates.

In putting down figures for the work of an estate we can but strike an average, which is liable to alterations according to local conditions. Jungle of secondary growth will cost less to fell and clear than heavily-timbered land : a stiff clayey soil will cost more to work than lighter soils; high undulating land, with a good outflow for its surplus water, will cost practically nothing to drain, whereas low peaty land will necessitate a com-

---

12ᵉ année (1919).

Credit........................... fr. 1.800.000
Dépenses permanentes................. 210.000
Collection etc. 1.080.000
  livres de caoutchouc
  180.000 arbres 1908, à
  3 livres chaque = ⎰ 1.080.000 livr. ⎱
  540.000.............. ⎰ à 1 fr. 50.... ⎱ 1.620.000
  180.000 arbres (1909) à
  3 livres chaque =
  540.000 ....

  Dépenses 12ᵉ année fr. 1.830.000

Crédit : Récolte 1919. 1.080.000 livres caoutchouc
  à fr. 3.855.................................. 4.163.400

  Total au crédit..... 5.963.400
Après avoir payé les dépenses de la 12ᵉ année. 1.830.000

Il reste un solde de crédit de................... 4.133.400
Sur cette somme on pourra prélever un divi-
  dende de................................. 2.033.400

Laissant pour la 13ᵉ année un crédit de........ 2.100.000

À partir de cette période la dépense annuelle s'élèvera à une moyenne de deux millions de francs et le bénéfice net annuel s'élèvera à la même somme.

Observations sur le devis précédent. — Ce devis montre que le capital de travail nécessaire pour mener une plantation de 1.200 hectares jusqu'à la fin de la sixième année, époque où elle pourra se suffire à elle-même, s'élève à 2.253.000 francs. L'estate, à cette époque, aura un crédit de fr. 750.000 qui assurera dorénavant la marche du travail, mais ce n'est qu'à la fin de la huitième année que commencera la période des dividendes avec une première répartition de 420.000 francs.

Les chiffres du devis s'appliquent à une plantation plantée à 6ᵐ × 5ᵐ,30 et comprenant 300 arbres à l'hectare. Sur une plantation en ordre serré, la main-d'œuvre sera considérablement accrue et les frais de collection et de préparation du caoutchouc augmenteront en proportion. Un coolie, si bien entraîné qu'il soit, ne peut guère se charger que de 120 arbres. Sur une plantation de 300 arbres à l'hectare il faudra 2 1/2 hommes à l'hectare ; sur une plantation, plantée, comme il s'en trouve, à 3ᵐ,75 × 3ᵐ,75 (soit ± 700 arbres à l'hectare), il ne faudra guère moins de 7.000 coolies pour 1.200 hectares.

Cette énorme augmentation de dépenses, allant de pair avec la diminution de rendement qui résultera sûrement du trop grand rapprochement des arbres et de l'arrêt de croissance qui s'en suivra, sera une grosse pierre d'achoppement pour ces entreprises.

En évaluant les dépenses d'une plantation, nous ne visons qu'à établir des moyennes, sujettes à modifications suivant les conditions locales.

Ainsi, la forêt secondaire coûtera beaucoup moins

prehensive network of broad drains which may run to very high figures. Again, the situation of the estate, the quality of the water, may affect for good or for ill the general state of health of the coolies and, in the latter case, cause a great drain on the finances of the concern.

As was pointed out in the first part of this work it is yet too early to forecast what the definitive installation of a rubber curing factory will be. The figure of $ 10,000 put down for factory and machinery may be subject to revision.

The cost of producing and marketing one pound of rubber is put down at 1 s., 2 d. or 50 cents of a dollar : this is the actual figure of a few old and well-equipped estates such as Ledbury and Valombrosa, but it is possible that, with improved methods, the price may be further reduced. On old trees, the cost should not be more than 1 shilling per pound.

THE END

cher à abattre et à défricher que la grosse forêt primitive. Un sol argileux compact coûtera plus cher à travailler qu'un sol léger. Un terrain ondulé avec un écoulement naturel, ne coûtera, pour ainsi dire, rien à drainer, tandis que les terres basses et tourbeuses de la région côtière de la Péninsule nécessiteront un réseau de larges fossés de dérivation qui le plus souvent, absorbera de très grosses sommes.

La situation de la plantation, la qualité de l'eau, peuvent influer, grandement, en bien ou en mal, sur l'état général de santé des coolies, et, dans ce dernier cas, il peut s'ensuivre des pertes qui compromettent l'entreprise.

Il est encore trop tôt pour adopter, d'une façon définitive, un type d'installation pour la préparation du caoutchouc. La somme de 30.000 francs prévue dans le devis est donc sujette à revision.

Le coût de production du caoutchouc figure sur le devis pour 1 fr. 50 par livre anglaise. C'est, en effet le coût actuel de production sur de vieilles plantations bien outillées, telles que Ledbury-Estate, Valombrosa-Estate, et d'autres : il est cependant possible qu'avec des méthodes améliorées, on arrive à réduire sensiblement ce prix. Sur de vieux arbres le coût descendra à 1 fr. 25.

FIN

APPENDIX A

A recent Ordinance, brought into operation on 1st January 1908, goes far towards spreading instruction in the vernacular for every tamil child employed on plantations.

The most essential clauses of the new Ordinance read as follows :

Clause 29. It shall be the duty of the superintendent of every estate to provide for the vernacular education of the children of the labourers employed on the estate, between the ages of 6 and 10; and to set apart and keep in repair a suitable schoolroom.

Clause 30. Every superintendent shall, before the expiration of 6 months from date of this Ordinance, forward to the Director of Public Instruction a return showing the following particulars, namely :

a, the number of boys and girls, being the children of labourers employed on the Estate, between the ages of six and ten.

b, the number of such boys, and girls who attended school during the 12 months ending on December 31.

c, the number of days during such period on which school was held.

d, the description of the building in which instruction was given.

Should a planter prove remiss, the government can authorize an official to enter the estate, erect a suitable schoolroom, and provide the instruction, the cost being recoverable from the estate.

State-aid is granted to schools which satisfy certain examinations.

The latest returns, before the present Ordinance came in force, show that 6748 children were receiving instruction on 920 estates.

APPENDICE A

Une loi récente, qui est en vigueur depuis le 1er janvier 1908, aura pour effet de répandre l'instruction parmi les enfants tamils employés sur les plantations.

Les clauses essentielles de la nouvelle loi sont les suivantes :

Clause 29. Tout surintendant de plantations est tenu de pourvoir à l'instruction dans la langue native de tous les enfants de travailleurs employés sur l'estate, âgés de 6 à 10 ans, et de réserver à cet effet une salle d'école convenable.

Clause 30. Tout surintendant sera tenu, 6 mois après la promulgation de cette loi, de fournir au Directeur de l'Instruction Publique un état donnant les détails suivants, à savoir :

a, le nombre d'enfants de travailleurs de l'estate, garçons et filles, âgés de 6 à 10 ans.

b, le nombre de ces enfants qui auront suivi l'école durant les 12 mois finissant au 31 décembre.

c, le nombre de jours, durant cette période, pendant lesquels l'école a été tenue.

d, la description du local qui a été consacré à l'école.

Dans le cas où le planteur ne se conforme pas à la loi, un fonctionnaire du gouvernement peut pénétrer sur l'estate, faire ériger une salle d'école, et pourvoir à l'instruction des enfants, le tout aux frais de l'estate.

Des subsides sont accordés par l'État aux écoles qui satisfont à certains examens.

Le dernier recensement avant la mise en vigueur de la présente loi, montre que sur 920 estates, 6748 enfants suivaient l'école.

APPENDIX B

The « Tamil Immigration Fund Ordinance » of 1907 enacts that each Employer shall be assessed for each tamil labourer employed by him, at a maximum rate of $ 1.25 per quarter for each labourer. The amount of the assessment is obtained by multiplying the average number of days work done by tamil labourers employed during the preceding quarter, by the above rate.

The average number of days work done shall be the total number of days work done during the preceding quarter divided by the number of working days comprised in such preceding quarter.

The number of working days comprised in any quarter shall be fixed by the Immigration Committee.

Registers are to be kept by employers showing the names of all tamils employed; the number of days work performed and the amount of wages paid; such registers to be open to the inspection of the Superintendent of Immigration.

At the end of every quarter, the employer shall send a duly authenticated copy of the above register and severe penalties are attached to non-compliance to such formalities.

All moneys collected under the « Tamil Immigration Fund » are to go towards the payment of free passages for tamil labourers and their families from the Madras Presidency.

According to this ordinance, supposing the employer has had 100 coolies at work during the quarter January, February and March, and that the total number of days work done by the 100 coolies amounts to 6.000; supposing also the legal number of working days in that same quarter was 75, the total number of working days for 100 coolies should be 7.500.

The assessment for the quarter April, May and June will be :

$$\frac{6000 \times \$ 1.25}{7500} = \$ 1.$$

It is to be hoped that this Ordinance will greatly help the planters in their present need of labourers, but heroic though the measure be, it only touches the fringe of the great problem which confronts the government of the Malay States, i. e. the necessity of establishing, on the land, a fixed

APPENDICE B

La nouvelle loi dite « The Tamil Immigration Fund Ordinance » de 1907, décrète que tout chef d'exploitation sera imposé à raison de $ 1.25 au maximum, par trimestre pour chaque ouvrier tamil employé à son service. Cette taxe sera prélevée au prorata des journées de travail fournies par le tamil et sera fixée en multipliant le nombre moyen des journées de travail fournies par $ 1.25.

Le nombre moyen des journées de travail fournies sera le nombre total des journées fournies durant le précédent trimestre divisé par le nombre des journées légales comprises dans ce même trimestre.

Le nombre légal des journées de travail d'un trimestre sera fixé par le « Comité d'Immigration ».

Le Chef d'exploitation devra tenir un registre donnant les noms de tous les tamils qu'il emploie; le nombre de journées fournies et le montant des gages payés. Ce registre devra être soumis au Surintendant d'Immigration sur sa réquisition.

A la fin de chaque trimestre, le chef d'exploitation enverra une copie certifiée de ce registre et tout contrevenant à ces formalités sera passible d'amendes très élevées.

Toutes sommes prélevées en vertu de cette ordonnance seront affectées au paiement de passages gratuits de coolies tamils et de leurs familles venant de la Province de Madras.

D'après cette ordonnance, un chef d'exploitation qui aurait eu, travaillant à son service, pendant le trimestre janvier, février et mars, 100 coolies, lesquels auraient fourni un nombre total, pendant ce trimestre, de 6.000 journées, aurait à payer, en supposant que le nombre de journées légales soit de 75 :

$$\frac{6000 \times 1.25}{7500} = \$ 1 \text{ par coolie}$$

Il est à souhaiter que cette nouvelle ordonnance apporte quelque soulagement aux besoins criants des coolies, mais, si héroïque que soit cette mesure, elle ne fait que toucher aux franges du grand problème qui se dresse devant le gouvernement des États Malais, et qui est la fixation d'une population permanente qui s'attache au sol et qui puisse fournir le contingent de bras nécessaires pour l'exploitation et la mise en valeur du pays.

permanent population to provide the steady supply of labour which is needed if the country is to be further developed.

The coolies so imported do not strike root in the land, and when they have put by a little hoard of dollars, they make their way back to their native country, so that a constant stream of immigration will have to be kept up to make up for the returns and wastage by death or otherwise. And who would, at this time, be bold enough to say that the rubber industry of this country, with agricultural rents of $ 4 per acre, and the above increase of taxation, will always be equal to such a strain? We shall see when, from oversupply, the era of keen competition shall have set in, followed with the inevitable fall in prices, a fall of which we are having a foretaste at the very moment of writing these lines.

Cette classe d'immigrants ne fait pas souche : quand ils ont mis quelques sous de côté, ces coolies reprennent le chemin du pays natal de sorte qu'il faudra maintenir un courant constant d'immigration pour équilibrer les retours et le déchet par la mort ou autrement. Et qui oserait, à l'heure qu'il est, dire que l'industrie caoutchoutière de ce pays, avec ses loyers agricoles de 30 francs par hectare et ce nouveau surcroît d'impôt, sera toujours à même de supporter les fardeaux qu'elle supporte allègrement aujourd'hui? Nous verrons quand viendra l'ère de la concurrence résultant de la surabondance du produit, puis les bas prix qui s'en suivront, prix dont nous commençons à avoir l'avant-goût au moment même où j'écris ces lignes.

APPENDIX C

RAINFALL IN SELANGOR IN 1906.
PLUIES DANS L'ÉTAT DE SELANGOR EN 1906.

Monthly return of rainfall in inches in the following districts.
Tableau mensuel de la pluie en pouces dans les districts suivants.

	January.	February.	March.	April.	May.	June.	July.	August.	September.	October.	November.	December.	TOTALS.
Kuala Kubu....	5.73	8.88	7.77	13.29	11.55	10.77	4.39	10.45	6.23	19.05	6.43	14.57	119.11
Serendah......	7.88	11.97	9.68	14.99	10.38	4.16	1.34	9.12	1.75	10.46	5.57	22.13	109.43
Rawang........	8.50	5.09	7.34	10.55	12.86	5.47	1.27	12.88	4.20	12.56	4.21	16.79	101.82

APPENDIX D

A report on the Ceylon Rubber Exposition has the following lines respecting the rubber sent by Duckwari estate.

" This rubber was exceedingly well prepared
" in fine even-coloured biscuits of a fine medium
" amber and a dark amber colour. The samples
" showed great strength and fine elasticity and
" their quality drew the attention not only of the
" judges but of the various authorities at the
" Exhibition. It has been remarked that the
" slower growth of the trees at this high eleva-
" tion, with the consequent slower maturing of
" the bark may result in a maturer, stronger
" caoutchouc in the latex, a problem which will
" doubtless occupy the attention of the authorities
" and planters in Ceylon and other rubber pro-
" ducing countries.

" Somewhat analogous may be the case of other
" products, such as Cinchona, coffee and tea.
" All these will thrive at very different elevations,
" but always with better results higher up. In
" the case of cinchona, the quinine alcaloïd is
" found to be richer in the bark and of a superior
" quality, the higher in elevation the tree was
" grown; high elevation coffee produced a supe-
" rior product, and precisely similar is the case
" with tea. "

APPENDICE D

Le compte rendu de l'Exposition de Caoutchouc de Ceylan fait les observations suivantes au sujet du caoutchouc présenté par la plantation de « Duckwari ».

« Ce caoutchouc est extrêmement bien préparé
« sous la forme de « biscuits » de deux couleurs,
« ambre moyenne et ambre foncée de nuances
« très égales. Les échantillons possèdent, à un
« haut degré, force et élasticité et leurs qualités
« ont attiré l'attention, non seulement des juges,
« mais aussi des diverses autorités présentes à
« l'exposition. On a fait la remarque que la crois-
« sance des arbres aux hautes élévations et la ma-
« turation plus lente de l'écorce qui s'ensuit pour-
« rait bien avoir pour résultat de produire dans
« le latex un caoutchouc plus mur et plus fort, et
« cette question va, sans aucun doute, attirer l'at-
« tention des autorités et des planteurs de Ceylan
« et des autres pays producteurs de caoutchouc.

« Il en est probablement de même d'autres pro-
« duits tels que le cinchona, le café et le thé qui
« tous viennent bien à des altitudes très diffé-
« rentes, mais donnent toujours de meilleurs pro-
« duits aux points élevés. Dans le cas du cin-
« chona, plus les arbres ont poussé à de hautes
« élévations plus riche est l'alcaloïde de quinine
« dans l'écorce; le café provenant de hautes élé-
« vations donne également un produit supérieur,
« et il en est absolument de même du thé. »

APPENDIX E

ANALYSIS OF SOILS FROM SELANGOR.

Two mixed samples of soils taken from 20 diggings made on one estate in upper Selangor, submitted for analysis to M. R. J. Eaton, government analyst of the Federated Malay States, showed the following constituents :

	N° 1	N° 2
Moisture at 100 centigrade......	6.490	11.260
Loss on ignition { organic matter and water...	5.290	6.430
Oxide of Iron, $Fe_2 O_3$.........	4.900	1.400
— Alumina, $Al_2 O_3$.....	5.790	6.658
— Manganese, $Mn_3 O_4$...	0.050	0.065
Lime, Ca O...............	0.065	0.065
Magnesia, Mg O...............	0.130	0.115
Soda, $Na_2 O$................	0.160	0.160
Potash, $K_2 O$...............	0.106	0.106
Phosphoric acid, $P_2 O_5$.......	0.108	0.112
Sulfuric acid, $S O_3$...........	0.026	0.004
Insoluble sand and silicates....	76.885	73.625
	100.000	100.000

APPENDIX F

From the last Report of Messrs Lewis and Peat (January 1908), the demands of buyers of Rubber appear to have taken a new orientation and the forms of Plantation. Rubber most in favour at present are :

1° Sheet-rubber and biscuits.

2° Crêpe-rubber.

Sheet-rubber, machine rolled, of very fine quality has sold well.

Crêpe of all grades, from the very pale to brown and dark colours have been in great demand.

Block-rubber, which, at one time, appeared likely to become a preferred form of plantation Rubber, is now difficult of sale. This appears to be due to the uneven qualities of the shipments.

Notwithstanding the lower prices which are now ruling for rubbers of all origins, Plantation-rubber appears to be gaining more and more the favour of consumers and manufacturers as is shown by the well-sustained difference in price between the cultivated product and Para Rubber.

APPENDICE E

ANALYSES DE SOLS DE SELANGOR.

Deux échantillons mélangés de sols provenant de 20 piochages pratiqués sur une plantation à Selangor ont été soumis, pour analyse, à M. R. J. Eaton, chimiste et analyste du gouvernement des États Fédérés Malais et ont donné les résultats suivants :

	N° 1	N° 2
Eau à 100 degrés centigrades....	6.490	11.260
Perte à l'ignition { eau et matière organique ...	5.290	6.430
Oxide de Fer, Fe O_2............	4.900	1.400
— d'Alumine, Al O_3........	5.790	6.658
— de Manganèse, $Mn_3 O_4$..	0.050	0.065
Chaux, Ca O................	0.065	0.065
Magnésie, Mg O................	0.130	0.115
Soude, $Na_2 O$................	0.160	0.160
Potasse, $K_2 O$................	0.106	0.106
Acide phosphorique, $P_2 O_5$....	0.108	0.112
Acide sulfurique, $S O_3$........	0.026	0.004
Sable et silicates insolubles	76.885	73.625
	100.000	100.000

APPENDICE F

D'après le dernier rapport de MM. Lewis et Peat (janvier 1908), la demande des acheteurs de caoutchouc paraît avoir pris une nouvelle orientation et les formes de Caoutchouc Plantation les plus recherchées sont actuellement :

1° Le rubber en plaques et biscuits.

2° Le caoutchouc crêpe.

Le caoutchouc en feuilles ou plaques des qualités plus fines s'est bien vendu.

Le caoutchouc-crêpe, de toute couleur depuis le pâle au brun foncé, est très demandé.

Le caoutchouc en bloc, qui paraissait devoir prendre une place préférée parmi les formes de caoutchouc est de vente difficile. Ceci paraît être dû aux qualités inégales des différents envois.

Malgré la baisse générale des prix pour les caoutchoucs de toutes provenances, le Caoutchouc-Plantation paraît gagner de plus en plus la faveur des fabricants ainsi que le montre la différence soutenue des prix entre le produit des plantations et le caoutchouc Para.

APPENDIX G

Returns of native and other labour employed in the Malay States
Present acreage under rubber.
Crops of rubber in 1907.

APPENDICE G

État de la main-d'œuvre indigène et autre employée dans les États Malais.
Superficie actuelle cultivée en caoutchouc.
Récoltes en 1907.

	TAMILS				OTHER INDIANS				CHINESE			
	Males.	Females.	Children.	Total.	Males.	Females.	Children.	Total.	Males.	Females.	Children.	Total.
Perak	8,656	2,531	1,272	12,459	54	8	2	64	2,901	23	18	2,942
Province Wellesley	3,256	682	202	4,140	17	»	»	17	1,672	»	»	1,672
Batu Tiga	3,151	838	373	4,362	2	»	»	2	725	»	»	725
K. Selangor	3,790	718	366	4,874	8	1	»	9	60	»	»	60
K. Lumpor	3,084	929	359	4,372	1	»	»	1	461	»	»	461
N. Sembilan	1,716	433	170	2,319	5	1	»	6	1,333	»	»	1,333
Johore	1,088	301	114	1,503	29	»	»	29	2,531	»	»	2,531
Klang	3,071	810	406	4,287	107	40	50	197	179	1	1	181
Kapar	3,082	760	718	4,560	»	»	»	»	3	»	»	3
K. Langat	1,403	177	136	1,716	2	»	»	2	103	»	»	103
Total	32,297	8,179	4,116	44,592	225	50	52	327	9,968	24	19	10,011

	JAVANESE				MALAYS				Autres na-tionalités.	Present acreage under Rubber. — Superficie cultivée en Rubber.	Crops in 1907. — Récoltes en 1907.
	Males.	Females.	Children.	Total.	Males.	Females.	Children.	Total.		Acres.	Cwt.
Perak	1,539	768	58	2,365	771	79	91	941	27	33,923	1,867
Province Wellesley	660	360	»	1,020	300	»	»	300	120	6,500	570 1/2
Batu Tiga	396	5	1	402	40	»	»	40	56	9,686	2,163
K. Selangor	261	3	»	264	136	»	»	136	56	11,608	104
K. Lumpor	387	28	4	419	54	»	»	54	10	10,931	1,325 1/2
N. Sembilan	393	150	»	543	219	10	»	229	»	10,650	1,671
Johore	1,484	337	82	1,903	736	5	10	751	179	5,801	1,024
Klang	595	88	3	686	84	»	»	84	253	8,851	1,873 1/4
Kapar	20	»	»	20	1	»	»	1	46	10,922	4,154
K. Langat	66	»	»	66	38	»	»	38	3	3,668	289
Total	5,901	1,739	148	7,788	2,379	94	101	2,574	750	112,540	15,041 1/4

Total de la superficie actuellement cultivée : 112,540 acres = 45,016 hectares.
Total de la récolte (1907) : 1,504 1/4 cwt = 750 tonnes.

CONTENTS

FIRST PART

TABLE DES MATIÈRES

PREMIÈRE PARTIE

<table>
<tr><td>

SECOND PART

</td><td>

DEUXIÈME PARTIE

</td></tr>
</table>

TYPOGRAPHIE FIRMIN-DIDOT ET Cᶦᵉ. — MESNIL (EURE).

www.ingramcontent.com/pod-product-compliance
Lightning Source LLC
LaVergne TN
LVHW020127060726
842526LV00004B/1306